（この1冊からはじめる）

生成AIアプリ開発入門

Dify

徹底活用ガイド

イサヤマセイタ

JN224539

SB Creative

はじめに

「プログラミングなんて自分には無理。」

昔から、こう思っている方はきっと多いのではないでしょうか。筆者である私もかつては同じような考えを持っていました。学生時代、「これからの時代は IT だ」と感じ、プログラミングスキルを身につけようとスクールに通ったものの、そこで自分には明らかに向いていないと痛感し、挫折した苦い経験があります。

そのまま社会人となり、銀行員としてキャリアをスタートさせ、コンサルティングや事業会社での新規事業の立ち上げなどに従事する一方で、プログラミングや開発といった領域からは遠ざかっていました。

その後、独立し事業を展開する過程でも、私はエンジニアリングスキルを必要とする開発からは常に距離を置いていました。私のような文系・ビジネス畑出身の人間にとって、コードを書き、エラーを修正し、ものを動かしていくプロセスは、どこか自分の肌には合わないと感じていたのです。自らプログラムを組み立てることが苦手な人間は、既存ツールを使いこなし、専門家に依頼してシステムを構築してもらうしかない──私はそう割り切っていました。

しかし、2020 年代半ばに差し掛かるこの時代、AI の進化が私たちの日常や仕事の風景を大きく変えつつあります。現在、急速な普及を遂げた生成系 AI ツール、特に ChatGPT に代表されるような LLM（大規模言語モデル）の登場は、私たちが「開発」に抱いていた固定概念を根底から揺さぶっています。これまではコードを書ける人や、専門的な知識を持つ人にしか扱えなかった領域が、生成 AI の登場によって自然言語でのやり取り、すなわち「言葉」を操るスキルさえあればアプローチできるようになったのです。

私はこの AI ツールの進歩に大きな衝撃を受けました。2023 年に子どもが生まれ、父としての新しい生活が始まったことで、時間や労力を効率的に配分する必要性を一層感じるようになりました。育児、仕事、自分自身の事業と、多忙な日々に追われるなか、より生産性を高めるためのツール、仕組みが求められたのです。そんな時に出会ったのが、AI を活用した業務効率化の数々の手段でした。

かつてプログラミングに挫折した私が、再び「何かを作る」ことに挑戦しようと思えたのは、まさにこの AI 技術のおかげです。AI は、私たちが「何をしたいのか」を伝えるだけで、それを実現するための手助けをしてくれます。この大きな変化によって、私のように開発から遠ざかっていた人間も、まったく新しい方法でアプリケーション開発に挑戦できるようになりました。

　この流れは決して一時的なブームではなく、今後ますます広がっていくと確信しています。なぜなら、AI の登場以前、アプリ開発というと高い技術壁や投資コストが存在し、個人ベースで行うには膨大な労力や下準備が必要でした。しかし、AI 時代においてこの常識は大きく変わっていくでしょう。ノーコード・ローコードツールと対話型 AI を組み合わせることで、非エンジニアであっても素早く、安価に、そして自分の手でアイディアを具現化することが可能になっているからです。

　私が 2024 年 7 月に出版した拙著「ChatGPT ビジネス活用アイディア事典　仕事の悩みを解決するプロンプトの決定版」では、ChatGPT や類似する生成系 AI ツールをビジネスの現場で使いこなすための数々のヒントや具体例を示しました。本書では、そこからさらに踏み込み、「プログラミングができない・苦手」という方々が、いかにして AI を活用し、簡易的な業務アプリケーションを自分で開発できるのか、その実践的なステップを丁寧に紹介していきます。

イサヤマセイタ

本書に関するお問い合わせ

この度は小社書籍をご購入いただき誠にありがとうございます。小社では本書の内容に関するご質問を受け付けております。本書を読み進めていただきます中でご不明な箇所がございましたらお問い合わせください。なお、お問い合わせに関しましては下記のガイドラインを設けております。恐れ入りますが、ご質問の際は最初に下記ガイドラインをご確認ください。

ご質問の前に

小社 Web サイトで「正誤表」をご確認ください。
最新の正誤情報をサポートページに掲載しております。

▶ **本書サポートページ URL**
URL https://isbn2.sbcr.jp/32991/

上記ページの「正誤情報」のリンクをクリックしてください。なお、正誤情報がない場合、リンクをクリックすることはできません。

ご質問の際の注意点

・ご質問はメール、または郵便など、必ず文書にてお願いいたします。お電話では承っておりません。

・ご質問は本書の記述に関することのみとさせていただいております。従いまして、○○ページの○○行目というように記述箇所をはっきりお書き添えください。記述箇所が明記されていない場合、ご質問を承れないことがございます。

・小社出版物の著作権は著者に帰属いたします。従いまして、ご質問に関する回答も基本的に著者に確認の上回答いたしております。これに伴い返信は数日ないしそれ以上かかる場合がございます。あらかじめご了承ください。

ご質問送付先

ご質問については下記のいずれかの方法をご利用ください。

> ❯ Web ページより
>
> 上記のサポートページ内にある「お問い合わせ」をクリックすると、メールフォームが開きます。要綱に従って質問内容を記入の上、送信ボタンを押してください。
>
> ❯ 郵送
>
> 郵送の場合は下記までお願いいたします。
>
> 〒105-0001
> 東京都港区虎ノ門2-2-1
> SBクリエイティブ　読者サポート係

▶ 本書の読み進め方

まずは一通りハンズオンを進めながら Dify の基本機能とアプリケーション作成コツを学んでください。ノードやアプリケーション画面の設定などについては、本書の後半の Appendix で詳しく解説しています。

▶ 本書を読み進める上での注意点

本書では以下のサービスを利用します。また、そのほか連携する API サービスについては P.249 からその API キー取得方法を解説しております。

事前に準備しておくもの	Google アカウント
有料機能を利用するもの	OpenAI API のクレジット（5 ドル程度）
あると学習が便利なもの	ChatGPT などの LLM サービス

▶ ダウンロードファイルのについて

アプリ作成で必要なサンプルファイルおよび、本書で紹介するアプリケーションの DSL ファイルは以下からダウンロードすることができます。

https://www.sbcr.jp/support/4815631066/

▶ ダウンロードファイルの利用規約

- 本書の DSL サンプルファイルは執筆時の最新バージョンである Dify Version 1.2.0 の環境で動作することを検証しております。
- 本書で提供するサンプルファイル（テキスト・画像など）の二次配布は行わないでください。
- 利用するツールに組み込まれている API サービス等の利用規約や条件は必ず確認して、ご自身で問題ないことを確認した上で実行してください。
- 本書の内容及びサンプルファイルを利用した運用結果について、著者、制作協力者および SB クリエイティブ株式会社は一切の責任を負いかねますのでご了承ください。

Contents

Chapter 1

生成 AI と
アプリケーション開発の基礎

生成 AI の進化によって、アプリ開発のあり方が大きく変わりつつあります。かつては高度なプログラミングスキルが必要だった AI アプリ開発も、今ではノーコードツールを活用することで、誰でも手軽に試せる時代になりました。本章では、生成 AI がもたらす革新と、私たちがどのようにこの技術を活かしていける可能性があるのかを解説します。

1-1　生成AI時代をキャッチアップする

▶ なぜ今AIアプリ開発が注目を浴びているのか

　ここ数年の間、生成AI（Generative AI）を取り巻く環境は劇的な変化を迎えています。特に2022年11月にOpenAIが公開したChatGPTは、対話形式での自然言語処理において非常に高い品質の応答を提供したことで大きな話題となりました。

　多くの人は、これまでのAIとの違いに驚かされ、テキスト生成能力の高さや応答の自然さに大きな衝撃を受けました。この「自然なコミュニケーション」が可能なモデルの登場は、生成AIの持つ実用性と可能性を一気に一般層へと浸透させるきっかけとなりました。

　さらに、生成AIはただ会話に応じるだけでなく、創造性を要するタスクでも活躍します。例えば、文章の要約、アイディア出し、翻訳、プログラムコード生成に加え、画像・音声・動画の生成など、幅広い領域で新たな価値を生み出しています。**その結果、生成AIを活用することが新たな技術トレンドとして注目を浴びるようになりました。**

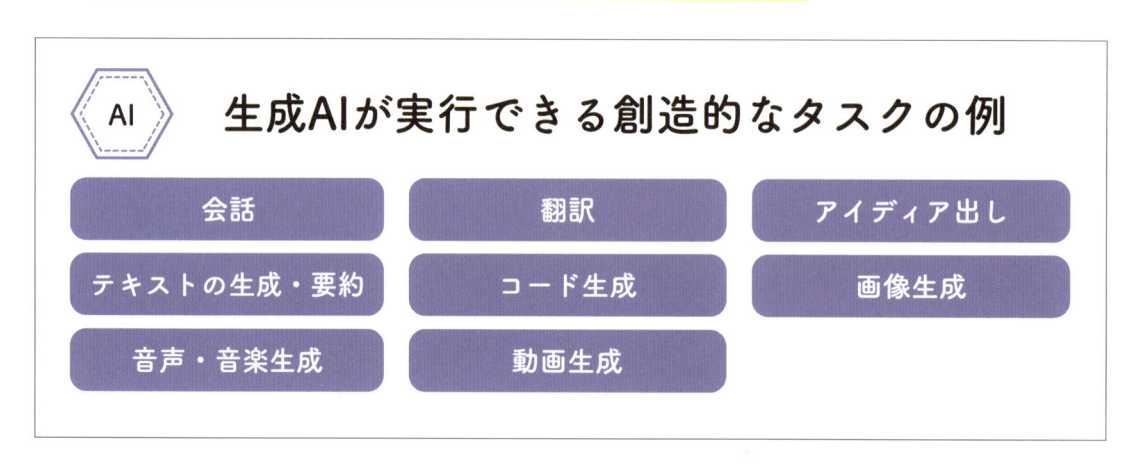

　生成 AI は従来の自動化ツールとは大きく異なり、単純な条件分岐やパターン認識以上のことができます。より高度な推論、柔軟な対応、そしてユーザーの意図に合わせた創造的なアウトプットを行うことができるため、これまで人間にしか実行できないと考えられていたタスクも実行できるようになったのです。そのため、多くの企業や開発者が生成 AI を活用することでアプリケーションに新たな機能を生み出せないか？ということに対して大きな関心を寄せ、特にビジネスと相性の良い LLM を活用したアプリケーションの開発が加速しています。

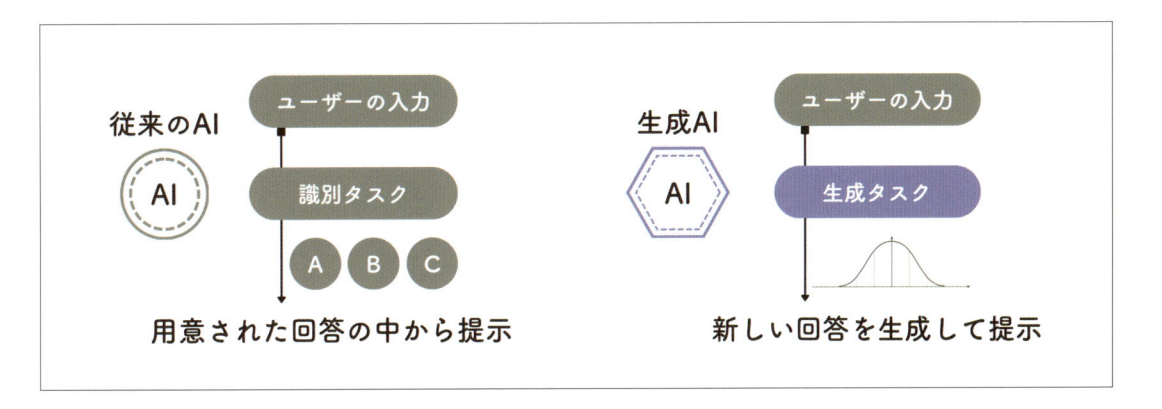

そもそも生成AIってどんなもの？

　ここで改めて生成 AI の定義や特徴を整理しましょう。**生成 AI とは既存の大量のデータから学習モデルを作成し、その学習モデルから新しいデータを生み出す技術です。**従来のルールベースや識別タスク中心の AI とは異なり、創造的なアウトプットを提供できる点が特徴です。

　具体的な例としては、自然言語処理における GPT シリーズや LLaMA シリーズが挙げられます。これらは大量のテキストデータを中心に学習し、文脈や文法、さらにはそこに隠れた意味や知識パターンを捉えることで、ユーザーからの問い合わせや要求に対して自然な言葉で回答や提案を行うことができます。

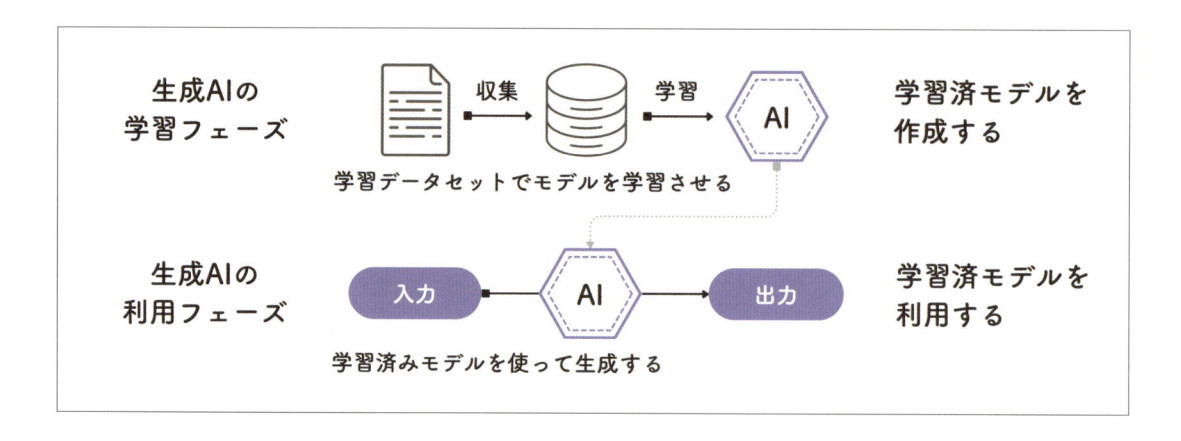

さらに、これらの **LLM は「学習データに明示的に書かれていない内容」**に関しても、**既知のパターンを応用して新たなテキスト生成を試みる**ため、単純な検索エンジンや FAQ システムよりもはるかに柔軟な対応力があります。

この「柔軟な対応力」はまさに人間の知性に近い特性であり、生成 AI は単なるツールから人間の活動で生じる複雑なタスクをサポートするパートナーへと変貌しつつあります。例えば小説や論説などの文章作成や、デザインの初期アイディア生成、またはコードの雛形作成など、人間がゼロから考えると大きな時間や労力を要するタスクを、生成 AI がその一部を行うことでより加速することが可能になりました。

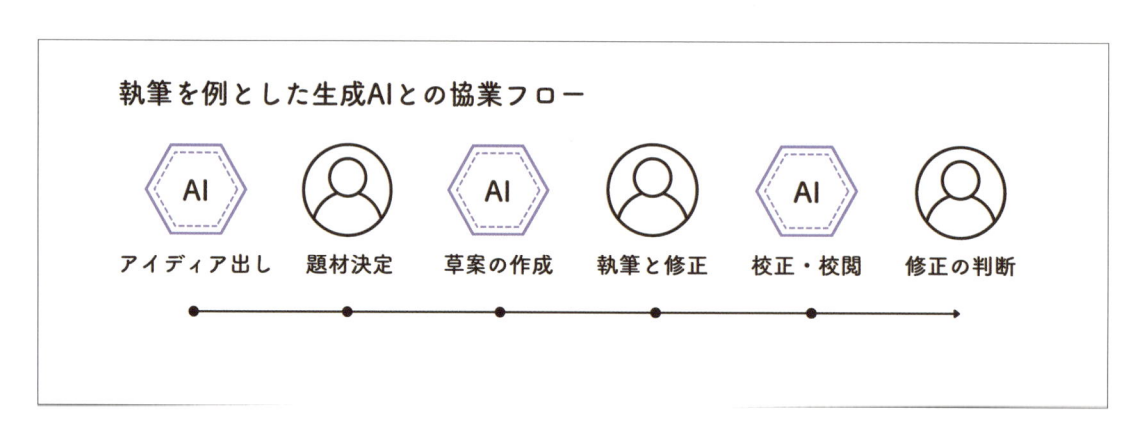

1-2 生成AIアプリ開発の時代へ

● 生成AIアプリってどんなもの？

　さて、生成AIに関する認識が定まったところで、本書のタイトルにも含まれている「生成AIアプリ」についても知見を広げていきましょう。**「生成AIアプリ」に関して、明確な定義はありませんが一般的に、生成AIモデルを活用してユーザーの入力に対して新たなコンテンツを生み出すものとされています。**

　従来のアプリケーションでは、ユーザーからの入力に対して決められたルールや固定的なロジックに従って処理を行い、結果を返していました。これに対して、生成AIアプリは、バックエンドで生成AIモデルを用いることで、より柔軟な応答や機能提供が可能になります。

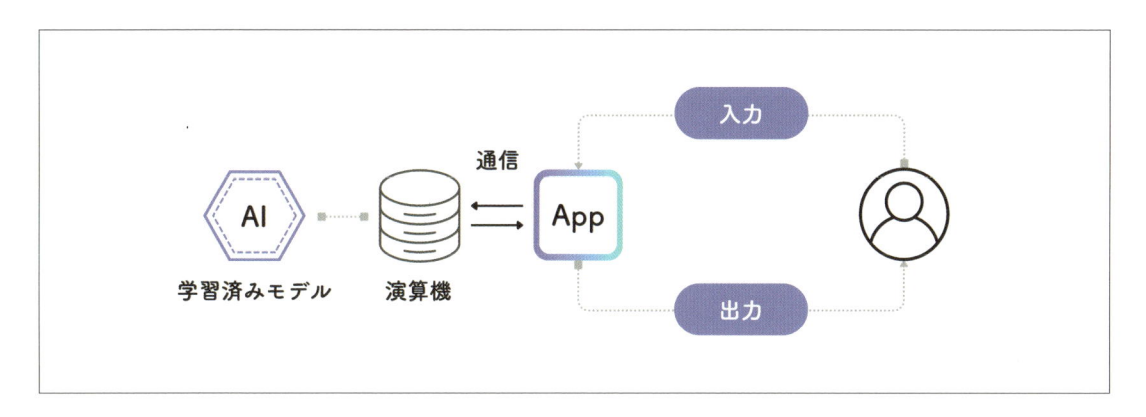

　既存の有名なアプリケーションでも、提供する機能に生成AIを組み込み新たなサービスを提供する動きが顕著です。その代表的な例を2つ紹介します。

🖳 Notion AI

　プロジェクト管理や情報整理に用いられる Notion に AI が統合され、文章の要約、アイディア出し、コンテンツのリライトなどが簡単に行えます。また、Notion 上にタスクやスケジュールなどの情報のデータベースを作成することで、AI による情報抽出もできます。これまで別のツールや人力で行っていたテキスト処理を、Notion 内でシームレスにサポートできるようになったため、ユーザーは Notion にデータをまとめることで複数のアプリを切り替えずとも作業を行うことができます。

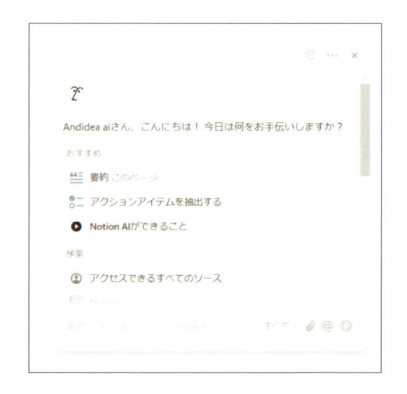

🖳 Canva の画像生成機能・背景の削除

　非デザイナーでも高品質なビジュアルコンテンツを作ることができる Canva では、テキストプロンプトから画像を生成する AI 機能が追加されています。ユーザーが「明るい色合いのビジネスプレゼン用背景」などと入力すれば、その指示を踏まえた画像を生成することができ、素材探しや加工の時間を大幅に削減できます。さらに画像から背景の削除を行うなど、人手がかかる面倒な作業も一瞬で実行できるようになりました。

　これらの取り組みは、これまでユーザーからの需要があったものの、有効な手段がなかった特定分野の課題解決に生成AI技術が直結することを示しています。また、紹介した例のような、既に多くのユーザーを抱えるツールに新機能として組み込むケースだけでなく、新規に生成AIを中核に据えたサービスを一から構築するケースも増えています。

　後者の例としては、**新しい検索の手段として検索強化型生成（Retrieval Augmented Generation, RAG）が注目されたり、ユーザーの指示に応じて外部APIを呼び出したり自律的なタスク実行を行うエージェントの概念が生まれたりしています。**これら新しい形態の生成AIアプリは、ビジネス効率化だけでなく、学習の支援や、顧客サポート、より詳細な情報検索など、多彩な用途で活躍しています。

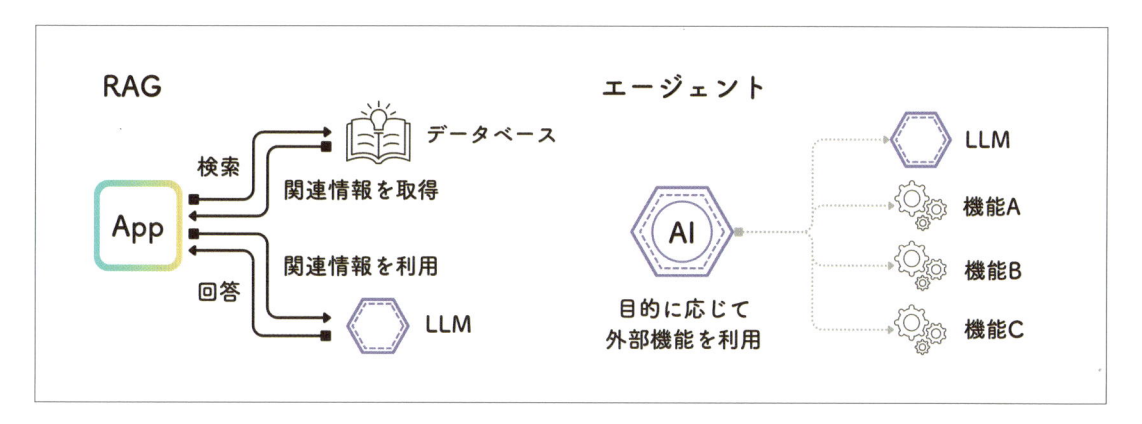

生成AIアプリはどのような仕組みになっているのか

　では、生成AIアプリはどのような構造を持ち、どのような流れで動作しているのでしょうか。その基本的な流れは以下のようになります。

1. ユーザーインターフェイス（UI）からの入力処理

　ユーザーはブラウザやモバイルアプリなどを通じてテキスト入力、画像アップロード、あるいは音声の録音などを行います。

2. データの整形とAPIリクエスト

　アプリケーションは、ユーザー入力を生成AIモデルが対応している形式に整形します。

3. 生成 AI モデルへの問い合わせ

整形された入力は API を介してクラウド上の生成 AI モデル（例えば gpt-4o など）へ送信されます。モデルは受け取った入力に基づいて推論を行い、新たなテキストや画像などの生成結果を出力します。

4. 結果の整形・表示

受け取ったモデルの回答をアプリケーション側で表示用に整形し、UI 上へ出力します。ここで、不要な情報を削除したり、ユーザーが理解しやすい形式へと再加工することも可能です。

この一連の流れによって、ユーザーはバックエンドで働く複雑な AI モデルを意識することなく、Web アプリやモバイルアプリを使うのと同じ感覚で生成 AI を利用できます。

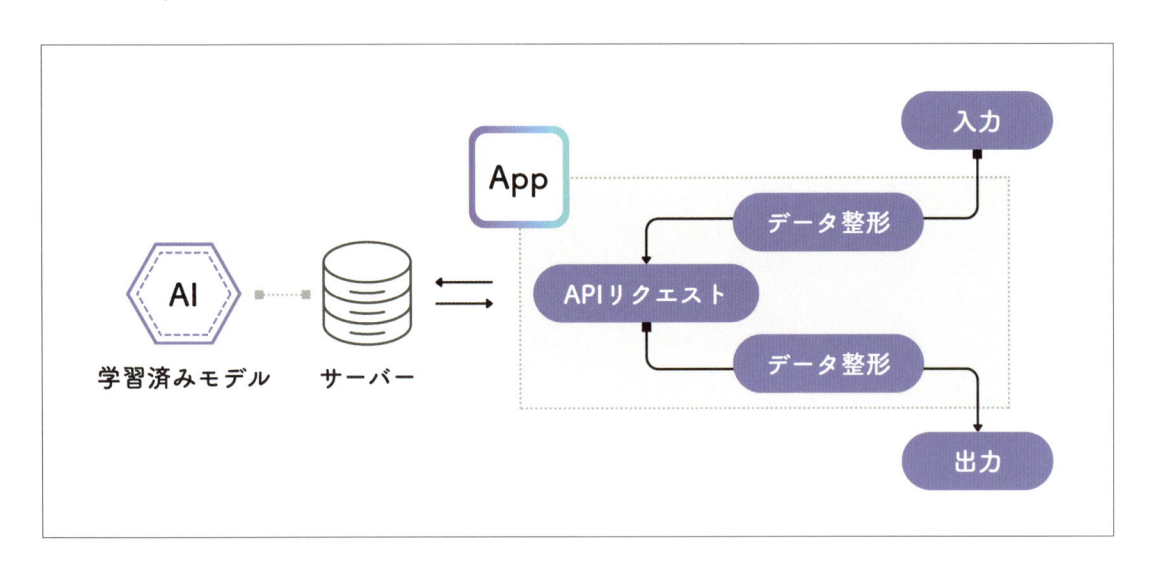

実際のところ、日本だけでなく全世界の規模で AI 技術は「使うか使わないか」ではなく、「どのように使うか」というフェーズに突入しています。世の中が AI ツールを使って効率化を推進する中、自分だけが手をこまねいていると、単純に生産性で差をつけられてしまうでしょう。今は生成 AI に自然言語で指示を与え、必要な出力を得ることができます。これを利用しない手はありません。生成 AI を活用することで、あなたが持っているアイディアを実現させましょう！

1-3 私たちでもできる生成 AI アプリ開発

▶ Dify の持つポテンシャルを活用しよう

とはいえ、「プログラミングは苦手だし、コードを書いてフレームワークを活用するのはハードルが高い」と感じる方も多いでしょう。しかし、**「ノーコード」あるいは「ローコード」と呼ばれる開発プラットフォームの台頭によって、非エンジニアでもアプリケーション開発が可能な時代となっています。**これらのツールを活用することで、専門的なプログラミングスキルを持たない人でも、生成 AI を取り入れた独自アプリを創り出すことができます。

本書で解説する Dify（ディファイ）は、まさにこうしたノーコードツールの一つです。Dify には他のノーコードツールと比較して、生成 AI モデルの活用に特化しているのはもちろんのこと、次のような特徴があり、これまで本格的なプログラミングやアプリ開発の経験がないユーザーでも利用しやすい工夫が凝らされています。

📄 直感的で扱いやすいインターフェース

Dify は、複雑なコーディングが不要なことはもちろん、直感的な画面操作で様々な機能を組み合わせられるように設計されています。初めてアプリを作る人や非エンジニアの方でも、「ここをクリックすれば、この機能が有効になる」といった感覚的な理解でアプリを組み立てることができます。

◻ 豊富な機能と拡張性

Dify には、会話型インターフェースを構築するチャットボット機能や、業務プロセスを自動化するワークフロー機能、企業の内部ドキュメントを活用するナレッジベース機能など、多彩な機能が揃っています。また、外部サービスとの連携も可能でより柔軟なアプリ開発を実現できます。

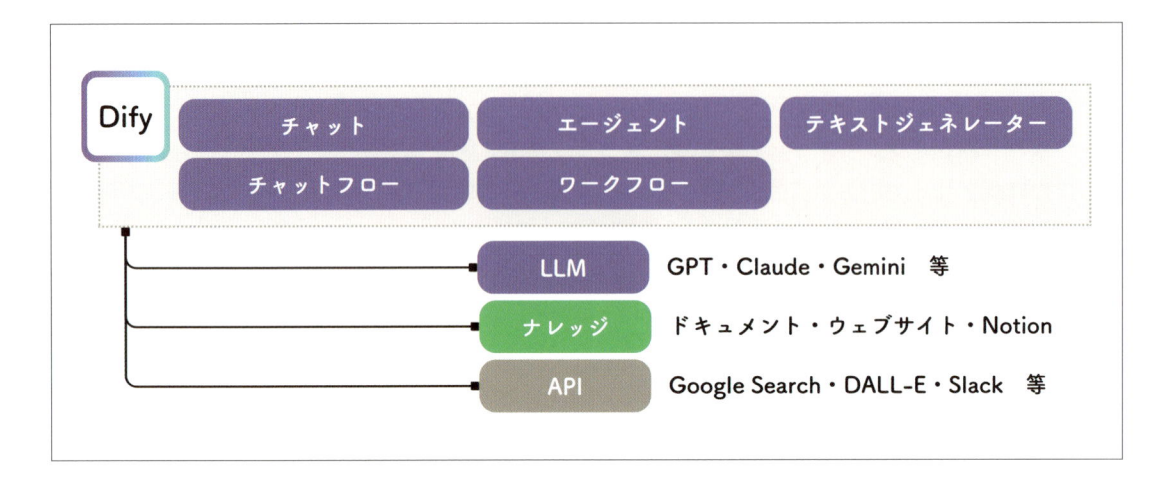

◻ 生成 AI とのスムーズな連携

Dify はメインエンジンとして生成 AI との API 連携を前提として設計されているため、自然言語で指示を出し、それに応じた回答を生成するというプロセスが非常に簡単です。API に関する特別な知識やプログラミング言語の理解がなくても、AI の機能を活かしたアプリを構築できます。

◻ テンプレートやアプリケーションの共有機能の活用

　よくあるユースケースを想定したテンプレートや、サンプルプロジェクトが用意されている
ため、初心者でもすぐに動くアプリを作ることができます。また、制作したアプリケーション
は他の Dify ユーザーが読み込んで利用できる設計図として DSL ファイルを書き出すことがで
きます。この機能により多くのユーザーで成果を共有しやすく、また自分以外の人のアプリ
ケーションがどのような構造になっているのか学ぶことができます。

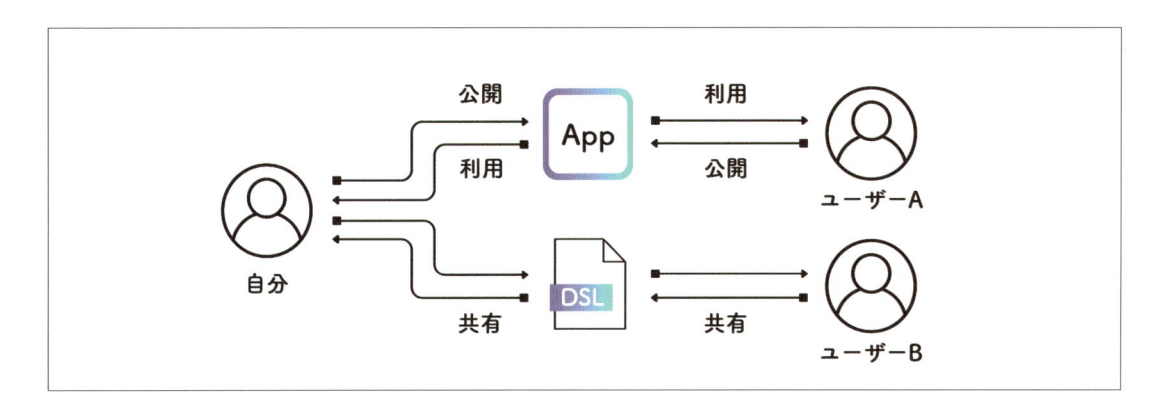

　これにより、従来はアプリ開発に直接関わることがなかったようなユーザーでも、自分のア
イディアを形にできます。例えば社内のナレッジベースを活用した FAQ ボットを数時間で実
装したり、顧客問い合わせ対応用のチャットインターフェイスをホームページへ埋め込んだり、
あるいは学習教材として AI 対話コンテンツを作成したりと、応用範囲はアイディア次第で無
限大に広がっています。

1-4　生成 AI アプリ開発へチャレンジしよう

▶ この本のゴールを確認しよう

　この本では、**プログラミング経験がなく苦手意識のある方でも、AI を活用して簡単な業務
アプリを開発できるようになることを目指しています。**あくまでゴールは「身近な業務改善」
であり、本格的なサービス開発のための体系的なエンジニアリングスキルを学ぶことではあり
ません。本書が生成 AI アプリ開発の手ほどきとして機能し、読了後には「こんなアイディア
があるなら、Dify で作れそうだ」と思えるような感覚を身につけていただきたいのです。

たとえば、以下のような課題を解決するアプリが自作できるようになることを目指しましょう。

▶ Excel やスプレッドシートで行っている定型作業が多すぎるので、自分で簡単な Web アプリを作って効率化したい。

▶ 顧客管理や在庫管理、タスク管理を独自のやり方でまとめたいが、既存サービスではなかなか要望を満たせず困っている。

▶ 業務プロセスに AI を取り入れ、問い合わせ対応やドキュメント整理などを自動化して、手間を減らしたい。

これらはすべて、高度なプログラミングスキルなしでも、AI とノーコード・ローコードプラットフォームを組み合わせて実現できる時代に突入しています。**ポイントは「何をやりたいか」を明確にすることと、適切なツールを選ぶこと、そして AI へ自然言語で要求を伝える方法を身につけることです。**

本書を読み終えたころには、読者の皆さんは「自分が思い描いた簡単な業務改善用のアプリ」を形にできるようになっているはずです。たとえそれが小さな取り組みであっても、自分の手で構築したソリューションは、日々のストレスを減らし、時間を有効に活用し、最終的にはキャリアアップやビジネスの成長へとつながる可能性を秘めています。

本書を通じて、「生成 AI は研究者やエンジニアだけのものではない」という事実を実感しましょう。**今日、多少の好奇心、そして適切なツールがあれば、誰でもアイディアを具現化し、実用的な生成 AI アプリを生み出すことが可能です。**ここで得た知識とスキルを土台に、ぜひ自分自身のビジネスやクリエイティブな活動、学習支援、コミュニティ活動に役立ててみてください。また、あなた自身が身の回りの仲間に向けて Dify のことを教えられるレベルになることを目指してみましょう。

Chapter 2

Dify を使う準備をしよう

生成 AI を活用したアプリを作るには、まず開発環境を整えることが重要です。本章では、Dify の概要とその特長を理解し、実際にアカウントを作成して使い始めるまでの流れを解説します。また、Dify の料金プランや、どのようなアプリを作成できるのかについても整理し、自分のプロジェクトに最適な選択ができるようになりましょう。

2-1 Difyの概要

Difyとはどんなツール？

Difyは、大規模言語モデル（LLM）のアプリケーションを、プログラミング経験の少ない方でも手軽かつスピーディーに作成できる開発プラットフォームです。 通常、チャットボットの構築やRAG（Retrieval Augmented Generation）、エージェントなどのAI機能をゼロから作ろうとすると高度な専門知識が必要ですが、Difyを使うとGUI（Graphi User Interface）を通して簡単に作り始めることができます。

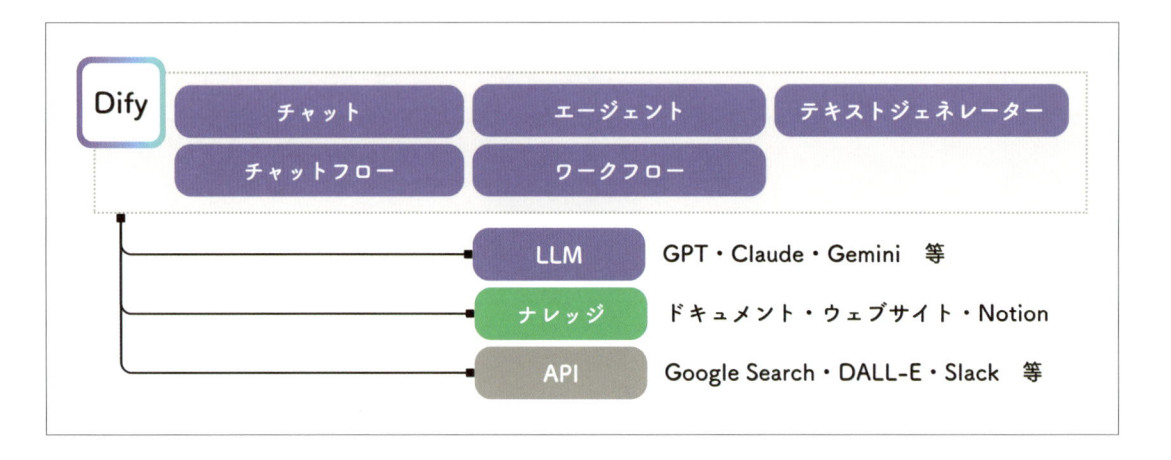

図のように、DifyはLLMやGoogleなどの検索エンジンや、SlackなどのチャットツールとAPI連携することにより、様々なアプリを開発することができます。

例えば以下のようなアプリケーションの例が挙げられます。

▶ **ユーザーとの対話を行うチャットボット**
▶ **外部データにアクセスして必要な情報を取り出し回答精度を高めるRAG**
▶ **多様なタスクを自動でこなすエージェント**

こうしたアプリを、Difyではあまりコードを書かずに実装・改良できるのが大きな特長です。

▶ Dify はどうやって使うの？

Dify には、大きく分けて 2 つの使い方があります。

▢ クラウド版

インストール作業やサーバー構築が不要で、ブラウザからサインアップするだけで始められます。初心者や環境構築に手間をかけたくない方におすすめです。

▢ コミュニティ版

Docker や Git、Terminal などを使って手元で運用する方法です。クラウド版に比べてハードルが高いものの、ローカル環境ならではのカスタマイズや制御が可能になります。

コミュニティ版は主に複数人が利用するアプリケーションを安定的に稼働させるのに向いた方法です。本格的な開発を行うエンジニア向けの環境と言えるでしょう。本書で扱う内容の範囲においてはどちらの環境でも大きな差がないため、より容易に扱うことができるクラウド版を利用していきます。

2-2　Dify を使う準備をしよう

▶ Dify のアカウントを作成しよう

Dify を利用するのは非常に簡単です。まずはアカウントを作成して自分のスタジオにログインしましょう。「Dify」をブラウザで検索し、Dify の Web ページ（https://dify.ai/jp）を開きます。ログインするアカウントを選択して [スタジオ] 画面を開きます。

1 [始める] をクリック

はじめましょう！👋

Difyへようこそ。続行するにはログインしてください。

⬡ GitHubで続行

G Googleで続行

又は

メールアドレス

メールアドレスを入力してください

サインアップすることで、以下に同意するものとします **利用規約** & **プライバシーポリシー**

本書では Dify 以外でも複数のサービスでアカウントの登録を行います。共通して利用できる Google アカウントを利用することをおすすめします。

2 任意の方法を選択してログイン

3 ［スタジオ］画面が開く

Dify のコストとライセンスの選択

Dify には無償プラン及び有償プランがありますが、個人での利用であれば無償プランで問題ありません。この書籍では無償プランを前提として解説をしていきます。実際にチームメンバーで Dlfy アプリの開発など本格的に活用していきたい場合は、有償プランを検討すると良いでしょう。

Dify の料金プランは、ユーザーのニーズに応じて以下の 4 つのプランが提供されています。2025 年 3 月現在での各プランの特徴は以下の通りです。

プラン名	料金 (税込)	メッセージ クレジット	チーム メンバー数	保存できる アプリの数	ベクトル ストレージ	ドキュメント アップロードの数
Sandbox	無料	200回	1人	5個	5MB	50件 (1回につき1件)
Professional	$59/月	5,000回/月	3人	50個	200MB	500件 (バルクアップロード対応)
Team	$159/月	10,000回/月	無制限	無制限	1GB	1,000件 (バルクアップロード対応)
Enterprise	要問い合わせ	無制限	無制限	無制限	無制限	無制限

本書では 5 個以上のアプリケーションを作成するため、無料の [Sandbox] プランでは保存できるアプリの上限数を超えてしまいます。適宜、不要なアプリケーションは削除していっても問題ありません。

Dify の [スタジオ] を確認しよう

[スタジオ] はログイン後、最初に表示される画面です。ここで新規アプリの作成や既存アプリの編集が可能です。上部のナビゲーションバーで [スタジオ] タブをクリックすることでも開くことができます。

非常にシンプルな画面ですが、何から手を付けていいかわかりにくくもあります。まずはアプリケーションを作る際に、共通の手順から解説していきます。[最初から作成] をクリックすると、新しいアプリケーションの作成画面が開始されます。

1 [最初から作成] をクリック

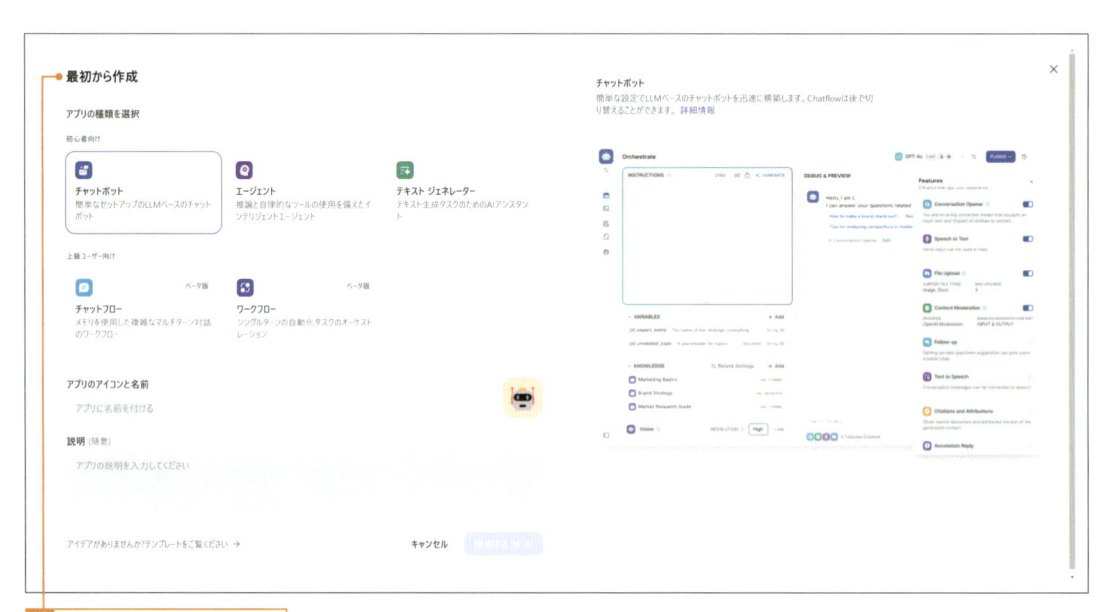

2 [最初から作成] 画面が開く

　　ここまでが各アプリケーションを作成するまでの共通の手順です。この先はアプリケーションの種類ごとに作成方法を解説していきます。徐々に知識レベルが上がっていくような構成にしていますので、はじめて挑戦する方はぜひ順番に読み進めてください。

チャットボットを作ろう

生成 AI を活用したチャットボットは様々な場面で活用されています。本章では、Dify を使って簡単なチャットボットを作成する方法を解説し、さらに RAG（検索拡張生成）を取り入れて、企業や組織が持つ独自データを活用できる高度なチャットボットの作り方を解説します。また、Web サイトの情報を利用する方法や、API を活用した連携の仕組みについても学び、実用的なチャットボットを構築できるスキルを身につけましょう。

チャットボットとは

▶ チャットボットってどんなもの？

　現在、生成 AI を活用したチャットボットが急速に普及しています。LLM を用いたチャットボットは、従来のルールベース型や FAQ ベースの仕組みと比べてはるかに自然な会話が可能となりました。これらは企業のカスタマーサポートや教育機関の問い合わせ対応など、実用範囲は多岐にわたります。

◀LLM を用いたチャットボットの例
(https://osaka-info.jp)

▶ Dify のチャットボットの特徴

　Dify でチャットボットを作る利点は、わずかな作業で LLM ベースのチャットボットを作れることです。また、後述するナレッジ機能を使えば、PDF やテキストファイルなどのドキュメントを取り込んで検索対象に組み込み、業務に沿った応答を自動生成する RAG チャットボットを作ることができます。

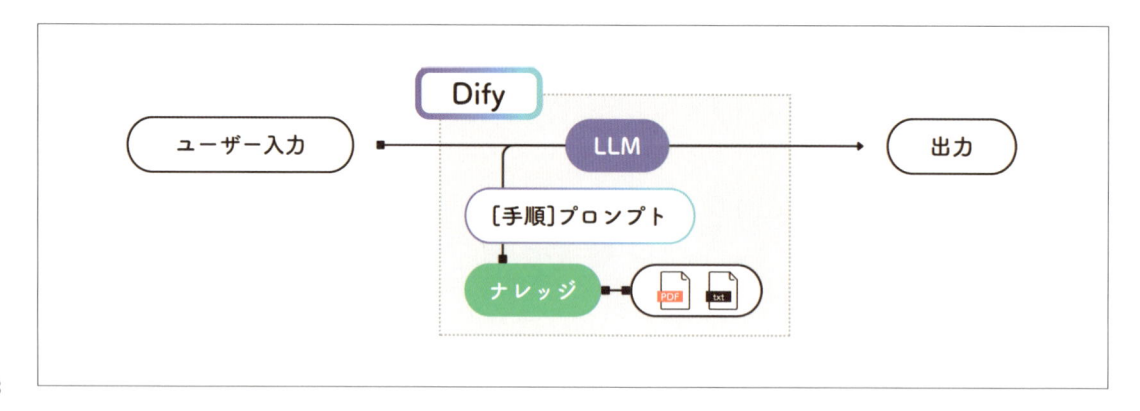

例えば、以下のようなことが可能です。

▶ 社内の FAQ データをもとに、製品トラブルや問い合わせに対する応答をまとめたチャット
ボット
▶ 大学のシラバス情報や学内手続きを一括登録しておき、学生からの「履修登録方法」「奨学金
申請手続き」などの質問に対し、最新の内容を回答できるチャットボット

このように、工夫次第で多種多様な場面で活躍できるチャットボットを作ることができます。
早速 Dify で簡単なチャットボットを作ってみましょう。

3-2 簡単なチャットボットを作ろう

▶ アプリケーションの作成

ここからは簡単なチャットボットを実際に作っていきます。Dify にログインした状態で、ダッ
シュボードの［スタジオ］から［最初から作成］を選択します。

1 ［最初から作成］をクリック

アプリケーションタイプとして[チャットボット]を選びます。アプリの[アイコン]と[名前]を設定します。必要に応じて[説明]を入力し、[作成する]をクリックします。

Column アイコンを自由に設定する

アイコンは絵文字＋背景色の組みあわせ、もしくは、画像をアップロードして設定することができます。アプリケーションに合わせて設定しておくと後から見返す時にわかりやすくなります。

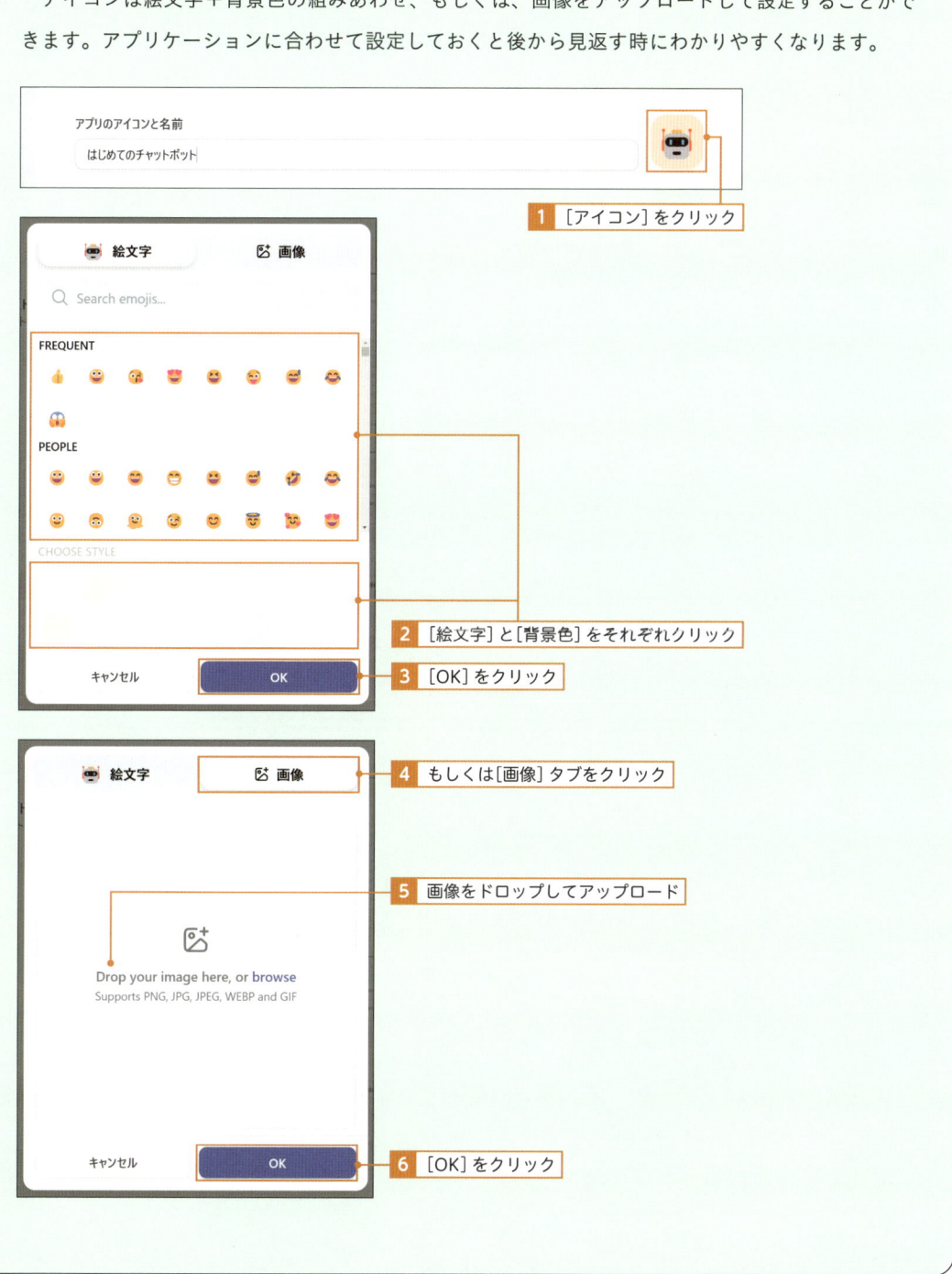

1 ［アイコン］をクリック

2 ［絵文字］と［背景色］をそれぞれクリック

3 ［OK］をクリック

4 もしくは［画像］タブをクリック

5 画像をドロップしてアップロード

6 ［OK］をクリック

▶ チャットボットの設定

[オーケストレーション]画面ではチャットボットの振る舞いを定義します。画面内に[手順]ブロックがあります。このブロックで、ボットの具体的な応答内容や会話の流れを自然言語で設定します。今回は語尾に「〜ござる」を付けた話し方になるようなキャラクター像を設定してみます。

Prompt 手順

入力された文章に対して、語尾に "ござる" をつけて返答してください。

▶ チャットボットのテスト

画面の右側は[デバッグとプレビュー]となっており、実際に設定したチャットボットを試すことができます。右下のテキストウィンドウにテキストを入力して[送信]ボタンでアプリに送ることができます。

ここで入力したような、ユーザーによって LLM に都度与えられるプロンプトはユーザープロンプトと呼ばれます。

1 テキストを入力

2 [送信]をクリック

3 結果を確認

このように[手順]で設定したプロンプトの内容を反映した解答が得られたら成功です。もちろん任意でオリジナルの[手順]を設定してみて問題ありません。

▶ モデルを変更したい場合

　チャットボットのモデルは画面右上で切り替えることができます。Dify ではデフォルトの設定だと無料で所持している 200 クレジットが利用できる［gpt-4o-mini］になっていますが、他の LLM を選択することもできます。

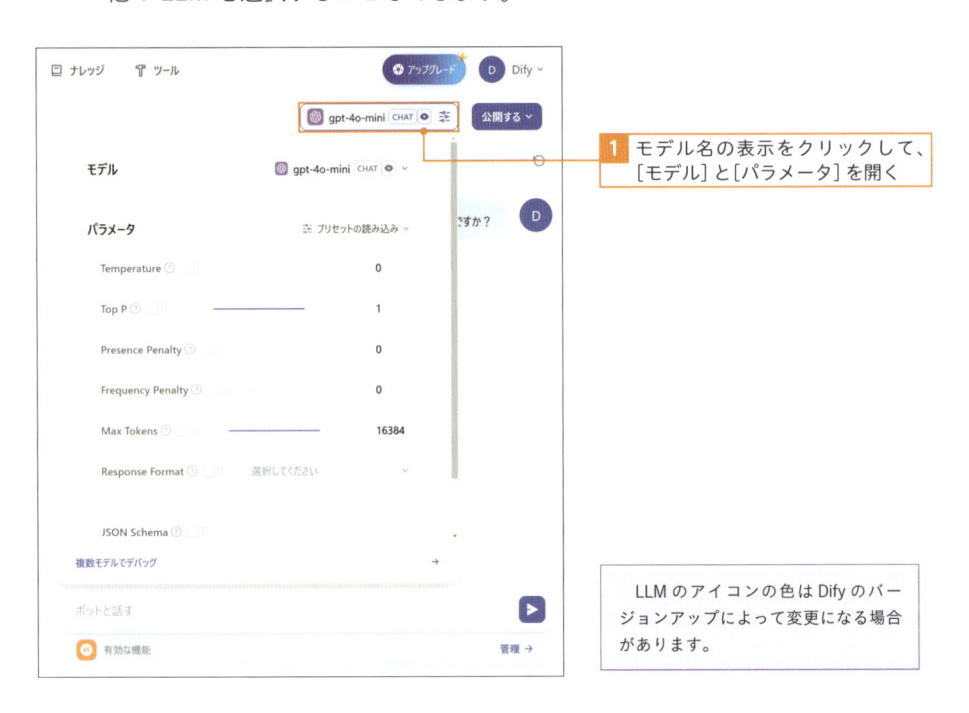

1 モデル名の表示をクリックして、［モデル］と［パラメータ］を開く

LLM のアイコンの色は Dify のバージョンアップによって変更になる場合があります。

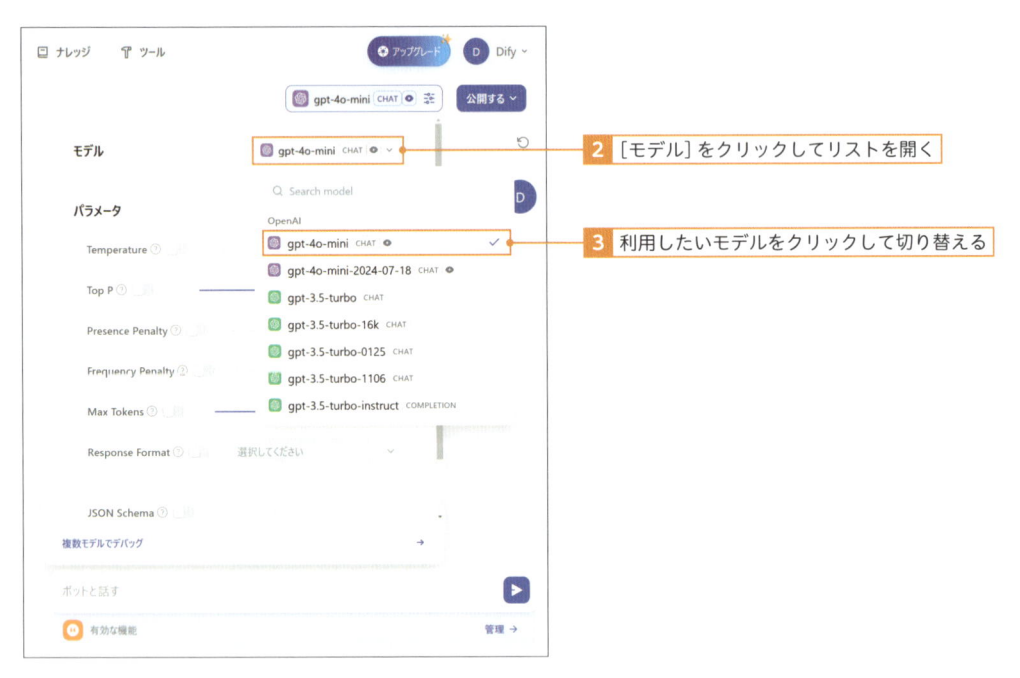

2 ［モデル］をクリックしてリストを開く

3 利用したいモデルをクリックして切り替える

▶ 作成したアプリケーションを公開する

作成したチャットボットで満足できる結果が得られたら、いよいよアプリケーションを公開しましょう。ここでいう公開は自分を含めアプリケーションに Web 上でアクセスできるようにすることを意味します。

Chapter 3

チャットボットを作ろう

公開方法（使用方法）は以下の 4 つの方法が提供されています。

公開方法	特徴
アプリを実行	・専用の Web ページとしてアプリが起動 ・URL を共有するだけで、誰でも簡単にアプリを使うことが可能
サイトに埋め込む	・既存の Web サイトにチャットボットを組み込むことが可能 ・スマートフォンやタブレットなど、様々な画面サイズでも見やすく表示される
"探索" で開く	・Dify のマーケットプレイスでアプリを公開する（25 年 3 月時点では未実装） ・多くのユーザーにアプリを使ってもらいたい場合に適している
API リファレンスにアクセス	・開発者向けの機能 ・自社のシステムやアプリから API で Dify の機能を呼び出して使用可能

　ここでは他者にも共有して利用してもらうことを想定して［アプリを実行］する方法で進めていきます。ボタンをクリックすると、Web アプリの画面が開きます。このページの URL を共有すれば複数人でも利用できる社内のチャットボットとして活用することができます。実際にテキストを入力してチャットボットとやり取りを行ってみましょう。

3 [アプリを実行] をクリック

4 Webアプリ画面が開く

5 [Start Chat] をクリック

6 テキストボックスにテキストを入力

7 [送信] をクリック

8 チャットボットからの返答結果を確認する

このように Dify を活用することで、従来では考えられないほど簡単にチャットボットを作成することができます。

> アプリケーションを使用するにあたって消費されるクレジットは、共有したアプリケーションを公開しているアカウントのものが使用されます。気を付けましょう。

アプリケーションを停止する

使わなくなったアプリケーションは悪用されないように停止しておきましょう。当該のアプリケーションを［スタジオ］で開き、［監視］タブを開いて［無効］へ切り替えます。

1 ［監視］タブをクリック

2 ［稼働中］のスイッチをクリックして、［無効］に切り替える

3-3 RAG とは

最近よく耳にする RAG って何だろう？

上手くチャットボットは作れたでしょうか？プロンプトを工夫すれば十分に活用できるチャットボットになると思います。しかし単に LLM を利用しているだけのチャットボットだと、企業や組織が持っている固有の情報（製品ドキュメント、手続き案内、マニュアル等）をうまく活用しきれないという課題があります。そこで近年注目されているのが、RAG（RetrievalAugmented Generation）という仕組みです。

RAG とチャットボットは密接な関係にあり、特に LLM を活用したチャットボットにおいて、その性能と実用性を大きく向上させる重要な技術です。LLM 単体のチャットボットの動作には以下のような課題があります。

□ 最新情報や固有情報の欠如

　LLM は学習データに基づいて回答を生成しますが、学習後に更新された情報や特定の企業・組織が持つ固有の情報（製品マニュアル、社内規定など）は出力できません。そのため、最新情報や固有情報に関する質問に対しては、曖昧な回答や誤った回答を生成する可能性があります。

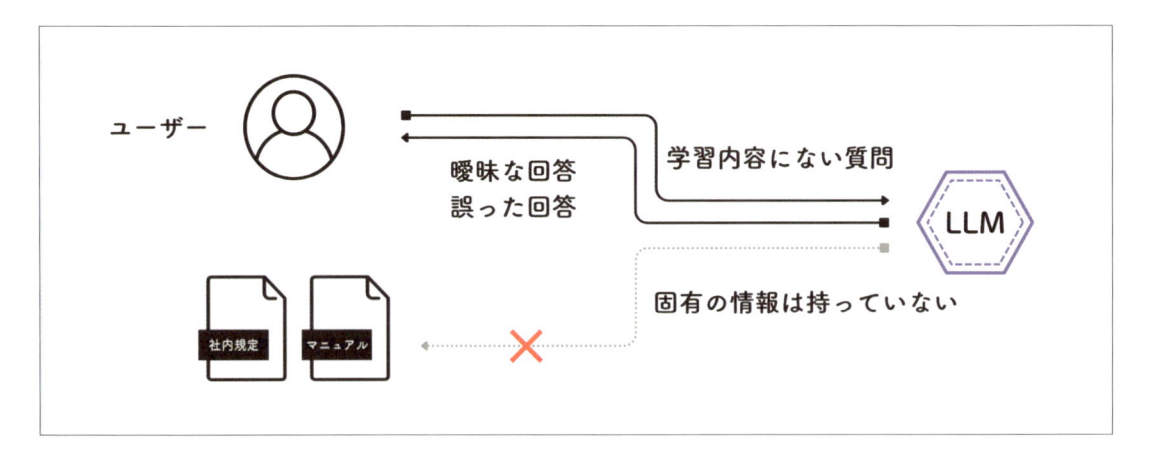

□ 事実に基づかない回答（ハルシネーション）

　LLM は確率的に単語を生成するため、文法的に正しくても事実に基づかない回答（ハルシネーション）を生成することがあります。

> 日本政府は「AI戦略2022」や「人間中心のAI社会原則」など、AIに関する基本戦略や基本理念を策定しています。この中で、「AI人材の国家資格制度」の創設案が含まれており、今後、試験制度の整備が進むことが予想されます。
>
> ┈┈▶ 誤った回答：　実際には国家資格制度の創設についての言及はない。

　これに対して RAG はユーザーからの質問に対して、事前に作成した外部のナレッジベース（情報源）から関連情報を検索し、その情報を LLM に提供することで、より正確で信頼性の高い回答を生成する仕組みです。RAG の基本的な流れは次のとおりです。

1. **ユーザーからの質問**：ユーザーがチャットボットに質問を送信します。
2. **情報検索**：RAG システムは、質問に関連する情報を外部のナレッジベースから検索します。ナレッジベースは、Web ページ、ドキュメント、データベースなど、様々な形式の情報を格納できます。
3. **情報提供**：検索された情報は LLM に提供されます。
4. **回答生成**：LLM は、提供された情報に基づいて回答を生成します。

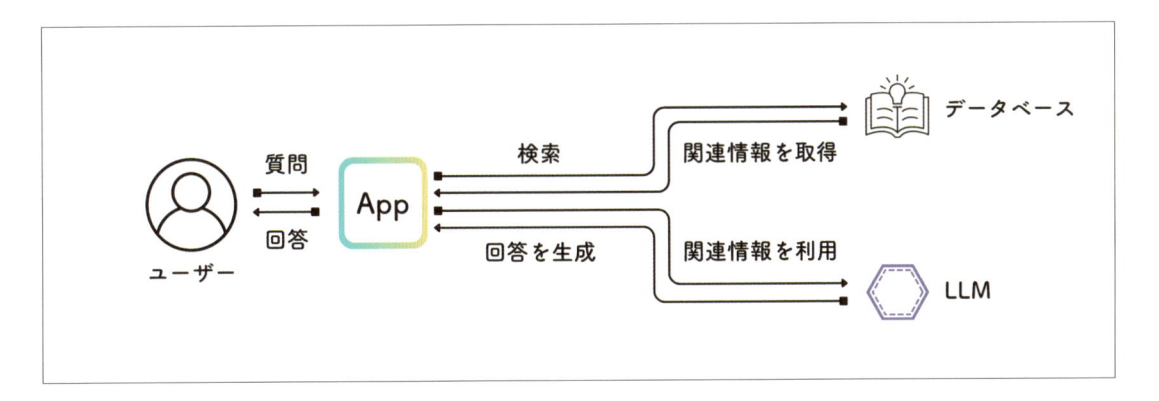

また RAG を導入することで、チャットボットは以下のようなメリットを得られます。

メリット	詳細
事実に基づいた回答	提供された情報に基づいて回答を生成するため、ハルシネーションを抑制できる
情報の更新が容易	ナレッジベースの情報を更新するだけで、チャットボットの回答を最新の状態に保つことができる。LLM 自体を再学習する必要がなく低コスト。

　このように RAG の仕組みを取り入れることで、ビジネス利用時の課題の克服だけでなく新たなメリットも生まれます。自分の業務に合った回答を簡単に引き出せるようになるのが大きなポイントです。

> RAG は参照情報を差し替えるだけで最新の情報を利用することができるようになります。このようにコスト面のメリットもアプリケーションの管理・更新を検討する上で重要なポイントとなります。

3-4 RAGチャットボットを作成しよう

ナレッジを登録しよう

先程解説した基本操作を駆使し今度は Dify のナレッジ機能を利用したチャットボットを作ってみましょう。まずは、実際に情報の参照元となるファイルをアップロードし、ナレッジを作成します。ナレッジはどこの画面からでも、[ナレッジ]タブをクリックすることで移動できます。

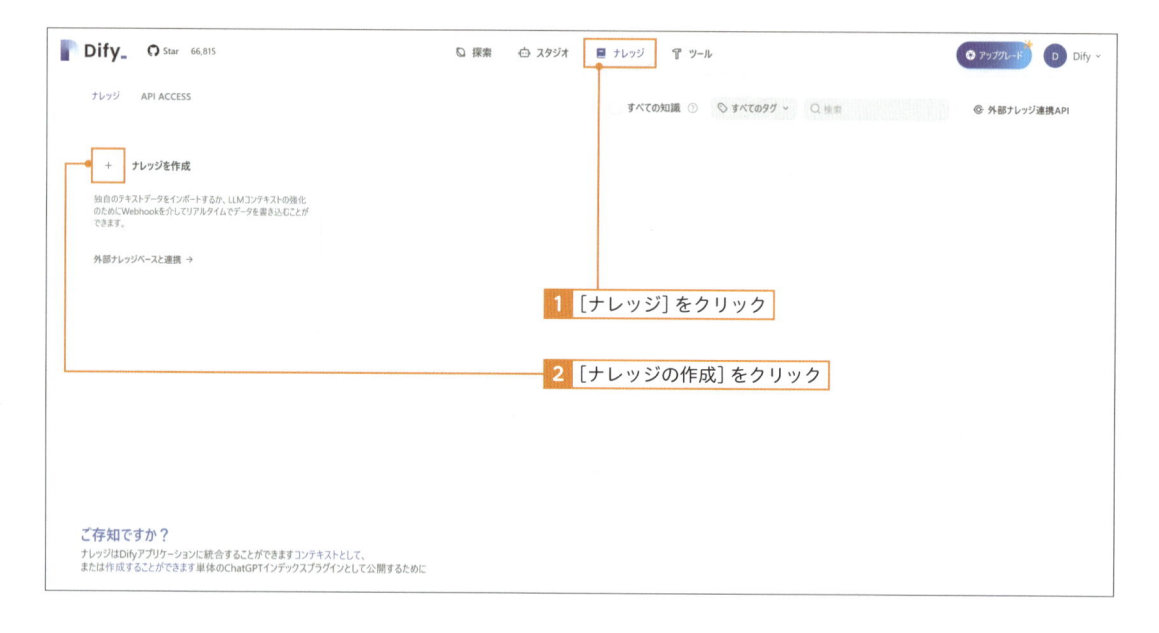

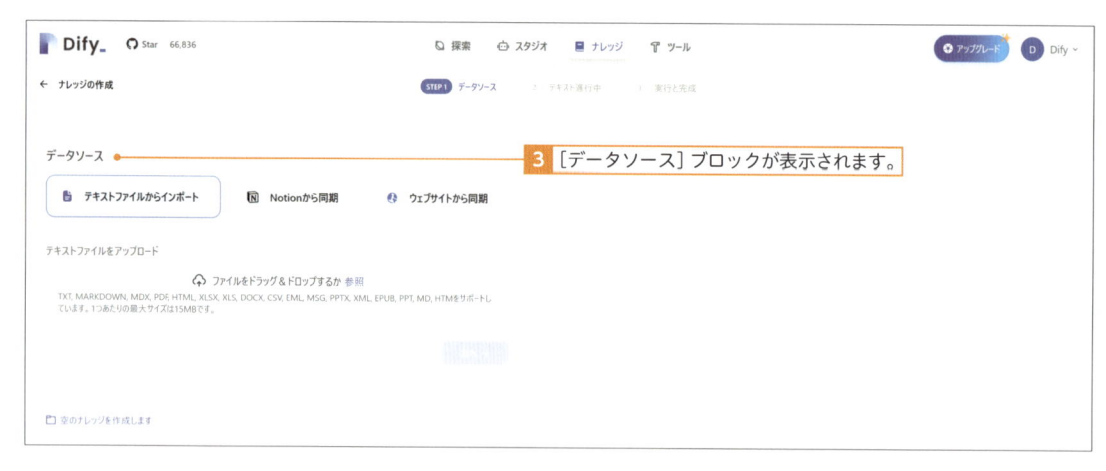

データソースブロックでは以下の 3 種類のデータソースを選択できます。

データソース	特徴
テキストファイルからインポート	・PC に保存されているファイルを直接アップロード ・Word、PDF、Excel などの一般的なファイルに対応
Notion から同期	・Notion で作成した文書やデータベースを取込可能
ウェブサイトから同期	・Web サイトの URL を入力するだけで内容を取込可能

　今回は、自分の会社にある様々なドキュメントを利用することを想定して、［テキストファイルからインポート］の方法を使用します。多様なファイル形式に対応しており、PDF や CSV はもちろん、Word、Excel、PowerPoint などのファイルにも対応しています。

　本書のダウンロードファイルからサンプル［経費精算の社内規定 .docx］をアップロードしてみましょう。様々な設定が行える画面も出てきますが、今回はまずは使い方を一通り覚えるためにデフォルトの設定のまま先に進めましょう。

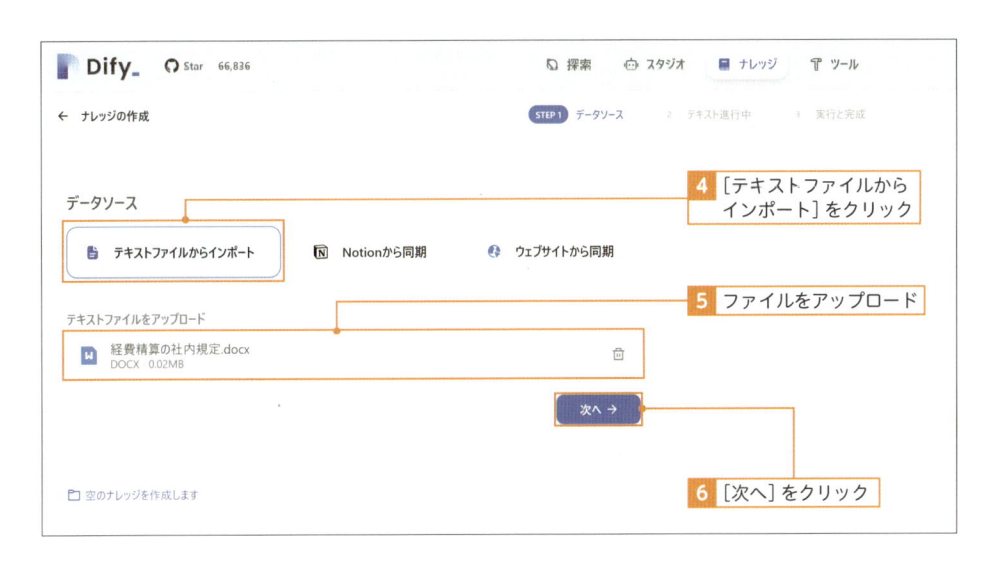

社外秘の機密文章などをアップロードしないように注意が必要です。実際に社内で利用する前にしかるべき管理者に確認を取りましょう。利用する情報の取り扱いの許可を取得することもアプリ開発としては重要なステップです。

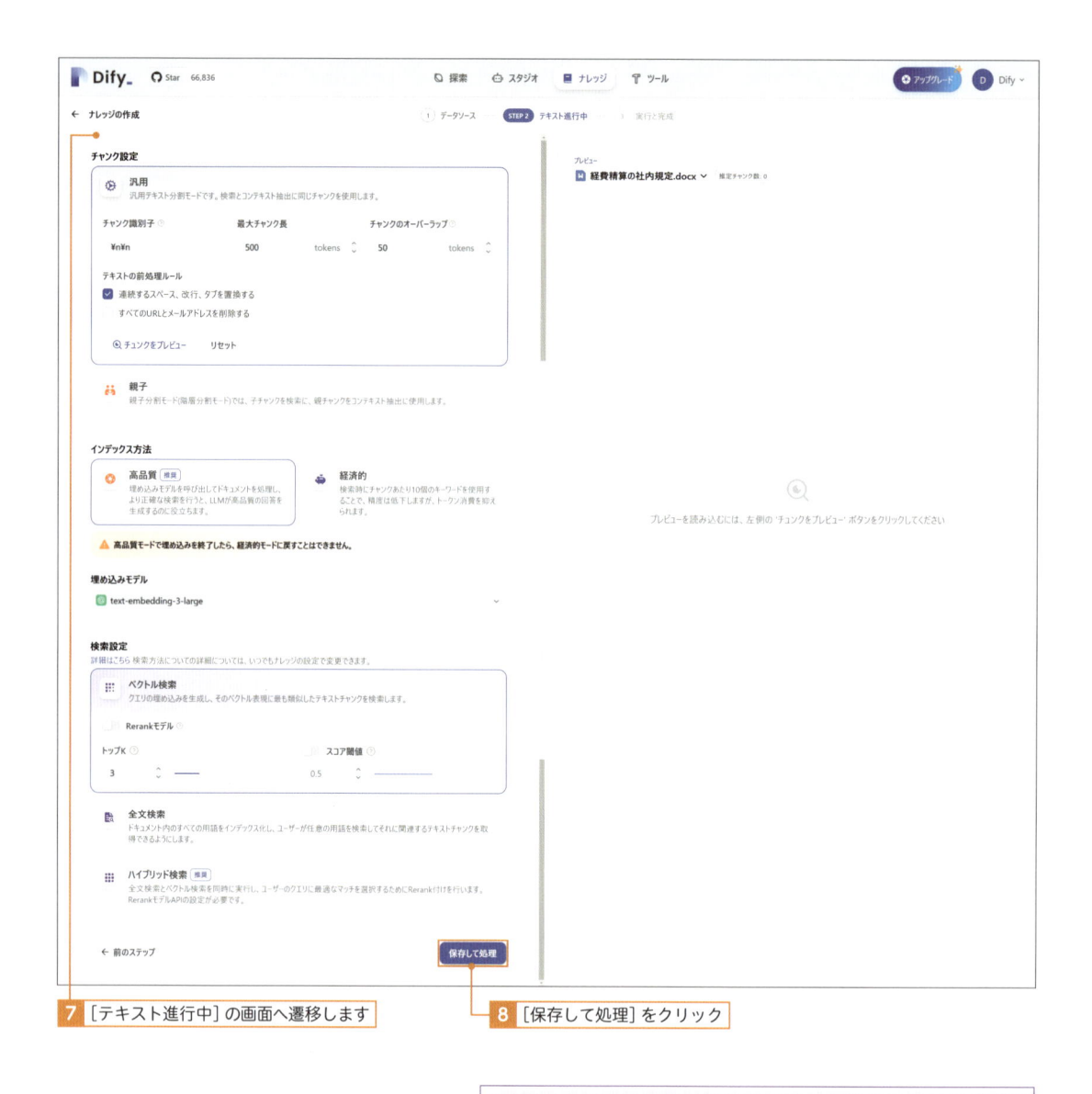

7 ［テキスト進行中］の画面へ遷移します

8 ［保存して処理］をクリック

> ［チャンクをプレビュー］をクリックすると、右画面のプレビュー画面に
> チャンクとなったテキストが表示され確認できます。

　処理が完了すると［実行と完成］画面が開きます。そのまま［ドキュメント］画面を開いて、無事に読み込まれていることを確認しましょう。画面右のステータスが［利用可能］となっていればナレッジの作成は成功です。

9 ［ドキュメントに移動］をクリック

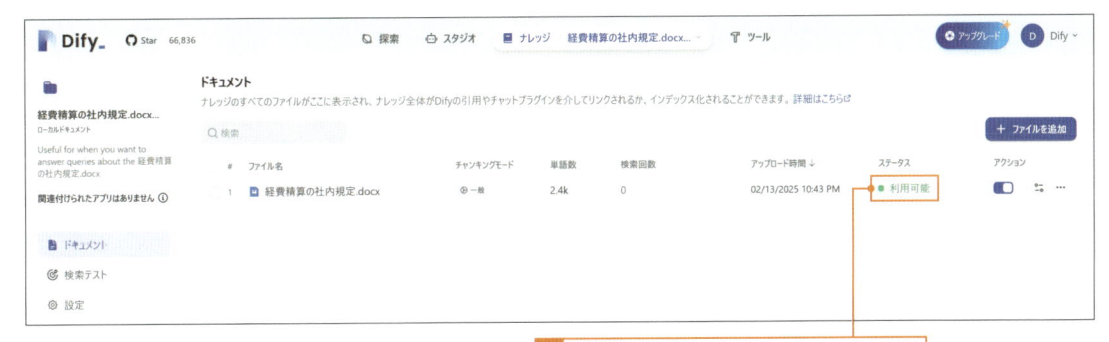

10 ステータスが［利用可能］であることを確認

> **Column** **チャンクとは？**
>
> 　Dify における「チャンク」とは、アップロードしたドキュメント（テキストデータ）を AI が効率的に処理できるように、小さな断片に分割したものです。簡単に言うと、大きな文章を小さく区切ったものです。
>
> 　なぜチャンクに分割する必要があるのでしょうか？ それは、大規模言語モデル（LLM）が一度に処理できるテキスト量には限界があるためです。巨大な文章をそのまま LLM に渡しても、うまく処理できなかったり、時間がかかったりする可能性があります。そこで、文章を適切なサイズに分割することで、LLM が効率的に情報を処理し、より速く正確な回答を生成できるようになります。

▶ RAG用のチャットボットを作成する

　ナレッジが無事作成できたら今度はチャットボット本体を作成します。基本の操作は最初の
チャットボットアプリケーションの作り方と同様です。今回は以下のような社内で運用する経
費精算方法を教えてくれるチャットボットを作成しましょう。

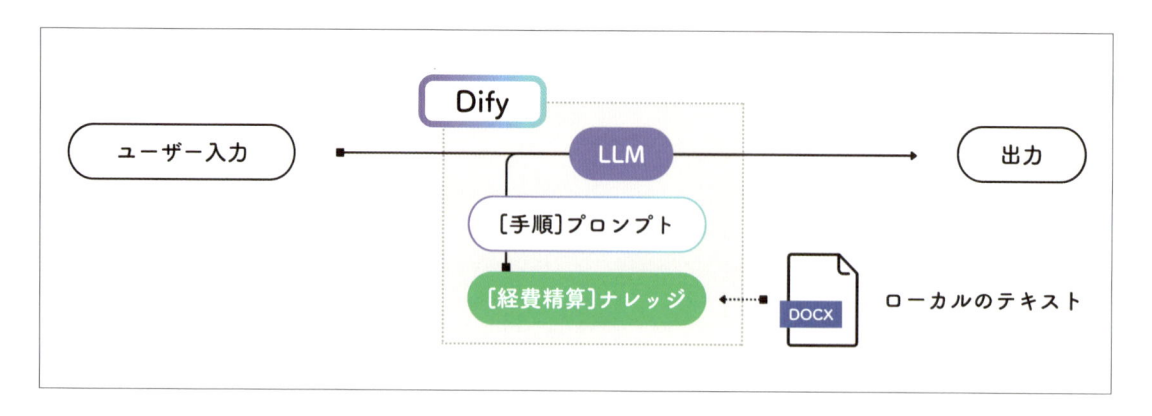

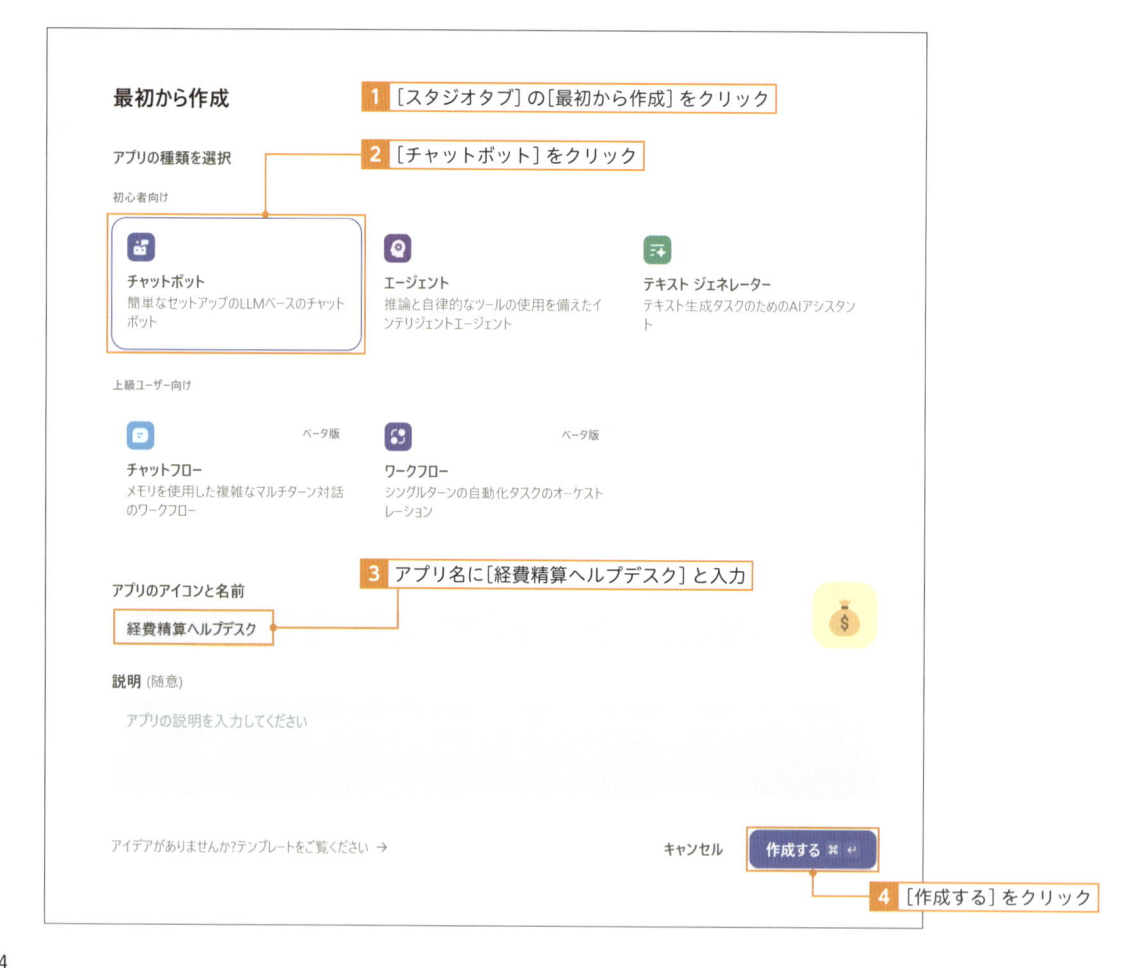

［手順］にプロンプトを記入していきます。今回は以下のプロンプトを使用しました。

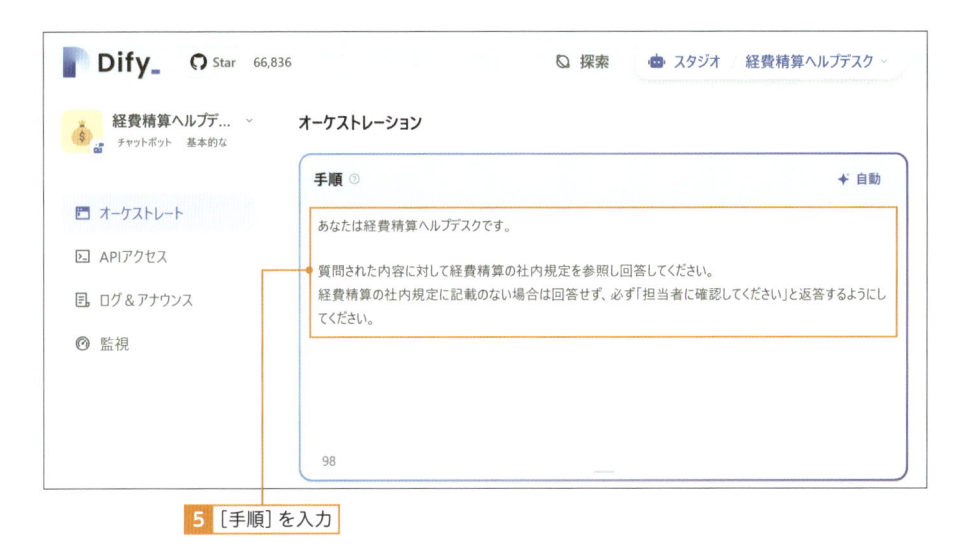

5 ［手順］を入力

| Prompt | 手順 |

あなたは経費精算ヘルプデスクです。

質問された内容に対して、経費精算の社内規定を参照し回答してください。
経費精算の社内規定に記載のない場合は回答せず、必ず「担当者に確認してください」と返答するようにしてください。

▶ チャットボットにナレッジを登録する

　続いて［コンテキスト］ボックスでは利用する［ナレッジ］を登録することができます。先程作成した［経費精算の社内規定.docx］を選択して登録していきます。［参照する知識を選択］という画面が表示されたら、今回参照元としたいドキュメントを選択して［追加］をクリックします。

1　［コンテキスト］ボックスの［追加］をクリック

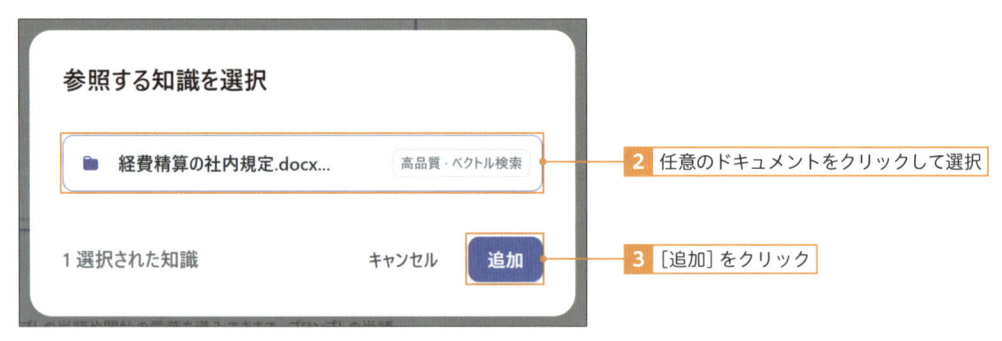

2　任意のドキュメントをクリックして選択

3　［追加］をクリック

4 [コンテキスト] ボックスに追加されていることを確認

▶ テストをして公開しよう

　チャットボットの準備が整ったら、画面右側の [デバックとプレビュー] の画面で実際に稼働するか確認しましょう。出力された内容には [引用] の情報が追加されています。[引用] アイコンをクリックするとナレッジの登録で追加したドキュメントのどの部分を引用しているのかを確認できます。動作に問題がなければアプリケーションを [更新] しておきましょう。

課題

1 テストを行ってチャットボットの回答を確認する

2 引用元のドキュメントをクリックするとその情報を確認できる

課題：節電

また、今回は［手順］に［経費精算の社内規定に記載のない場合は回答せず、必ず「担当者に確認してください」と返答するようにしてください。］という記載がありました。ここも想定通り機能しているか確かめておきましょう。

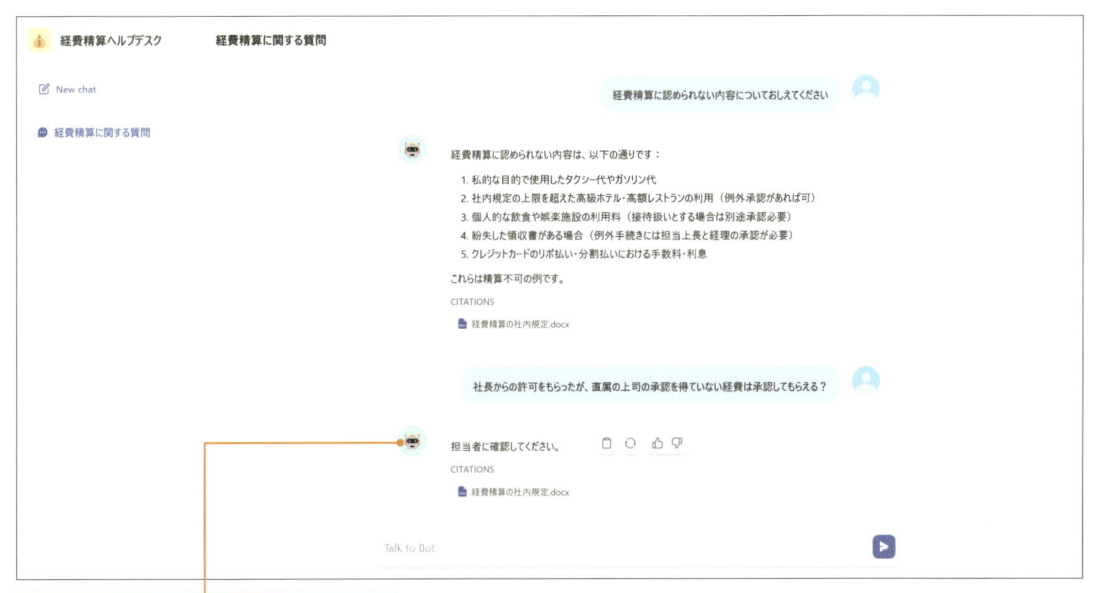

3 禁止事項が意図通り働くことを確認する

今回は経費精算の事例でしたが、ナレッジでアップロードする内容を変えれば、他のヘルプデスクも同じ要領で作成可能なことに気付いているかと思います。場合によってはチャットボット側で細かな調整が必要な場合もあるため、ぜひ触りながら習得していきましょう。

3-5　さらにチャットボットを作ってみよう

▶ ナレッジをウェブサイト（URL）から読み込んで利用する

先ほどは、テキストファイルからのナレッジへ登録しましたが、ウェブサイトからも読み込むことが可能です。これにより自社以外の情報もナレッジとして活用することができ、さらにチャットボットの応用の幅が広がります。

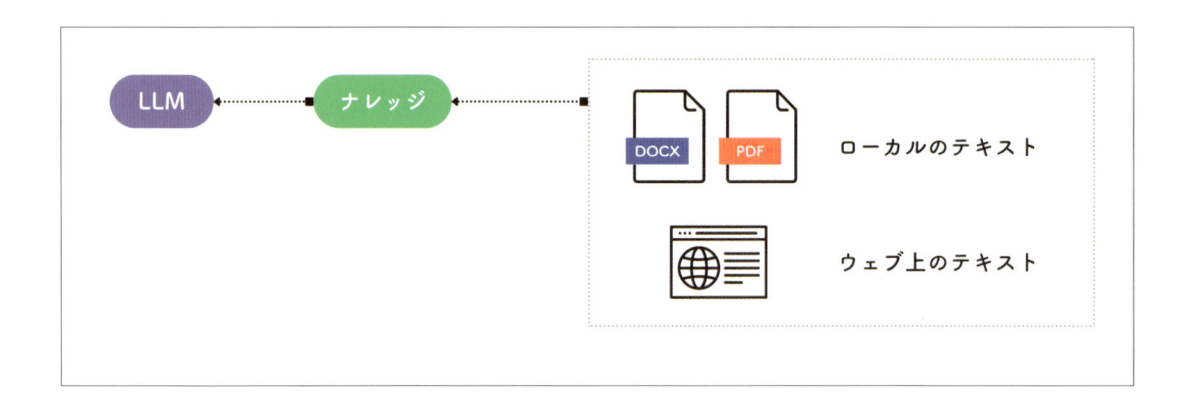

　今回は身近な例で実践してみましょう。引っ越しで賃貸から退去する際に、大家さんまたは管理会社から、修繕費用を請求されるのはよくある話だと思います。その際に、思ったより高額な請求が来たというご経験のある方もいることでしょう。不動産のことはよく分からず、とりあえず言われた通りに支払ってしまったり、支払額に納得がいかずにトラブルになるケースもあります。

　今回はそんな現状回復の考え方について記載のある国土交通省住宅局が出している「原状回復をめぐるトラブルとガイドライン」をナレッジに取り込んで、自分が普段使わないような知識を簡単に教えてくれるアドバイザーとしてのチャットボットを作成してみましょう。

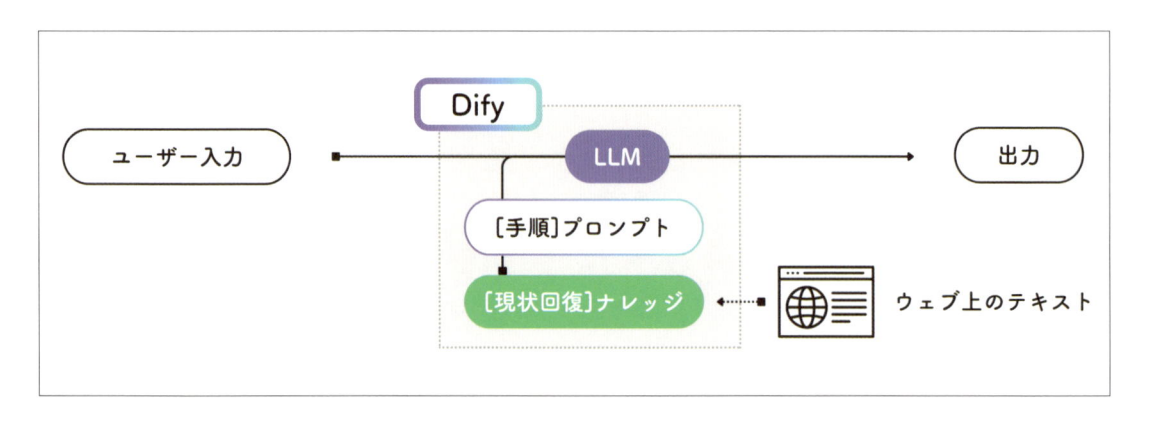

　また、今回のナレッジは以下の URL で公開されている PDF を使用します。

平成 23 年 8 月　国土交通省住宅局　原状回復をめぐるトラブルとガイドライン（再改訂版）
https://www.mlit.go.jp/common/001016469.pdf

> RAG の検索対象はインターネット上の最新の資料を検索しているわけではありません。したがって検索対象となるドキュメントは開発者側で最新情報となるように管理を行う必要がある点に注意しましょう。

▶ Jina Reader と API 連携する

まずはナレッジの作成から取り掛かっていきましょう。今回は［ウェブサイトから同期］する方法で進めていきます。

執筆時点では［プロバイダーを選択する］ブロックには、

- ▶ **Jina Reader**
- ▶ **Firecrawl**

の2つが用意されています。どちらも Web サイトのコンテンツを取得し、LLM で扱いやすい形式に変換するためのツールです。今回は［Jina Reader］の API 連携を利用していきます。

設定画面が開き、[データソース]画面が表示されます。今回は[ウェブサイトによる Jina Reader]の[設定]をして Web から情報を収集できるようにしましょう。

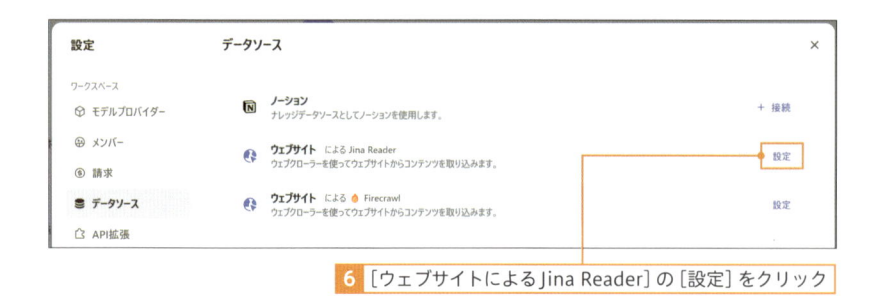

6 [ウェブサイトによる Jina Reader]の[設定]をクリック

[Jina Reader]を活用するためには API 連携を実施する必要があります。左下の[無料の API キーを jina.ai で取得]というリンクをクリックしましょう。API 連携の詳しい方法は P.253 で解説しています。

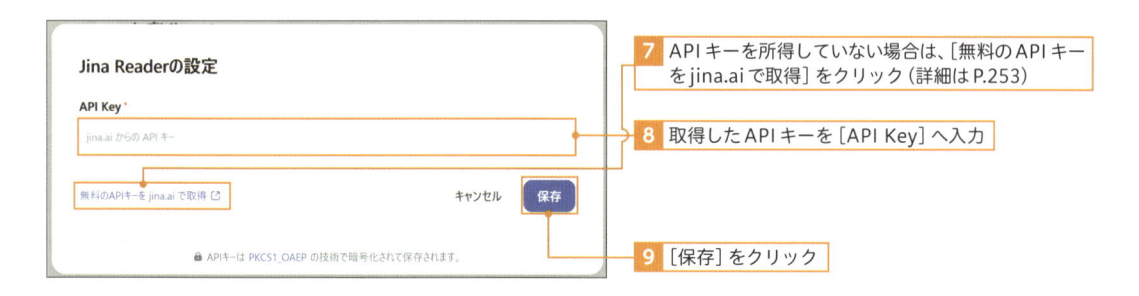

7 API キーを所得していない場合は、[無料の API キーを jina.ai で取得]をクリック(詳細は P.253)

8 取得した API キーを[API Key]へ入力

9 [保存]をクリック

[ウェブサイトによる Jina Reader]で設定済みクローラーに[Jina Reader]が追加されて、ステータスが[アクティブ]と表示されていれば無事に連携が成功です。

10 ステータスが[アクティブ]であることを確認

11 [閉じる]をクリック

API 連携とは

　API（Application Programming Interface）とは、アプリケーションが内部機能を外部へ提供する方法の1つです。この入り口を通じてサービスの内部機能を呼び出したり、データベースにアクセスしたりします。

　例えば Google Maps の地図表示や天気情報の取得、SNS への自動投稿など、さまざまなサービスが API を通じて利用できます。これにより必要な機能を自分で全て開発するのではなく、外部サービスを利用することで用意できます。なお、サービスによっては有料のものもあります。

　多くの API ではユーザーごとに API キーが発行され、そのキーを使ってアクセス権や利用上限などを管理しています。そのため API を利用するには、まずは利用したいサービスでアカウントを作成して、API キーを取得する必要があります。また、このキーが外部に漏れてしまうと悪用される危険があります。

　このように API 連携は、外部サービスの豊富な機能やデータを簡単に取り込める強力な手段です。本書では無料で利用できる API を中心にアプリケーションへ組み込んでいきます。様々な API 連携を試すことで、利用方法を身に付け、そのメリットを実感してみてください。

クローリングした情報をナレッジに変換する

　ここからは連携した［Jina Reader］を使ってナレッジを作成していきます。データソース画面を閉じると［サイト全体を Markdown に変換する］ブロックが表示されています。ここでは任意の Web ページの URL を指定して、その情報をスクレイピングしてマークダウン（Markdown）形式のテキストへと変換することができます。

マークダウン形式

　マークダウン（Markdown）は、プレーンテキストで書かれた文章に、簡単な記号を加えるだけで、見出し・リスト・強調などのレイアウトを表現できる表記形式です。Web ページに使われる HTML のような難解なタグをほとんど使わずに書くことができ、ファイルを様々な環境で表示しやすいのが特徴です。

　特に LLM などで利用する際に、文章をシンプルなテキストとして保存しておくのは非常に有効です。後から検索したり要約したりする処理が楽になり、LLM が扱いやすいデータ形式として活用できるようになります。こうした理由から、マークダウン形式はドキュメント整理や AI を用いた文章解析で広く利用されています。

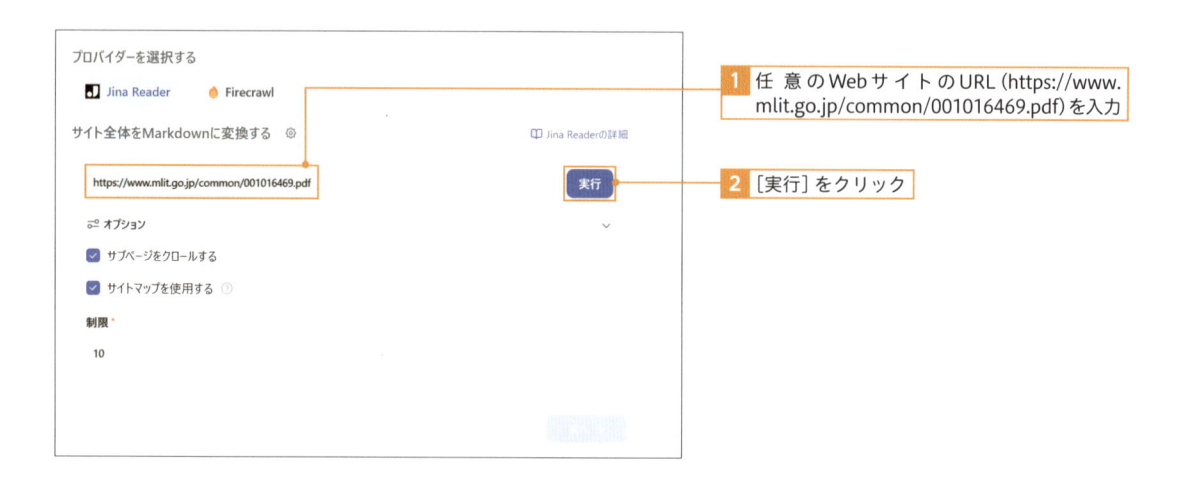

1 任 意 の Web サイト の URL (https://www.mlit.go.jp/common/001016469.pdf) を入力

2 [実行] をクリック

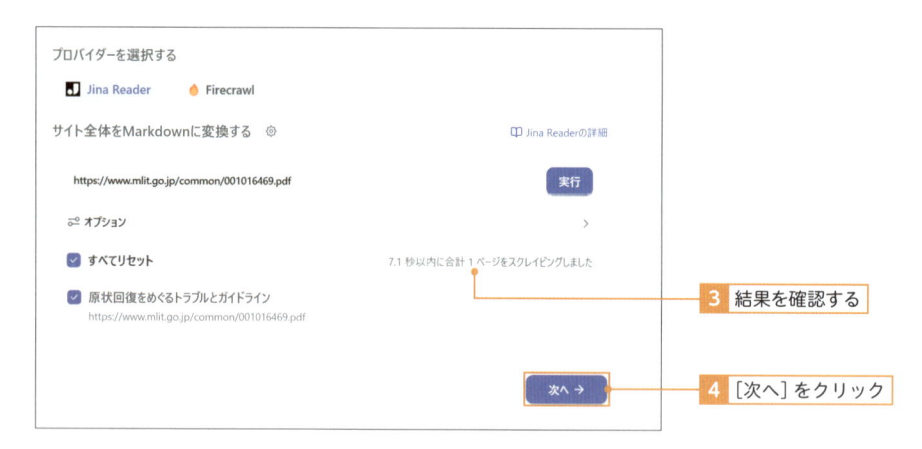

3 結果を確認する

4 [次へ] をクリック

[テキスト進行中] の画面が開きます。今回も細かな設定はデフォルトから変更せずに処理を進めていきます。

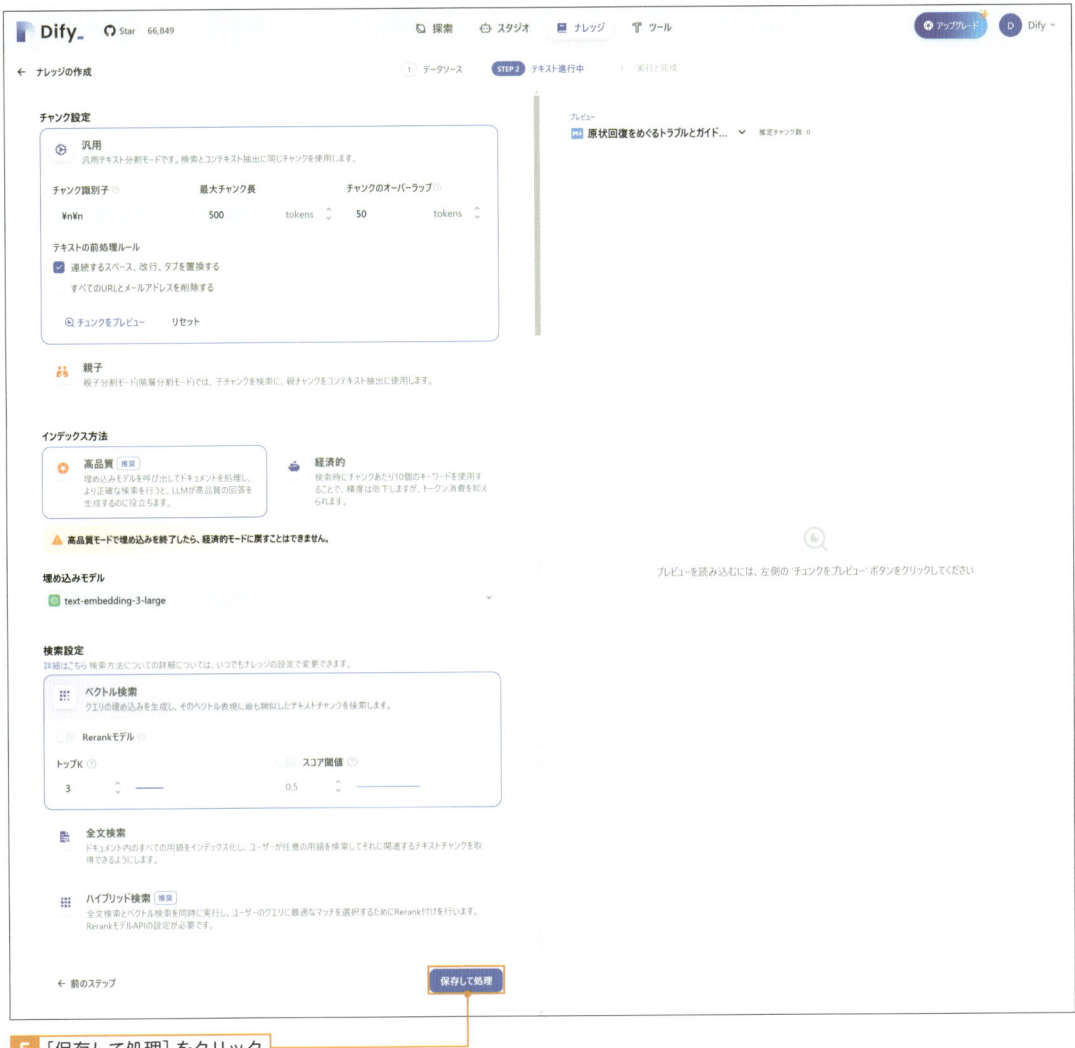

5 [保存して処理] をクリック

処理が完了すると［実行と完成］画面が開きます。そのまま［ドキュメント］画面を開いて、先程と同じように無事に読み込まれていることを確認しましょう。

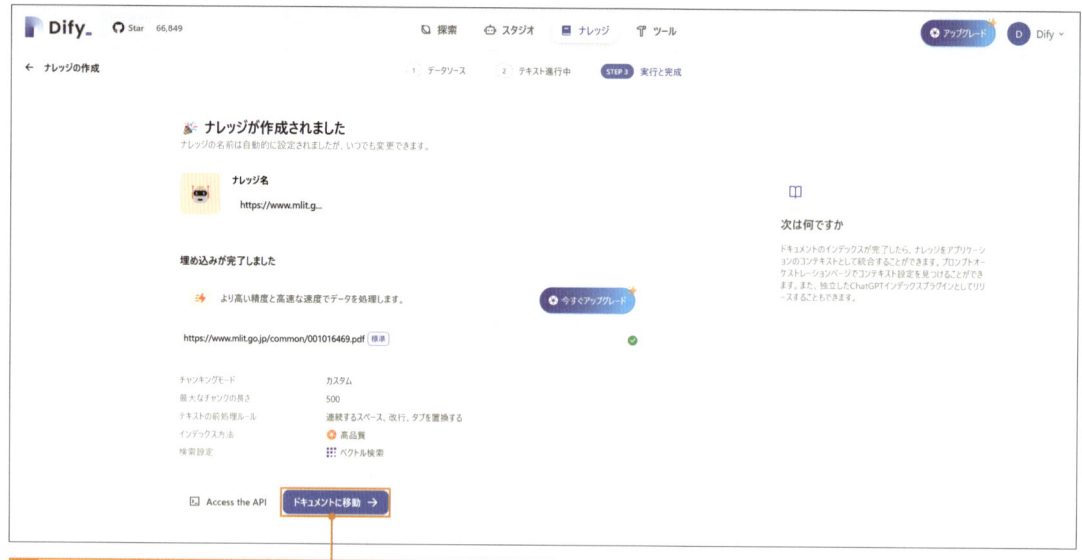

6 ［ドキュメントに移動］をクリックして、ステータスを確認する

▶ ナレッジ名の変更

ナレッジ名は処理が行われる際に自動で設定されてしまいます。変更するには［ナレッジ］の設定から変更します。

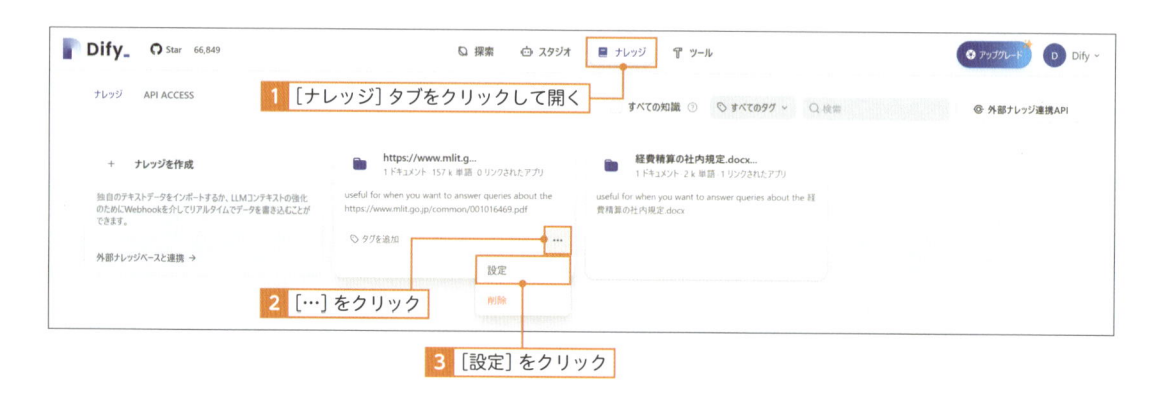

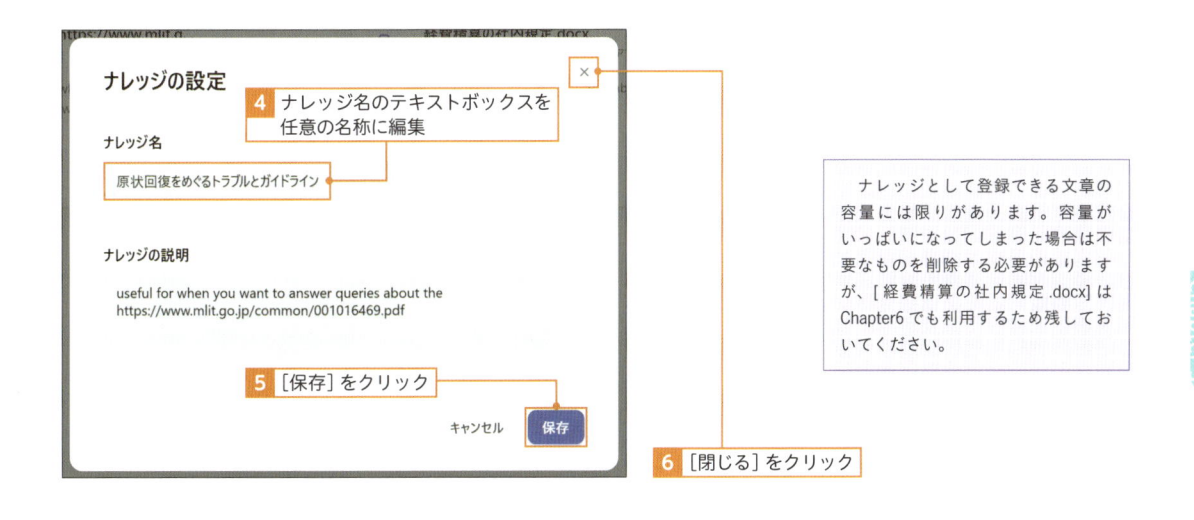

ナレッジの設定

4 ナレッジ名のテキストボックスを任意の名称に編集

ナレッジ名

原状回復をめぐるトラブルとガイドライン

ナレッジの説明

useful for when you want to answer queries about the
https://www.mlit.go.jp/common/001016469.pdf

5 [保存]をクリック

キャンセル　保存

6 [閉じる]をクリック

> ナレッジとして登録できる文章の容量には限りがあります。容量がいっぱいになってしまった場合は不要なものを削除する必要がありますが、[経費精算の社内規定.docx]はChapter6でも利用するため残しておいてください。

▶ Webページのナレッジを追加したアプリケーションの実装

　ここから先の実際のアプリケーションの作成の方法は前述の内容と重複するため詳細は解説しませんが、以下のプロンプトを［手順］へ入力し、今回作成したナレッジ［原状回復を巡るトラブルとガイドライン］をコンテキストとして追加すればアプリケーションの完成です。ぜひ挑戦してみてください。

1 [手順]を入力

2 [コンテキスト]に追加

Prompt　手順

ユーザーからの質問に対して、コンテキストを参照して回答してください。
記載していない内容の質問の場合は必ず「記載がないため回答いたしかねます」と返信してください。

これで様々な情報を外部から利用するチャットボットの作り方はマスターできたと思います。Dify を使えば簡単な手順で、普段の仕事に役立つ生成 AI アプリケーションを作ることができます。ここからは、さらに様々な形式のアプリケーションを一緒に作成していきましょう！

Column クローラーによるスクレイピング

スクレイピングとは、ウェブ上に公開されている膨大なデータを、自動化ツール（クローラー）を使って収集する技術です。通常はブラウザで閲覧するページを、プログラムが高速に巡回し、テキストや画像、リンクなどのデータをまとめて取得することができます。

一方で、スクレイピングを行うには注意が必要です。多くの Web サイトは利用規約でクローラーの可否を定めており、違反すると法的・契約上の問題に発展することがあります。したがって、実際に利用する前には以下の注意点を確認するようにしてください。

利用規約の確認

事前にサイトの利用規約を熟読し、スクレイピングを禁じていないか、もしくは制限がないかを必ず確認しましょう。

サーバー負荷への配慮

短時間に膨大なリクエストを送ると、サーバー側に過度な負荷がかかり、ほかの利用者に迷惑がかかる恐れがあります。アクセス頻度を適切に制限しましょう。

法的リスク（著作権・個人情報保護など）

データの無断転載や営利利用が著作権侵害にあたる場合があります。個人情報の取り扱いにも十分な注意が必要です。

このようにスクレイピングは、データ収集において非常に強力な手段ですが、サイトのルールや法律を守らなければ違法行為や契約違反になり得ます。多くのサービスは検索エンジンが行う正規のクロールを想定している一方、個人や企業の独自クローラーによる情報取得を明示的に禁止している例も少なくありません。常に最新の利用規約と公式発表を確認することを忘れないでください。

Chapter 4

テキストジェネレーターを作ろう

日々の業務で、同じような文章を何度も作成するのは手間がかかりますが、生成 AI を活用すれば、SNS 投稿、商品説明文、メールテンプレート、記事要約など、さまざまなテキストを自動生成できます。さらに Dify のテキストジェネレーターで実装することでバッチ実行を使って、大量のテキストを一括作成して業務を効率化しましょう。本章では、基本的なテキストジェネレーターの作成から、バッチ実行を活用したテキスト生成まで解説していきます。

▶ テキストジェネレーターってどんなもの？

Difyのテキストジェネレーターは、ユーザーが提供するプロンプトに基づいてテキストを自動的に生成する形式のアプリケーションです。記事の要約、翻訳など、さまざまな種類のテキストを生成できます。

ここまでの特徴だけだとChatGPTと比べても大きく違いはなく感じられますが、自分でオリジナルのアプリケーションにすることで、ユーザーからの入力を誘導することができるのが大きな利点です。SNS運用やメールの作成など、定型的な業務をアプリケーションへ落とし込みましょう。

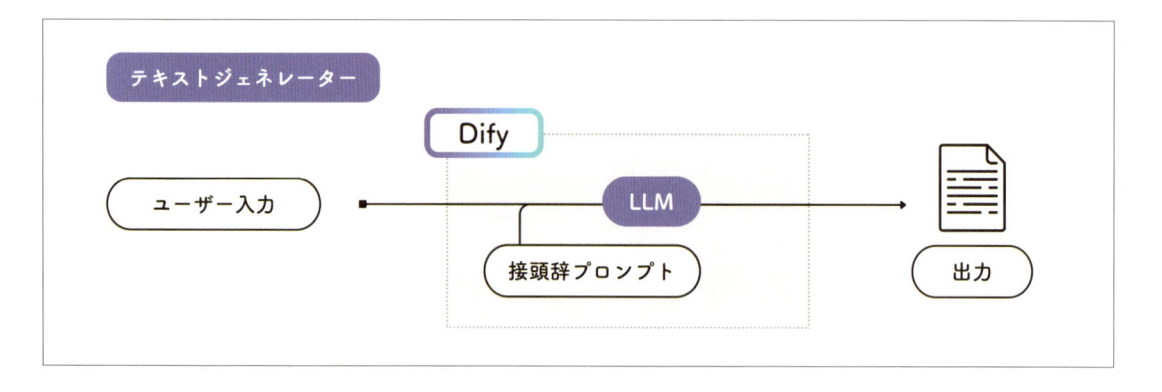

▶ バッチ実行を活用しよう

テキストジェネレーターでは、入力フォームを準備することでユーザーの入力を最小限に抑えることができます。さらに、利用する際にはバッチ実行を選択できます。バッチ実行は同じ作業を繰り返さずにまとめて複数の出力を得ることができる方法です。

▫ 一度実行

入力フォームにテキストを入力して実行ボタンをクリックし生成します。例えば、あるテーマについて短い文章を作成したい場合、入力フォームに[テーマ：日本の伝統文化]と入力し、[実行]ボタンをクリックすると日本の伝統文化に関する文章が生成されます。

□ バッチ実行

　複数の異なる入力データに対して、同じプロンプトを一括で適用し、複数のテキストを一度に生成できる機能です。通常は１つのデータに対して１回ずつ実行する作業を、まとめて自動化できます。例えば、100 個の異なるテーマについて記事を生成したい場合などに活用すると、大きな時短になります。バッチ実行を使うには、入力する情報を CSV 形式のテンプレートファイルへまとめてアップロードする必要があります。

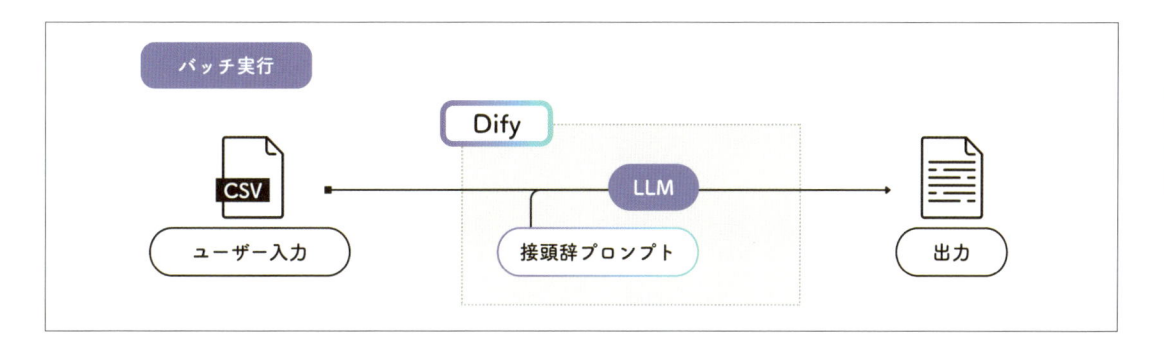

　特にバッチ実行の一度に大量の処理ができる機能はテキストジェネレーターの大きな利点です。この機能を活かしたアプリケーションを一緒に作っていきましょう。

4-2　簡単なSNS投稿ジェネレーターを作ろう

▶ アプリケーションの作成

　それでは早速アプリを作っていきましょう。今回は簡単な SNS 投稿ジェネレーターを作っていきます。まずは X に投稿することを想定して、入力テーマに合った短めな投稿を生成してみましょう。

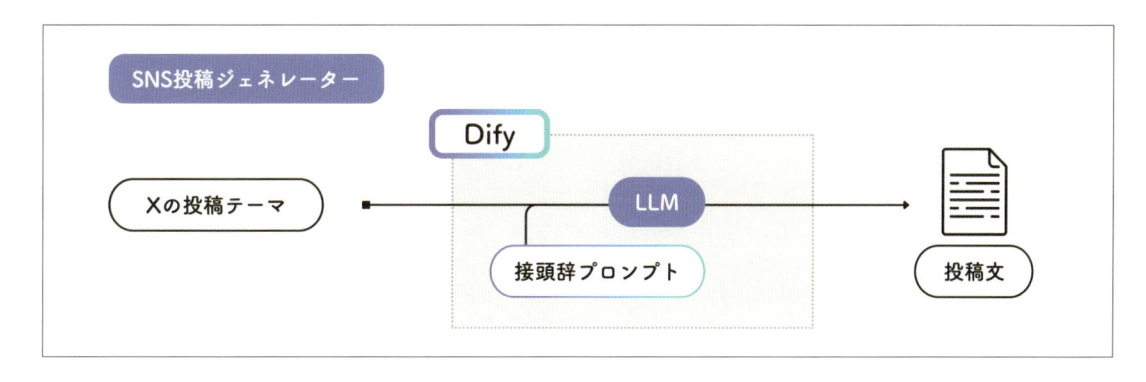

ダッシュボードの［スタジオ］から［最初から作成］を選択します。今回はアプリケーションタイプとして［テキストジェネレーター］を選びます。

▶ テキストジェネレーターの設定

［オーケストレーション］の画面で、生成したいテキストの種類や形式を定義していきます。まずは［接頭辞プロンプト］を設定しましょう。［接頭辞プロンプト］はユーザーからの入力に基づいて、どのようなテキストを生成するかを指定します。

1 ［接頭辞プロンプト］を入力

Prompt 接頭辞プロンプト

あなたは優秀な SNS 運用担当者です。
{{Post_title}} に関する投稿を 50 文字以上 100 文字以内で作成してください。
X 投稿を想定しています。

投稿を作成するにあたり下記を考慮してください。
1. 専門用語を使わずに平易な言葉を使用してください
2. 改行を利用し、見やすい内容にしてください

今回のプロンプトでは定義されていない変数 {{post_title}} を使っているため、プロンプトの入力を終えて次の作業を行おうとするとアナウンスが表示されます。ここではアナウンスに従って変数を追加して操作を進めましょう。

変数の設定

続いて、先ほど追加した［変数］について設定を行っていきます。接頭辞プロンプトには変数を使うことができます。変数はユーザーからの入力を受け取る役割を持たせます。今回はわかりやすいように {{post_title}} としました。［変数］ブロックで変数の管理を行いましょう。

> Column | **Dify の変数**
>
> Dify では変数と呼ばれるものが準備されています。これはユーザーの入力やクエリの処理中に取得したデータを格納することができ、その中に格納した内容を呼び出すこともできます。主にテキストが格納されます。数学やプログラミングでの変数とはまた異なる性質を持っているため注意が必要です。

まずは不要になった変数 {{query}} を削除します。ここで注目しておくべきことは、［デバッ
クとプレビュー］画面に表示される［ユーザー入力フィールド］です。この画面が実際にユー
ザーに表示される入力フォームとして働いています。［変数］ブロックで内容を変更すると、
連動して変化します。

1 {{query}} の［削除］をクリック

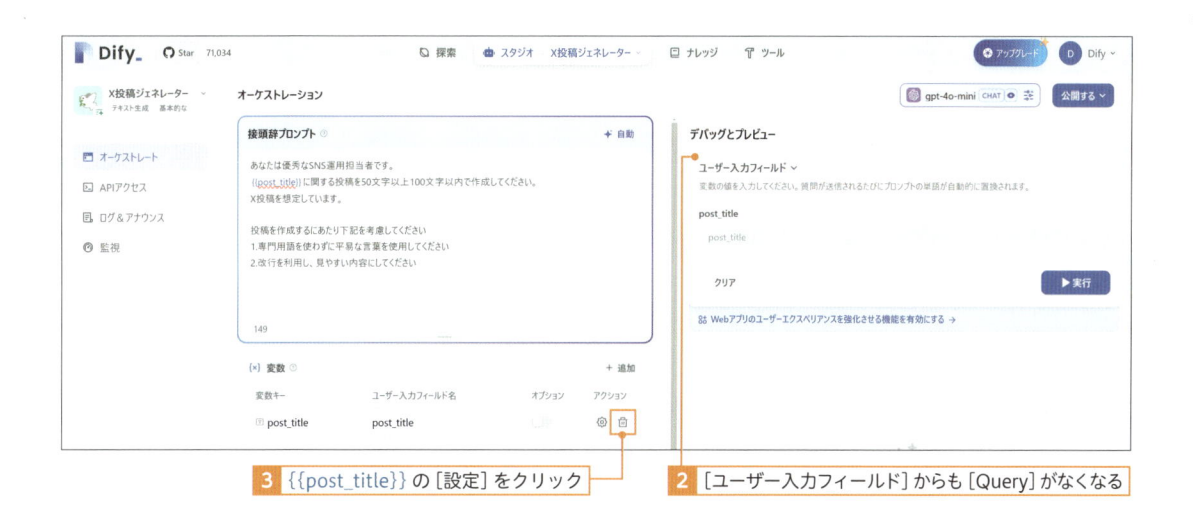

3 {{post_title}} の［設定］をクリック **2** ［ユーザー入力フィールド］からも［Query］がなくなる

3 [ラベル名] を [生成する投稿のテーマを入力してください。] に変更

4 [ユーザー入力フィールド] に反映される

　このようにテキストジェネレーターではユーザーの入力と変数が密接に紐づいており、より ユーザーにとって使いやすいアプリにするために [ユーザー入力フィールド] に表示されるラベル名を編集しておくことがポイントです。

▶ デバックとプレビュー

　編集が完了したら、画面右側の［デバッグとプレビュー］画面でテキストジェネレーターをテストしましょう。［接頭辞プロンプト］で指定した通りに満足できる結果が得られたら成功です。

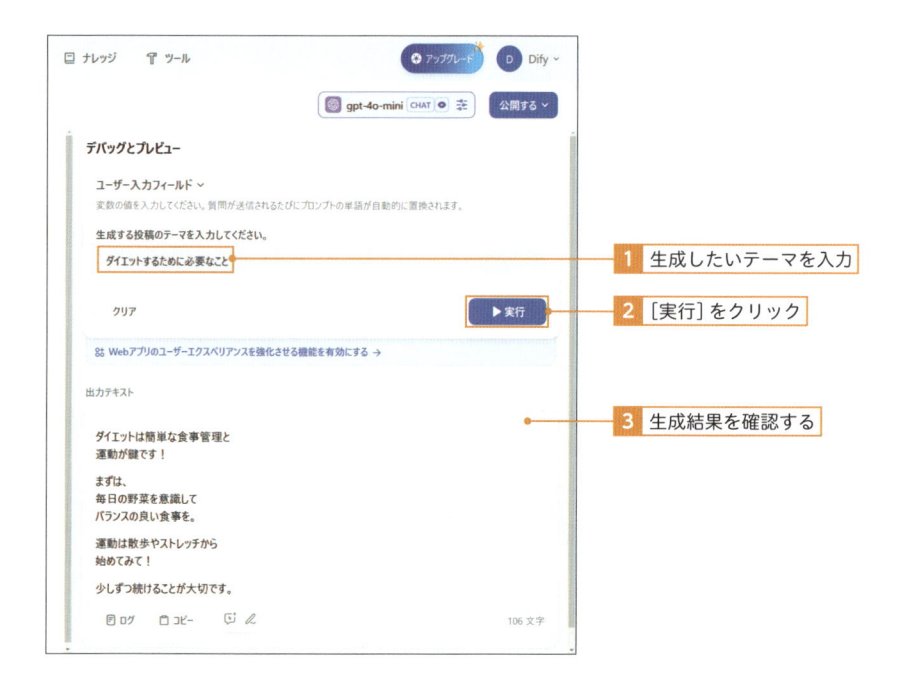

▶ テキストジェネレーターの出力を使いこなそう

　テキストジェネレーターの真価が発揮されるのはアプリケーションとして公開してからです。早速これまでの編集結果を［更新］して、［アプリを実行］しましょう。

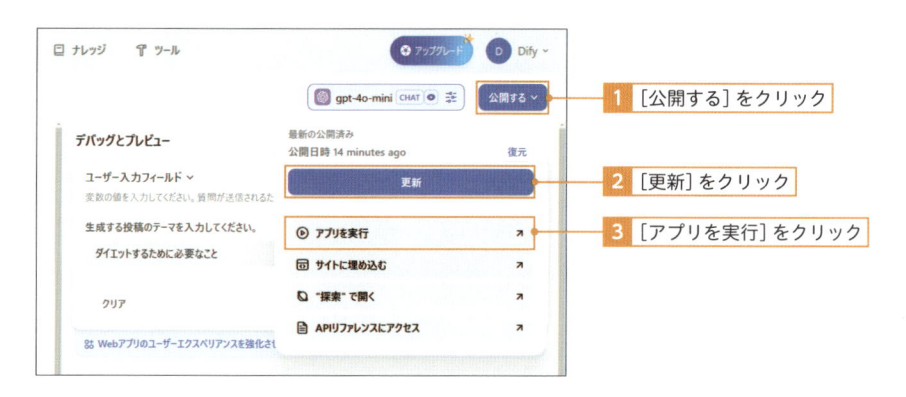

アプリケーション画面で生成したテキストは［Copy］と［Save］ができます。［Save］は生成結果をこのアプリケーションに保存し後から［Saved］画面で確認できます。また、そこから［Copy］することができるので、何度も試行錯誤をやり直す際に一時的に保管しておくことができます。

また、ユーザーは生成された文章に対して👍[Good]と👎[Bad]ボタンを押して評価を付けることができます。これらはあくまで評価を記録するためのもので、押した瞬間に回答が差し替わる機能ではありません。

一方、開発者はアプリの[ログ＆アナウンス]画面で、ユーザーからのフィードバックデータを見ることが可能です。この情報をもとに、プロンプトの見直しなど実施し、アプリの改善に役立てることができます。

▶ バッチ実行で一度にまとめて処理しよう

　それではいよいよテキストジェネレーター最大の特徴であるバッチ実行を行ってみましょう。バッチ実行を行うためにアプリの特別な編集は必要ありません。どのテキストジェネレーターでもバッチ処理ができるようになっています。

　バッチ実行を行うには、アプリケーション画面の[Run Batch]タブを開きます。ここではバッチ処理に必要な CSV ファイルのテンプレートをダウンロードしましょう。

1 [Run Batch]タブをクリック

2 [Download the template here]をクリック

3 [template.csv]がダウンロードされる

　テンプレートファイルには入力したい複数のテーマを CSV 形式で入力し、[X_post.csv]に名前を変えて保存します。その後、アプリケーションへアップロードします。

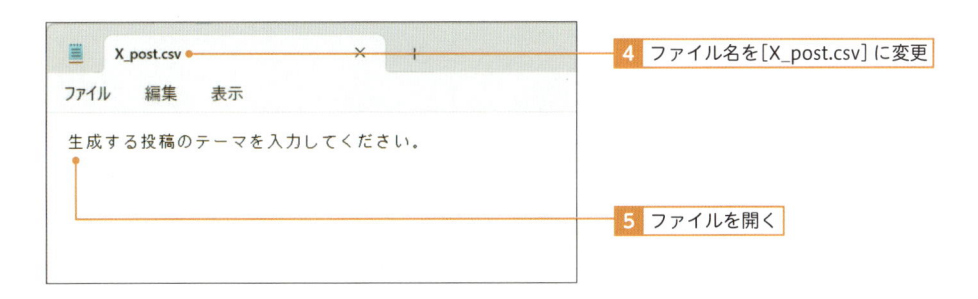

4 ファイル名を[X_post.csv]に変更

5 ファイルを開く

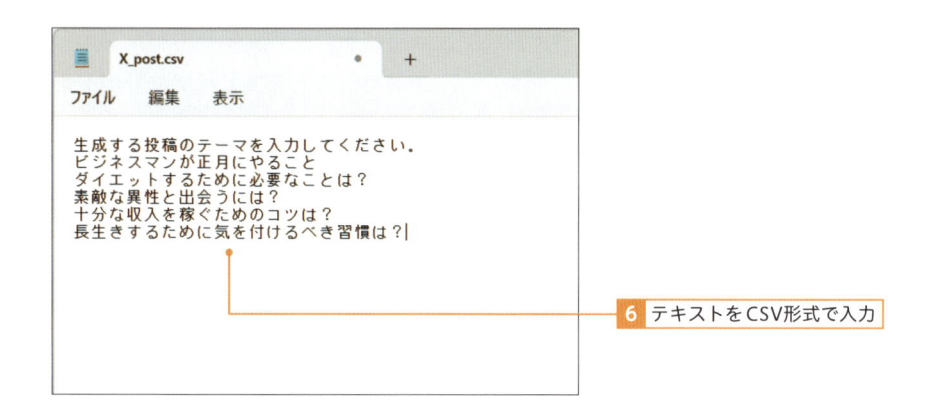

6 テキストをCSV形式で入力

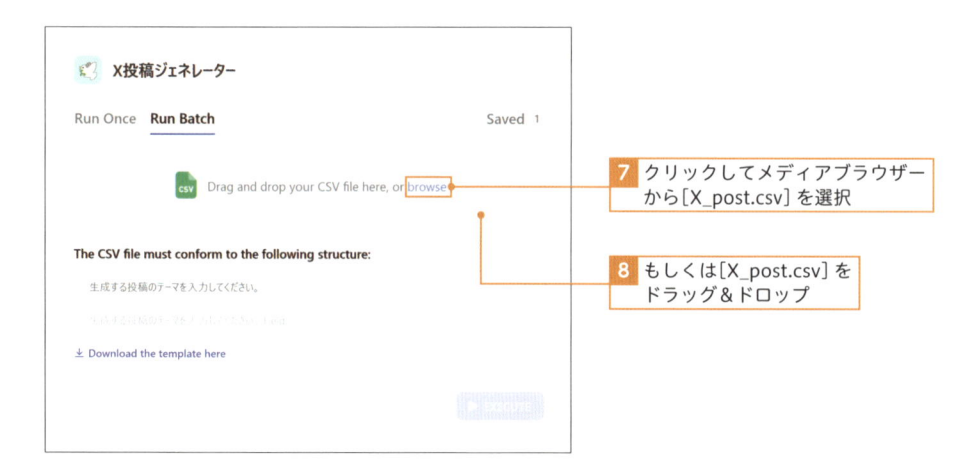

7 クリックしてメディアブラウザーから[X_post.csv]を選択

8 もしくは[X_post.csv]をドラッグ＆ドロップ

Column　**CSV 形式**

CSV (Comma-Separated Values) とは、「カンマ区切りの値」という意味です。簡単に言うと、データを並べて、カンマ [,] で区切って保存するシンプルな形式です。例えば下記のような形式です

名前 , 年齢 , 住所
田中太郎 ,25, 東京都
山田花子 ,30, 大阪府

CSV には主に 3 つのメリットがあります。まず、特別なソフトウェアがなくても、メモ帳などの基本的なテキストエディタで簡単に開いて編集できます。次に、ファイルサイズが小さく、データのやり取りや保存が容易です。さらに、高い互換性を持ち、ほとんどのソフトウェアやシステムで問題なく読み込むことができるため、異なるプログラム間でのデータ共有がスムーズに行えます。

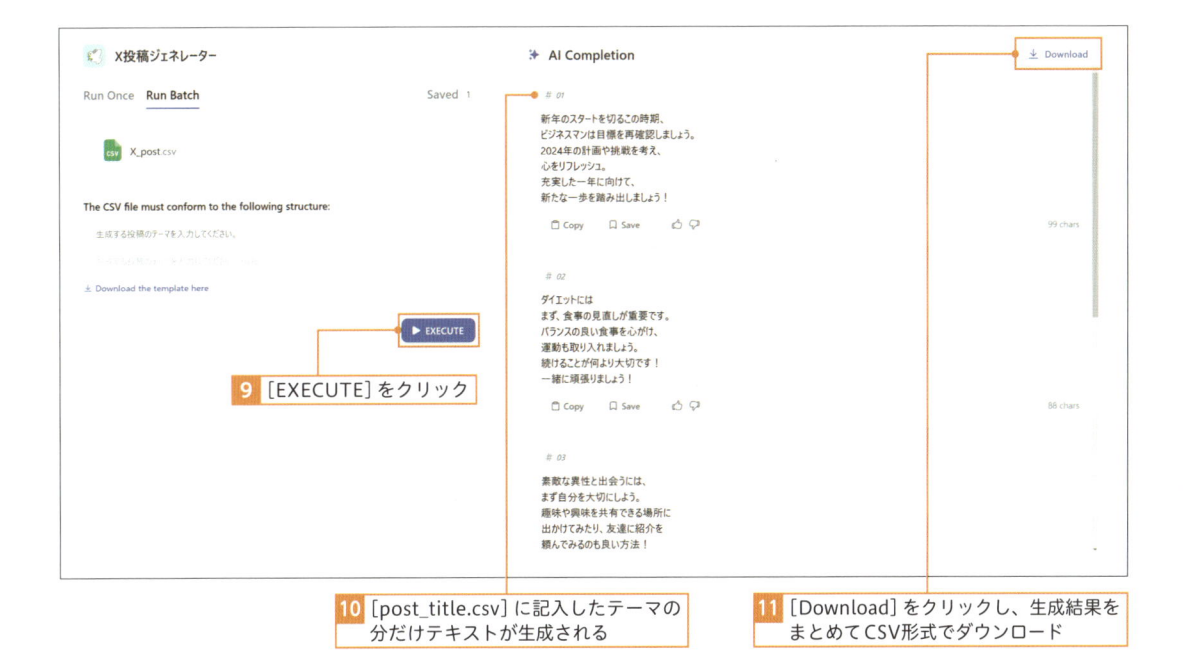

9 [EXECUTE] をクリック

10 [post_title.csv] に記入したテーマの
分だけテキストが生成される

11 [Download] をクリックし、生成結果を
まとめて CSV 形式でダウンロード

4-3　メルマガジェネレーターを作ろう

▶ アプリケーションの作成

　今度はユーザーから複数の情報を入力してもらい、その情報を元に訴求力の高いメールマガジンのタイトルと文面の生成にチャレンジするアプリを作成していきます。さらに、ボタンを押すだけで類似する文章を生成できる機能も追加して、ユーザー入力フィールドの充実と合わせて実用的なアプリの形を作ります。

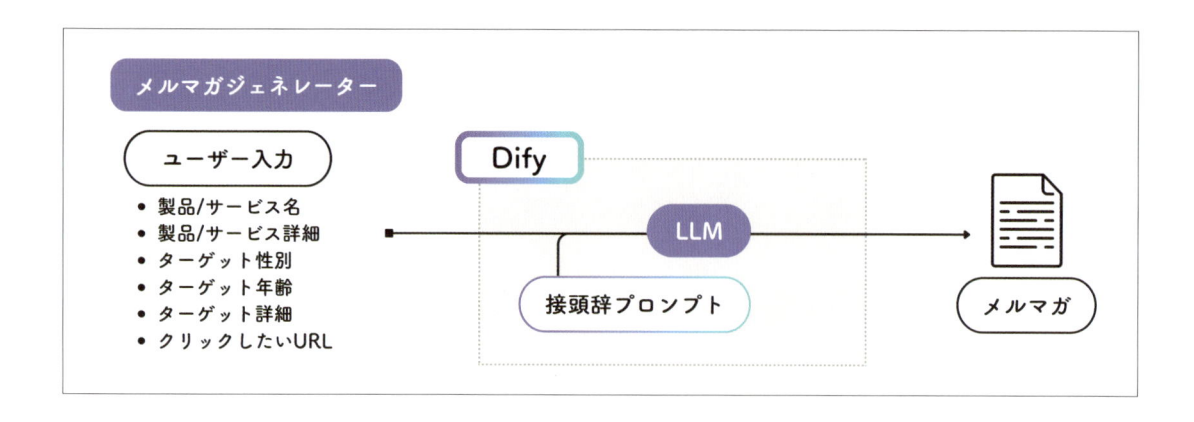

　ダッシュボードの［スタジオ］から［最初から作成］を選択します。引き続きアプリケーショ
ンタイプとして［テキストジェネレーター］を選びます。

変数の設定

　今回のアプリケーションは複数種類のフィールドタイプの変数を用意して、ユーザー入力フィールドの指示通りに操作するだけで誰でも簡単にメルマガのテキストをお手軽に生成できることを目指します。変数の設定と連動してユーザー入力フィールドが変わることは既に学びましたが、今回はさらに作り込んで、ユーザーがより使いやすいアプリケーションを完成させましょう。

　今回は LLM にメルマガの内容を考えてもらう上で、与えておきたい情報をそれぞれユーザーが入力するように以下のように設定しました。

変数名	入力内容	フィールドタイプ	必須
name	商品 / サービス名	短文	必須
details	商品 / サービスの詳細	段落	必須
gender	ターゲットの性別	選択	オプション
age	ターゲットの年齢	数値	必須
persona	ターゲットの特徴	段落	オプション
url	クリックさせたいURL	短文	オプション

　まずはここでも、変数 {{query}} を削除しておきます。その後、上記の変数の追加を繰りかえし、6 つの変数を設定しましょう。

▶ ［短文］を追加する

　［短文］は最もよく使うテキスト型の変数です。短めのユーザーの入力を受け取る際にはこの形式を選択しましょう。文字の［最大長］は256文字以下まで設定できます。入力が予測されるテキストよりも少し大きめに設定しておきます。今回はメルマガで相手に伝えたい商品／サービス名をここに入力させます。

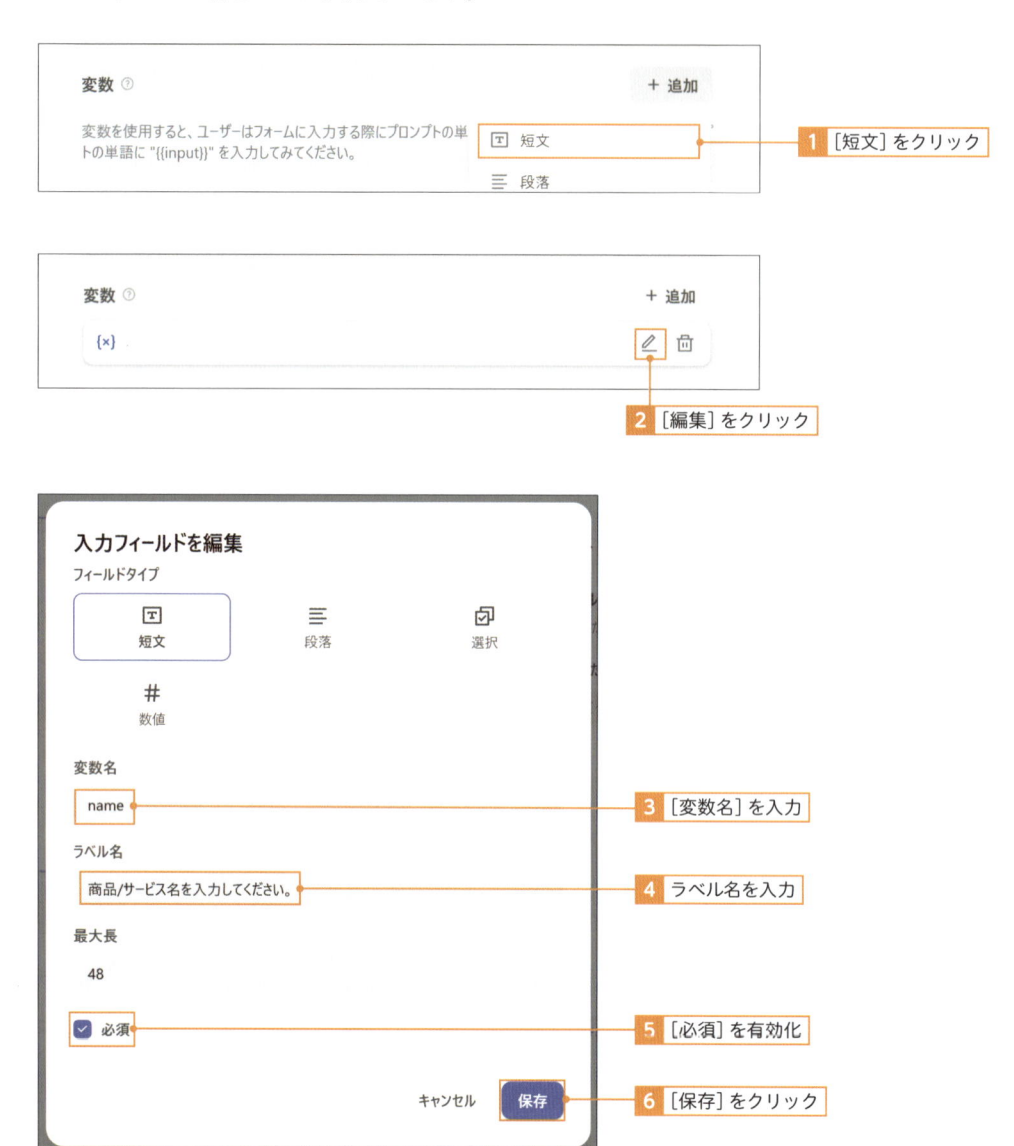

▶ ［段落］を追加する

　［段落］は短文で処理できない長さのテキストを入力させるときに利用します。今回は商品 /
サービスの詳細を入力するように設定します。

1 ［段落］をクリック

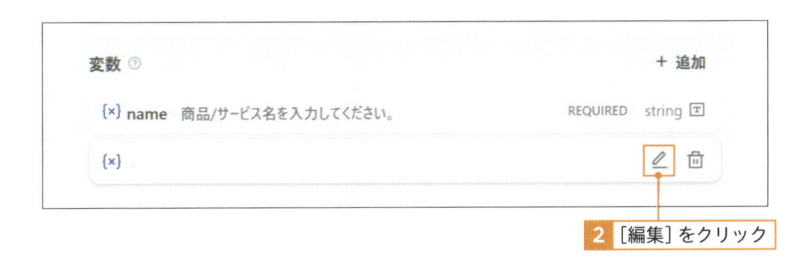

2 ［編集］をクリック

3 ［変数名］を入力

4 ［ラベル名］を入力

5 ［最大長］を設定

6 ［必須］を有効化

7 ［保存］をクリック

▶ ［選択］を追加する

　［選択］はあらかじめ作成された選択肢の中から1つをユーザーに選ばせたい場合に利用します。今回はターゲットの性別を選択できるようにし、特に限定しない場合に対応できるように［必須］を無効化します。

▶ ［数値］を追加する

　　数値は数字を入力することを限定させたい場合に利用します。例えば、［接頭辞プロンプト］中で変数を参照して回数を決めたりする際などに便利です。数字以外のものを入力されてLLMが正しく働かなくなることを防ぐことができます。

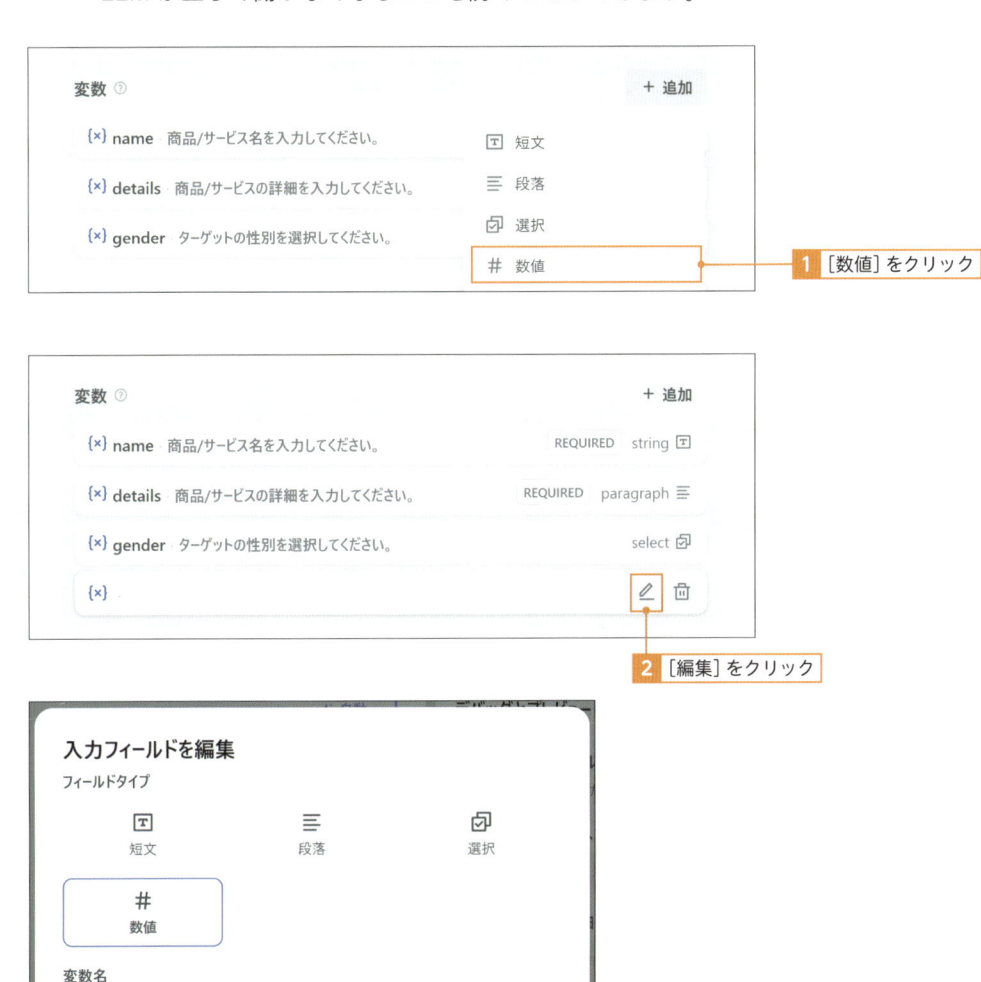

▶ 残りの変数も設定する

　残りのターゲットの特徴は［段落］、クリックさせたい URL は［短文］のフィールドタイプ
でそれぞれ［必須］は無効化した設定で変数を準備しておきましょう。次のように設定して［保
存］します。

1 それぞれ［入力フィールド］を設定する

▶ ［接頭辞プロンプト］の設定

　変数の準備が整ったら、次はそれらを使ってメールマガジンを作成するための［接頭辞プロ
ンプト］を設定します。今回は禁止事項を設定して、ただ文章を生成するのではなく、より実
用的なテキストが得られるように工夫してみましょう。

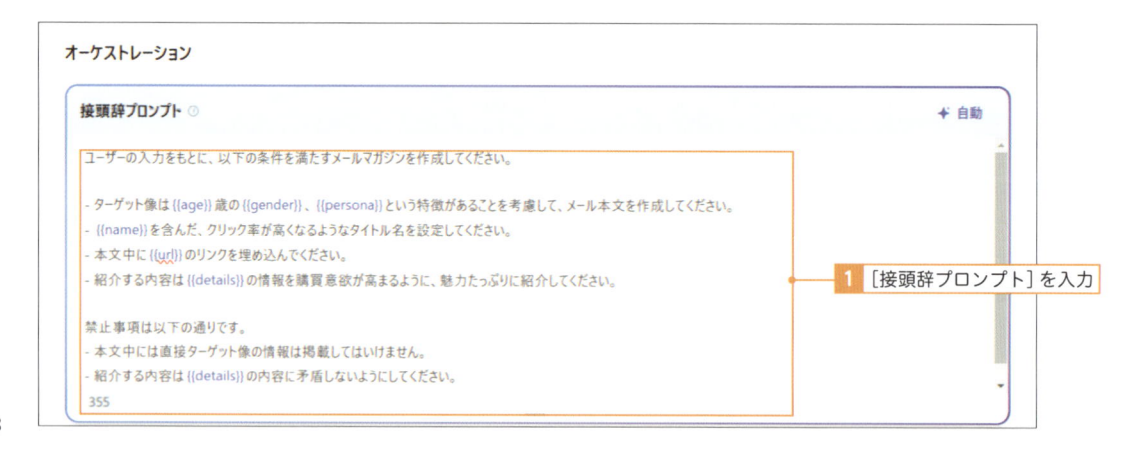

1 ［接頭辞プロンプト］を入力

Prompt 接頭辞プロンプト

ユーザーの入力をもとに、以下の条件を満たすメールマガジンを作成してください。

- ターゲット像は {{age}} 歳の {{gender}}、{{persona}} という特徴があることを考慮して、メール本文を作成してください。
- {{name}} を含んだ、クリック率が高くなるようなタイトル名を設定してください。
- 本文中に {{url}} のリンクを埋め込んでください。
- 紹介する内容は {{details}} の情報を購買意欲が高まるように、魅力たっぷりに紹介してください。

禁止事項は以下の通りです。
- 本文中には直接ターゲット像の情報は掲載してはいけません。
- 紹介する内容は {{details}} の内容に矛盾しないようにしてください。
- タイトルと本文以外の情報は追加しないようにしてください。

ユーザー入力フィールドの［機能］を有効化する

続いてユーザー入力フィールドにさらに機能を追加して使いやすくします。ユーザー入力フィールドの［機能］リストを開いて、［これに似たもの］を有効化します。この機能によって、ボタン一つで現在と同じ条件で、テキストの再生成を瞬時に行うことができるようになります。

1 ［Webアプリのユーザーエクスペリアンスを強化させる機能を有効にする→］をクリック

[これに似たもの] を有効化しても、ユーザー入力フィールドに変化はありませんが、出力画面に当該機能のボタンが追加されるようになりユーザーの利便性が向上します。これでアプリケーションは完成です。

▶ デバックとプレビュー

編集が完了したら、画面右側の [デバッグとプレビュー] 画面でテキストジェネレーターをテストしましょう。各入力欄に必要な内容を入力して生成した結果が、[接頭辞プロンプト]で指定した条件を満たしているか確認しましょう。

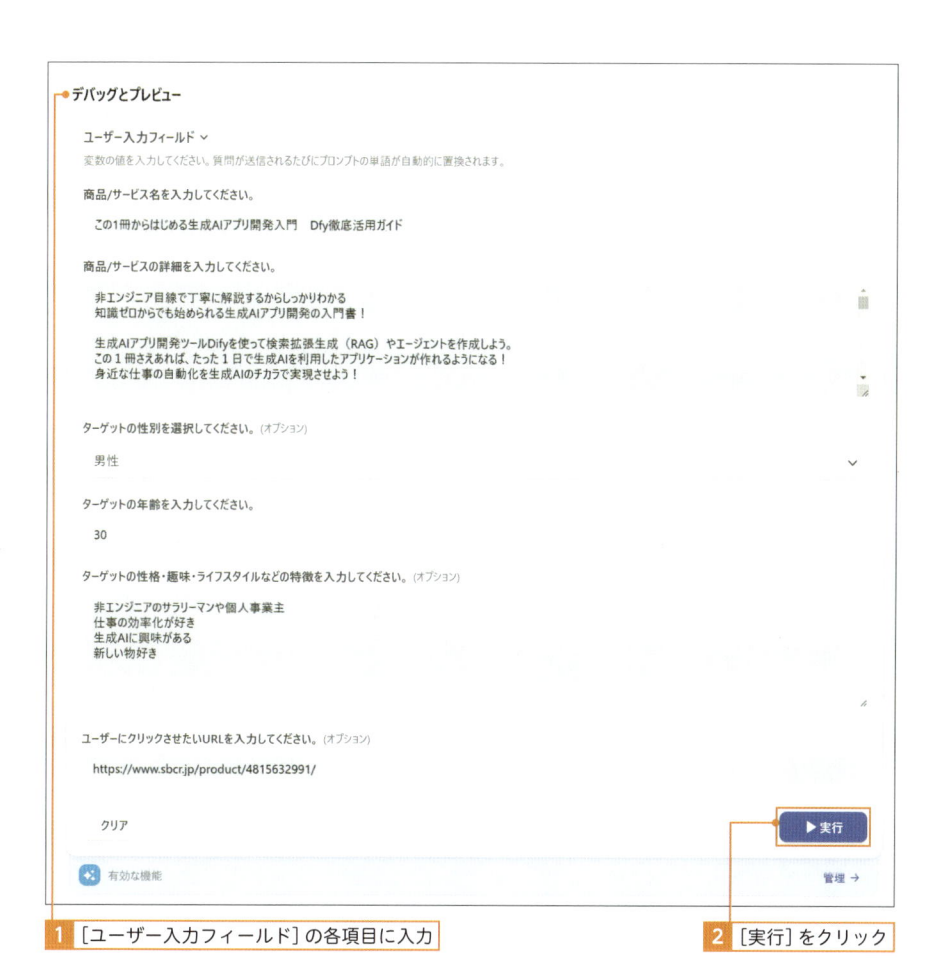

デバッグとプレビュー

ユーザー入力フィールド ∨
変数の値を入力してください。質問が送信されるたびにプロンプトの単語が自動的に置換されます。

商品/サービス名を入力してください。

この1冊からはじめる生成AIアプリ開発入門　Dfy徹底活用ガイド

商品/サービスの詳細を入力してください。

非エンジニア目線で丁寧に解説するからしっかりわかる
知識ゼロからでも始められる生成AIアプリ開発の入門書！

生成AIアプリ開発ツールDifyを使って検索拡張生成（RAG）やエージェントを作成しよう。
この1冊さえあれば、たった1日で生成AIを利用したアプリケーションが作れるようになる！
身近な仕事の自動化を生成AIのチカラで実現させよう！

ターゲットの性別を選択してください。(オプション)

男性

ターゲットの年齢を入力してください。

30

ターゲットの性格・趣味・ライフスタイルなどの特徴を入力してください。(オプション)

非エンジニアのサラリーマンや個人事業主
仕事の効率化が好き
生成AIに興味がある
新しい物好き

ユーザーにクリックさせたいURLを入力してください。(オプション)

https://www.sbcr.jp/product/4815632991/

クリア　　　　　　　　　　　　　　　　　　　　　　▶ 実行

⚡ 有効な機能　　　　　　　　　　　　　　　　　　　　管理 →

1 ［ユーザー入力フィールド］の各項目に入力　　　　　　**2** ［実行］をクリック

出力テキスト

【クリック必見】知識ゼロから始める！生成AIアプリ開発入門書『Dify徹底活用ガイド』の魅力

こんにちは！

生成AIの世界に興味を持っているあなたに、特別な一冊をご紹介します。『この1冊からはじめる生成AIアプリ開発入門 Dfy徹底活用ガイド』は、まさに知識ゼロからでもスタートできる魅力的なガイドです。

この本を手に取ることで、生成AIアプリを簡単に開発できるようになります。特に注目したいのは、生成AI開発ツールDifyを使用して、検索拡張生成（RAG）やエージェントを作成できるところです。たった1日で、あなたのアイデアを形にできるアプリケーションを作成できるのです！

本書の概要

『この1冊からはじめる生成AIアプリ開発入門 Dfy徹底活用ガイド』では、10分以内で作成できる簡単なアプリから、高度な機能を持つアプリまで多彩な生成AIアプリを作成しながら、基本的な操作方法をしっかりと身につけることができます。初心者でも安心して取り組めるように、わかりやすく詳細に解説されています。

この本を通じて、生成AIに関する知識だけでなく、自分の仕事をアプリケーションに落とし込むためのコツも学べます。身近な仕事の自動化を実現させ、より効率的な働き方が実現できるでしょう。

興味が湧いた方は、ぜひこちらからご覧ください！
👉 Dify徹底活用ガイドをチェック！

新しいことに挑戦し、あなたの仕事を進化させるこの機会をお見逃しなく！

📄 ログ　　📋 コピー　　😊 ✏️　　　　　　　　　　677 文字

3 ［出力テキスト］を確認

> 出力はデバックとプレビューの下に表示されるので見落とさないように注意します。

問題がなければ、これまでのアプリケーション同様に［公開する］をクリックして、自分以外へ共有する場合の画面を開き、その使い勝手を確認してみてください。

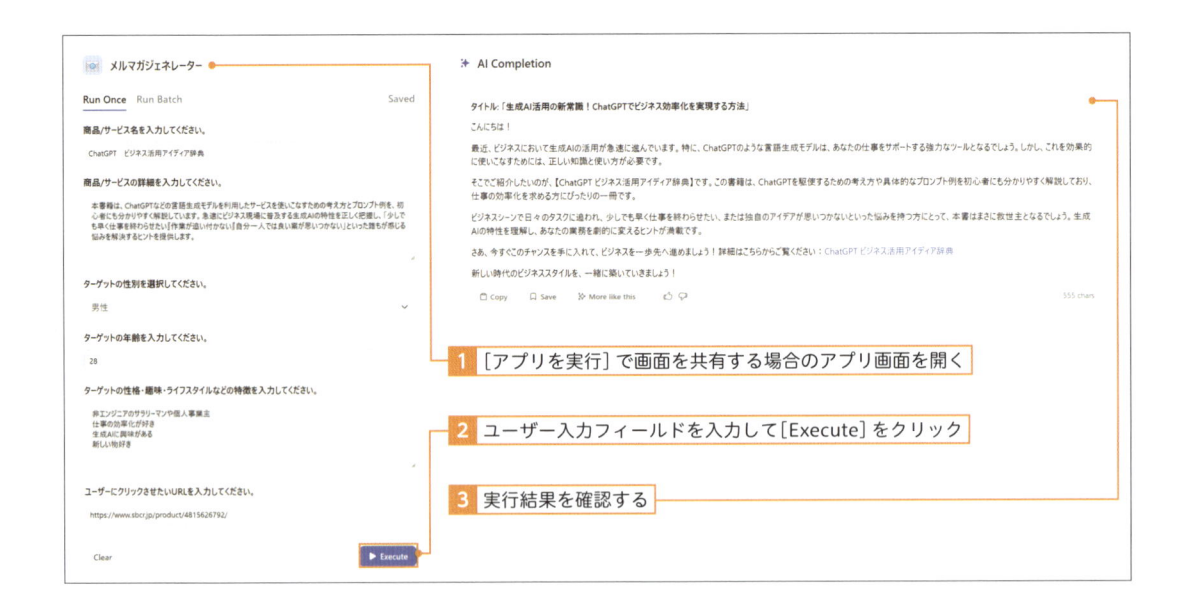

　このようにテキストジェネレーター形式では、チャットボットのような自然言語でのやり取りは行いませんが、利用するユーザーにとって使いやすい入力画面を準備することができます。変数の［フィールドタイプ］を使いこなして、共有相手にも便利なアプリケーションを作成しましょう。

　今回は SNS 投稿とメールマガジンという文章生成に絞ったテーマでしたが、LLM の特性を活かした翻訳やフォーマットへの整形などのタスクへも応用が可能です。日常的に行っているこれらの業務に合わせたテキストジェネレーターの作成にぜひ挑戦してみてください。

Chapter 5

エージェントを作ろう

エージェントは、チャットボットよりも一歩進んだタスク実行型 AI です。ユーザーのリクエストに応じて、外部サービスと連携しながら、情報収集やレポート作成、通知送信などの業務を自動化できます。本章では、Google Search API を活用した情報収集エージェント、DALL-E3 と Stable Diffusion を組み合わせた画像生成エージェントなど、実用的なエージェントの作成を通じながら、ビジネスで役立つ自動化アプリを構築する知識を解説していきます。

エージェントについて知ろう

Difyのエージェント機能とは？

　Difyのエージェント機能は、AIを活用して特定のタスクを自動化する強力なツールです。チャットボットが「ユーザーとの対話」を主な目的とするのに対し、エージェントは外部ツールやサービスと連携し、事前に設定されたタスクを実行してくれる点が大きな特徴です。

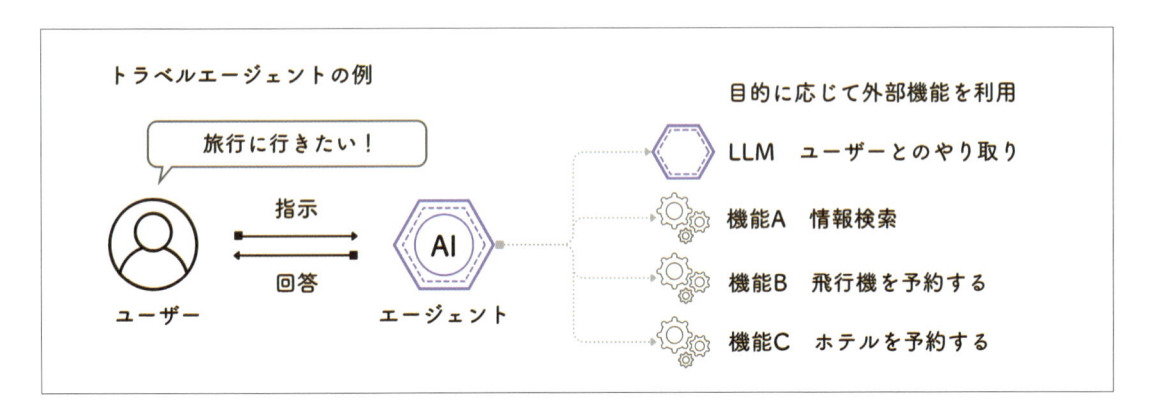

チャットボットとエージェントの違い

　では、チャットボットとの違いはどのような点でしょうか。チャットボットはユーザーからの入力（質問）に応じて回答や会話を提供します。一方でエージェントはユーザーからの入力に合わせてゴールを設定し、あらかじめ定義されたタスクやワークフローを実行します。さらに外部システムと連携させることによりLLMの回答力だけでなく、高度なタスクでも自動で行うことができます。

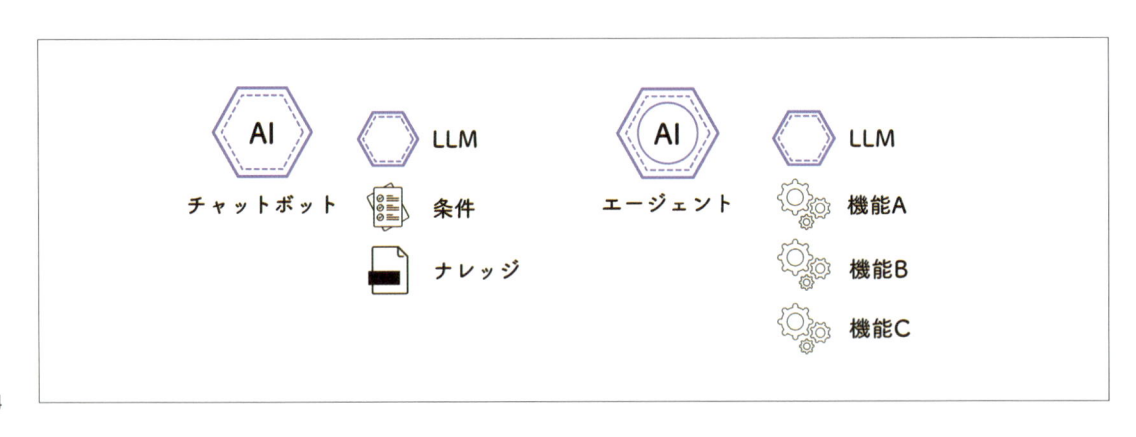

図のようにチャットボットでは解答に関する条件を事前に設定していました。一方でこれから作成するエージェントではどのような手段を利用できるのかを設定していきます。これにより、会話だけではなく多彩なタスクへの対応が可能になります。

5-2　役立つエージェントを作ろう

▶ アプリケーションを作成する

　今回作るエージェントは、ユーザーの予定に合わせて情報を検索してくれるアシスタントエージェントです。ユーザーのその日の予定を聞いたら、そこから場所と目的を LLM で抽出し、組み込まれている検索機能のツールを使って、ユーザーにとって必要な情報を提供するように設定していきます。

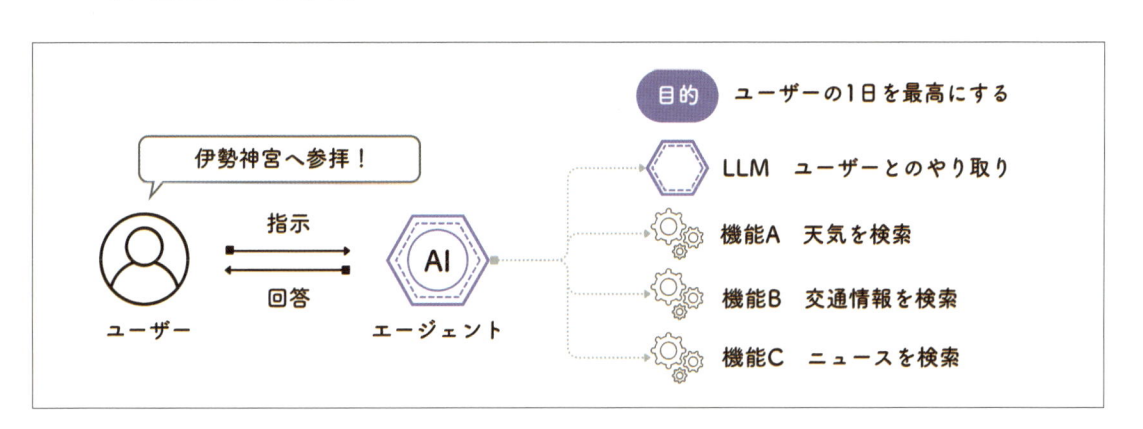

最初から作成

アプリの種類を選択

初心者向け

チャットボット	エージェント	テキスト ジェネレーター
簡単なセットアップのLLMベースのチャットボット	推論と自律的なツールの使用を備えたインテリジェントエージェント	テキスト生成タスクのためのAIアシスタント

上級ユーザー向け

チャットフロー ベータ版	ワークフロー ベータ版
メモリを使用した複雑なマルチターン対話のワークフロー	シングルターンの自動化タスクのオーケストレーション

アプリのアイコンと名前

毎日お役立ちエージェント

説明 (随意)

アプリの説明を入力してください

アイデアがありませんか?テンプレートをご覧ください →　　キャンセル　　**作成する ⌘ ↵**

1 ダッシュボードの［スタジオ］画面へ移動し、［最初から作成］をクリック

2 ［エージェント］をクリック

3 アプリ名に［毎日お役立ちエージェント］と入力

4 ［作成する］をクリック

5 エージェントの［オーケストレーション］画面が表示される

▶ エージェントの設定

エージェントも［オーケストレーション］画面で詳細設定を行います。まずは［手順］ブロックにエージェントに実行させたいタスクや業務フローを自然言語で記述します。

今回はエージェントのプロンプトは、まずユーザーの入力から特定の条件に当てはまるキーワードを考えさせて、それを変数に格納するところからはじめます。そして、その変数をタスクの度に参照させることで、目的を見失いにくいようにしています。

6 ［手順］にプロンプトを入力する

ユーザーの一日が最高になるようにアシスタントとして役立つ情報を提供します。

#Step1
- ユーザーの入力から本日の行先 {{destination}} と目的 {{purpose}} を抽出してください。

#Step2
- google_search を使って" 今日の {{destination}} の天気" について検索してください。
- google_search を使って" 今日の {{destination}} の交通情報" について検索してください。
- google_search を使って {{purpose}} や {{destination}} に関連する" 最新のニュース" を検索してください。

#Step3
Step2 で得られた情報から" 今日の運勢" を占ってください。
- 今日の運勢
- 今日の落とし穴
- 今日のラッキーアイテム

#Step4
- Step2 と Step3 の結果を以下の順番でユーザーに表示してください。
- "今日の {{destination}} の天気"
- "今日の {{destination}} の交通情報"
- "最新のニュース"
- "今日の運勢"
- "今日の落とし穴"
- "今日のラッキーアイテム"

　最後にユーザーが今日 1 日頑張れるような励ましのへメッセージを出力してください。

エージェントの [手順] は LLM が正しく動くようステップごとに記載しています。

[手順] の入力が完了すると未定義の変数についてアナウンスが表示されますが、今回はユーザー入力フォームにはあえて追加せずに進行します。

この理由は、ユーザーにとってより自然な形の会話を通じて、エージェントとやり取りができるようにするためです。ユーザー入力フィールドで変数に直接入力するのではなく、後述するオプションを有効化し、UI 機能を追加していくことでアプリとしての完成度を高めていく狙いがあります。

▶ エージェントが使えるツールを追加する

エージェントが外部ツール・サービスと連携できるように、必要なツールを設定します。Dify のツールはデフォルトで組み込まれているものと、マーケットプレイスからインストールする必要のあるプラグインの 2 種類があります。今回はマーケットプレイスから必要なツールを選んで利用できるようにしましょう。

利用するのは Web 検索を行うツールである [GoogleSearch] です。利用するには事前に API 連携する必要があります。API キーの取得方法は P.254 から解説しています。

エージェントへのツールの組み込みは[ツール]ブロックから行います。表示される[追加]メニューにはデフォルトで組み込まれているツールと既に追加済みのプラグインツールが表示されます。ここにないツールを利用する場合はマーケットプレイスから検索する必要があります。

1 [追加]をクリック

2 [マーケットプレイスでさらに見つけてください]をクリック

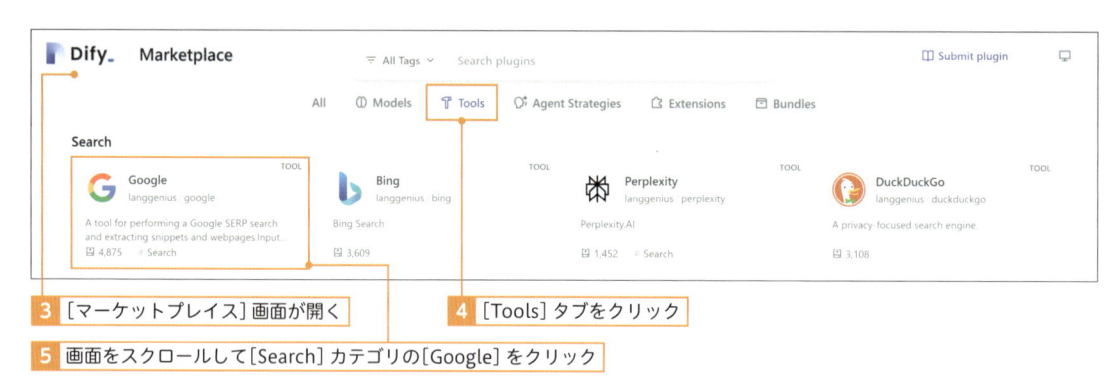

3 [マーケットプレイス]画面が開く

4 [Tools]タブをクリック

5 画面をスクロールして[Search]カテゴリの[Google]をクリック

ツールの詳細画面が開きます。この画面ではAPIキーの取得方法やアプリケーションでの利用方法など、ツールを利用する上で知っておくと便利な情報を知ることができます。

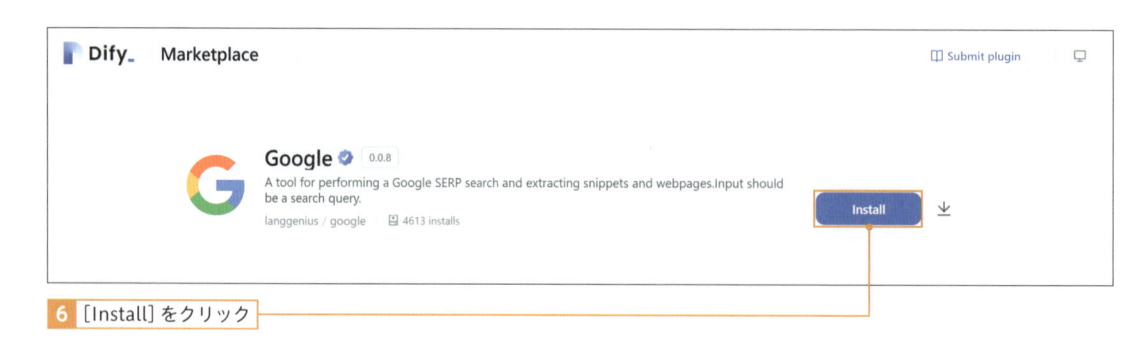

6 [Install]をクリック

7 ［インストール］をクリック

8 ［閉じる］をクリック

プラグインのインストールが完了すると、利用しているプラグイン一覧にも追加されます。ここからプラグインの管理も行うことができます。

9 プラグインの一覧に追加される

プラグインのインストールが確認できたら、再び編集していたアプリのスタジオ画面を開きます。ツールの［追加］メニューから当該のツールを選択してアプリに組み込みましょう。

10 ［追加］をクリック

11 ［Google］をクリックし、ツールから［GoogleSearch］をクリック

12 ［ツールが認証されていません］をクリック

インストールしたプラグインツールが［追加］メニューに表示されない場合は、一度アプリを［公開する］の［更新］をクリックしてから、ブラウザの再度読み込みを試してみてください。

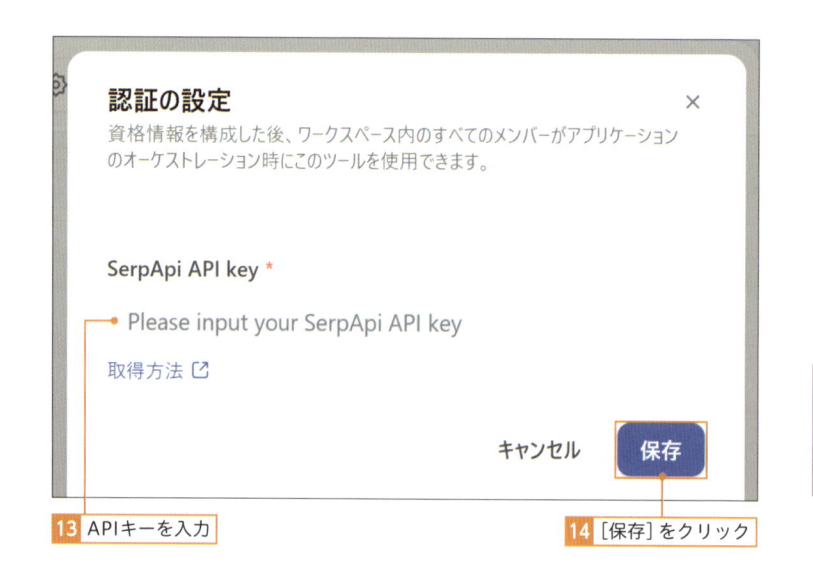

13 APIキーを入力

14 ［保存］をクリック

［取得方法］をクリックすると API 取得用の Web ページの画面が開きます。そこの指示に従って手順を進めると API キーを取得できます。

Column　**高度な検索ツールを利用したい**

　より条件を絞って情報検索のタスクを行わせたい場合は、［SearchApi］を利用することができます。このツールも Google が提供しており、検索クエリの他に対象の地域や言語を指定することができるので、より高度な条件を指定して情報を検索するのに役立ちます。

15 ツールが有効化される

▶ プレビュー画面でエージェントをテストする

　画面右側の［デバックとプレビュー］で、エージェントの動作を一度試してみましょう。ざっくりとした今日の予定を入力して、追加した［ツール］が正しく使われているか確認します。

1 テキストを入力

2 ［送信］をクリック

デバッグとプレビュー

伊勢神宮へお宮参り

使用済み google_search

使用済み google_search

使用済み google_search

今日の伊勢神宮の天気

- **天気**: 晴
- **気温**: 最高 8°C、最低 -2°C
- **降水確率**: 20%

詳細: 天気予報はこちら

今日の伊勢神宮の交通情報

- **渋滞情報**: 伊勢神宮(内宮)周辺での渋滞状況はリアルタイムで確認できます。特に交通規制がかかっている場合がありますのでご注意ください。
- **詳細リンク**: 渋滞情報はこちら

最新のニュース

- **伊勢神宮参拝の人気**:「お伊勢さん」として知られる三重県の伊勢神宮は、特に初詣のシーズンに多くの参拝客が訪れます。
- **グルメ情報**: 美し国・伊勢の絶品グルメや雑貨を楽しむことも、伊勢まいりの楽しみの1つです。

今日の運勢

- **運勢**: 上昇傾向にあり、特に良い出会いが期待できます。
- **落とし穴**: 交通の混雑に気を付けて、余裕を持った行動が必要です。
- **ラッキーアイテム**: 茶色いアイテム（特に持ち物や服装に取り入れると良いでしょう）

今日は素晴らしい一日になることを願っています。伊勢神宮へのお宮参りを楽しんでください！接客やお祈りの際はリラックスして、自分の心を大切にすることも忘れずに。行ってらっしゃい！

6.84秒 トークン消費 8,g55 - 03:57 AM

ボットと話す

有効な機能   管理 →

3 結果を確認する

▶ 機能を使ってユーザーが使いやすい状態を作る

　Dify で作成したアプリケーションの UI には、いくつかオプションの機能が存在します。アプリケーションは作った本人はどのように利用すればいいかわかっているので問題がありませんが、他の人とシェアしたときには直感的に使い方を理解してもらう必要があります。

　そのため、より使い勝手のいいアプリケーションにするために、［デバッグとプレビュー］でユーザ入力フィールドのオプション機能のうち［会話の開始］と［音声からテキストへ］を有効化してみましょう。

1 ［管理］をクリック

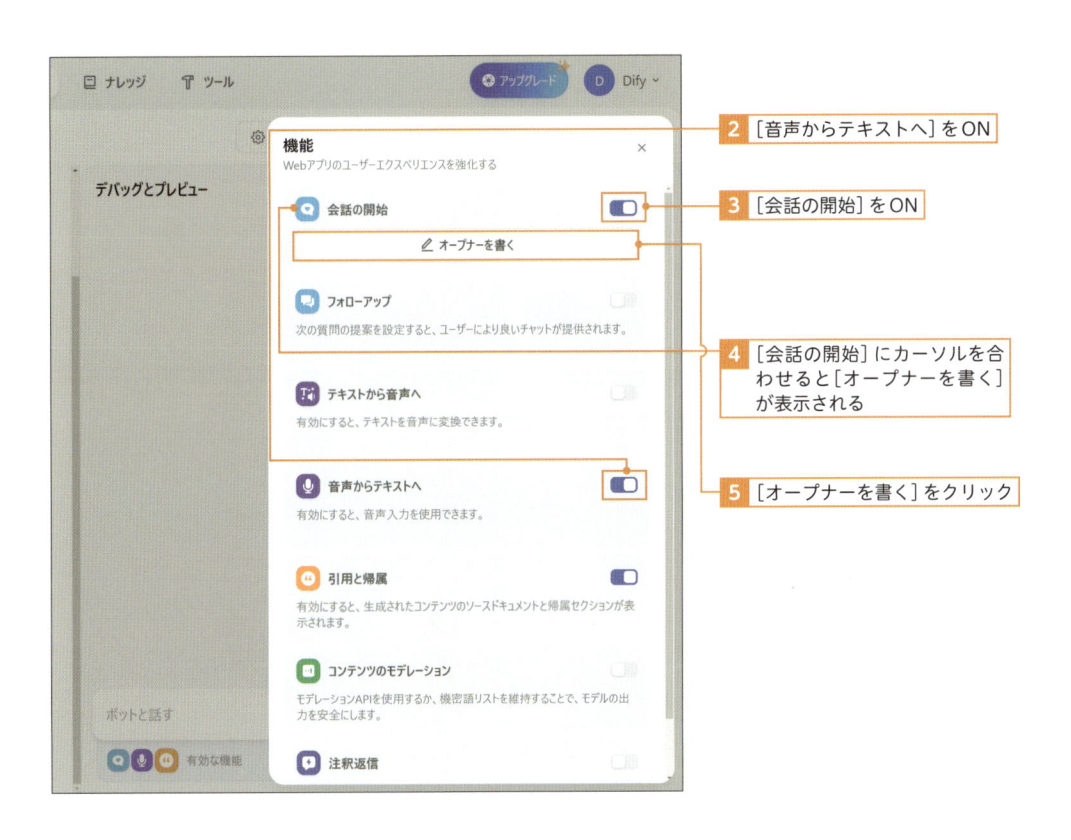

2 ［音声からテキストへ］をON

3 ［会話の開始］をON

4 ［会話の開始］にカーソルを合わせると［オープナーを書く］が表示される

5 ［オープナーを書く］をクリック

[会話の開始] では、アプリの新しいチャットを開いた際にあらかじめ表示される内容と開始質問を設定することができます。どのようなアプリなのか、ユーザーは何をすればいいのかがすぐにわかるような情報を追加しておきましょう。

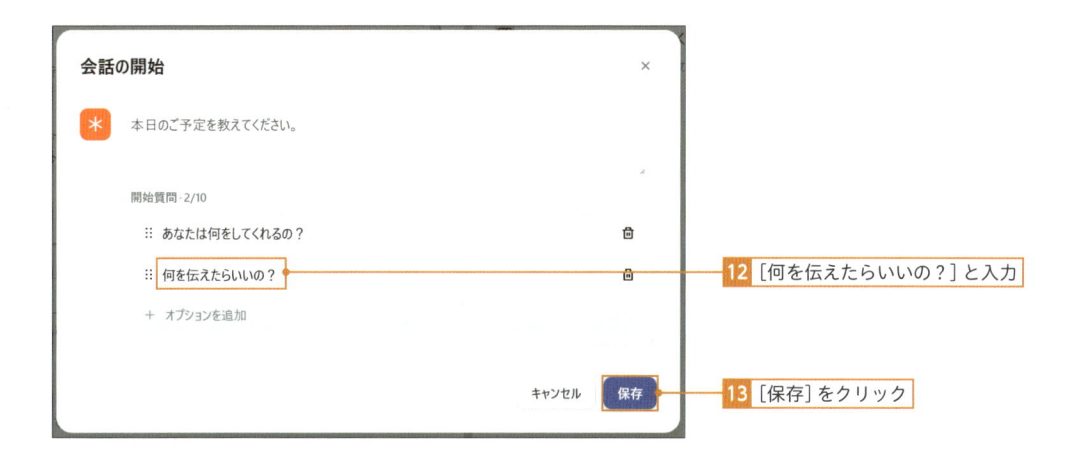

12 [何を伝えたらいいの？] と入力

13 [保存] をクリック

14 [デバックとプレビュー] に入力した内容が表示される

15 追加した [オプション] をクリック

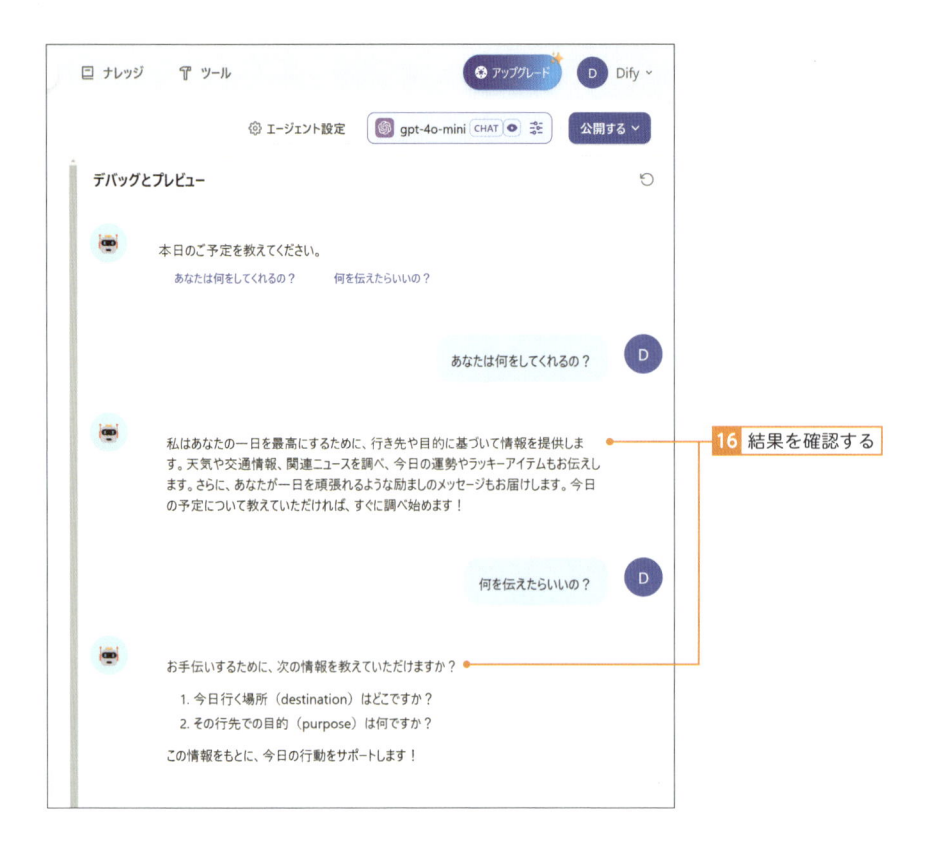

16 結果を確認する

音声入力を試してみる

[音声からテキストへ]が有効化されているか試してみましょう。今回はアプリを公開しスマートフォンでも利用してみるケースを想定します。

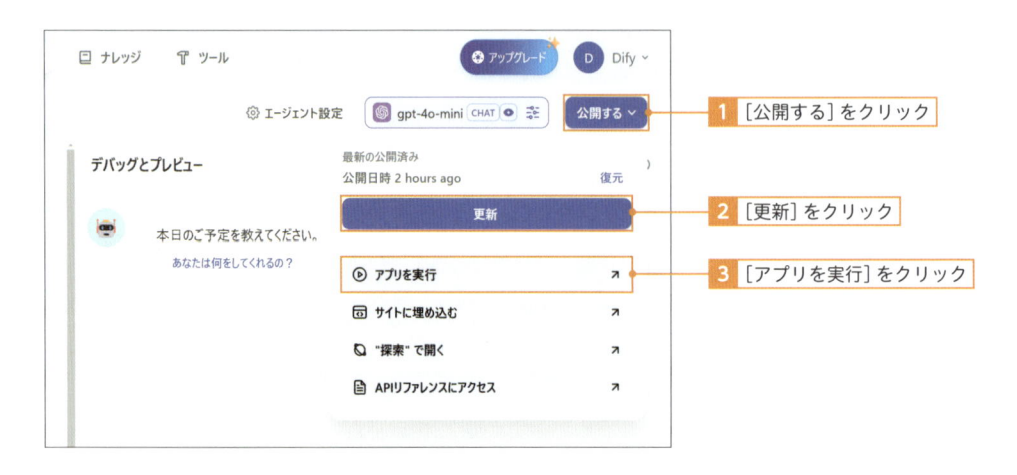

1 [公開する]をクリック

2 [更新]をクリック

3 [アプリを実行]をクリック

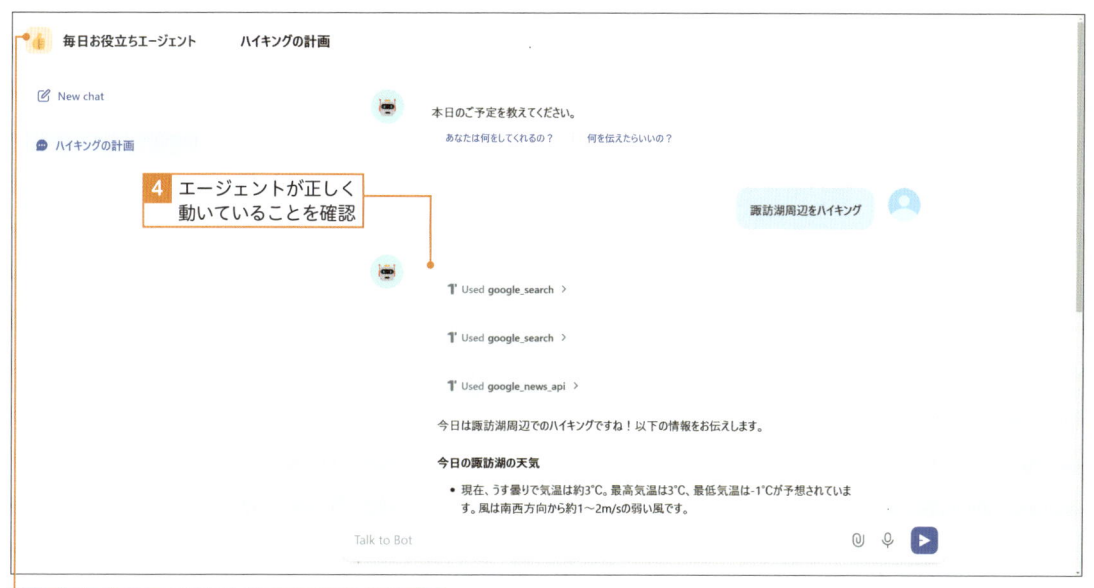

5 この Web ページの URL をスマートフォンで開く

6 スマートフォンのブラウザでアプリを開く

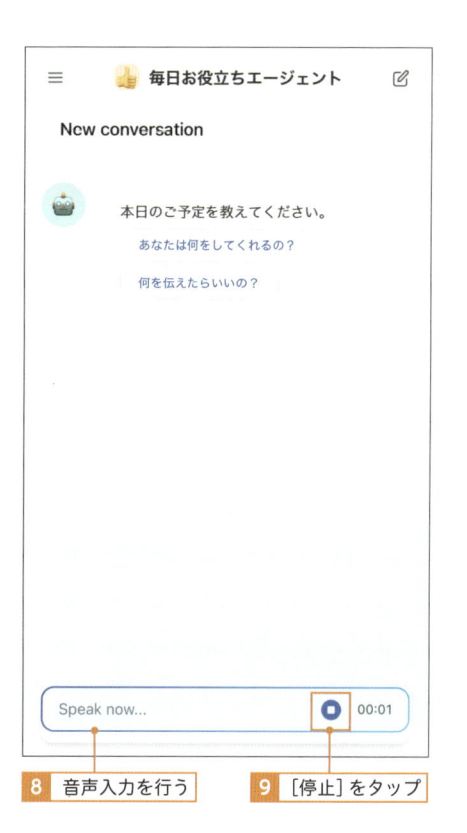

7 [マイク]をタップ

8 音声入力を行う

9 [停止]をタップ

10 音声入力されたテキストが表示される

12 エージェントが正しく動いていることを確認

11 ［送信］をタップ

　このようにオプションの機能を有効化することで、非常にユーザーが使いやすい設定を準備することができます。本書では以降、各アプリの作成時にこの機能については解説しませんが、公開する前に使いやすく設定しておくことをおすすめします。ユーザー入力フィールドの機能についての詳細は P.277 から解説しています。

5-3　画像生成エージェントを作ろう

▶ 今回作成するエージェント

　続いてはユーザーのふんわりとした題材から Web 上で情報を検索して、その内容を反映した画像を作成します。OpenAI が提供する画像生成 AI である DALL-E を、API で利用できるようにエージェントに組み込んでいきます。

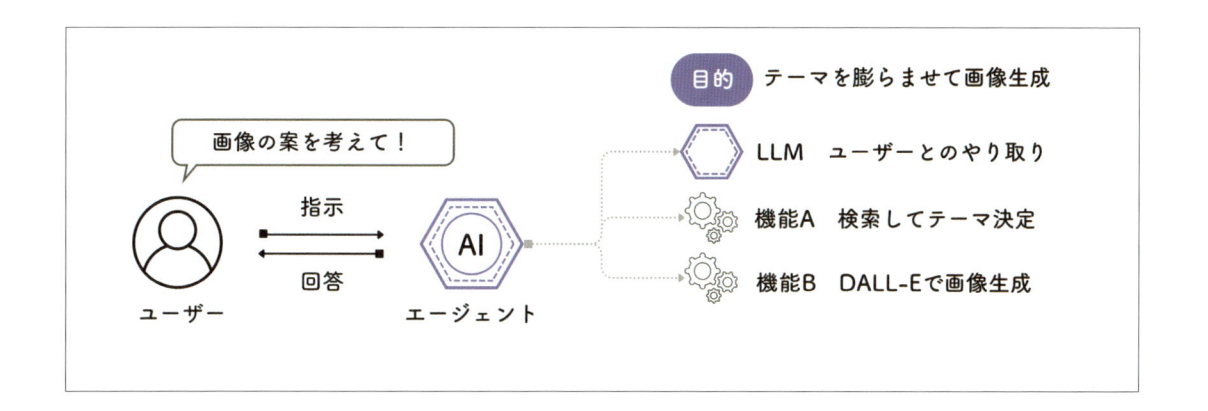

アプリケーションの作成

　では早速エージェントを作っていきます。Dify にログインした状態で、ダッシュボードの[ス
タジオ]から[最初から作成]を選択します。今回は[アプリケーションタイプ]を[エージェ
ント]にしておきましょう。

▶ エージェントの設定

まずは［手順ブロック］にエージェントに実行させたいタスクや業務フローを自然言語で記述します。

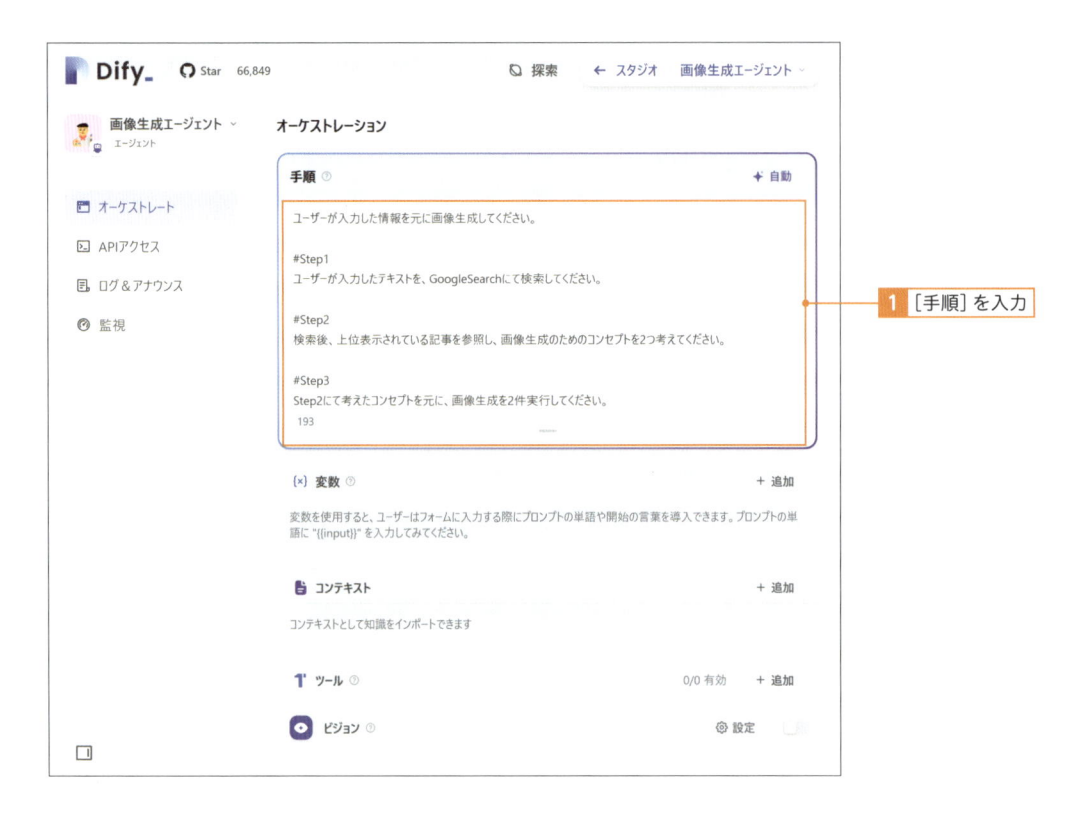

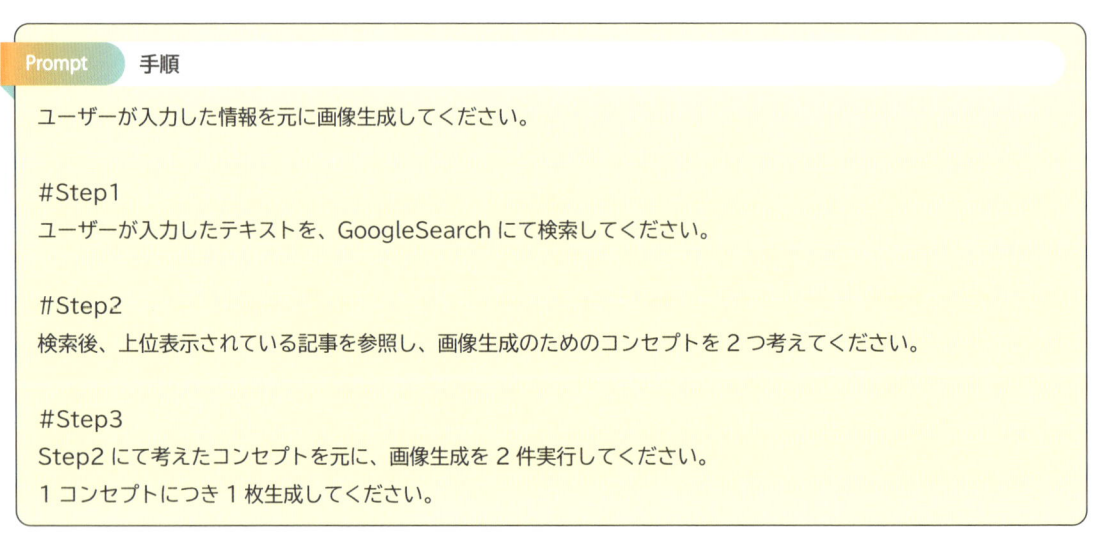

▶ エージェントが使えるツールを追加する

エージェントが外部ツール・サービスと連携できるように、必要なツールを設定します。今回は Web 検索を行うために[GoogleSearch]、画像生成を行うために[DALL-E3]を追加します。[DALL-E3]で利用する OpenAI API キーの取得方法は P.250 から解説しています。

一度追加したプラグインツールは他のアプリを利用する際にも利用できます。まずは検索タスクを行うためのツール[GoogleSearch]を追加します。続いて、画像を生成するためのツールをマーケットプレイスでインストールしましょう。

1 [追加]をクリック　**2** [Google]をクリックし、ツールから[GoogleSearch]をクリック

3 [GoogleSearch]が追加される　**4** [マーケットプレイスでさらに見つけてください]をクリック

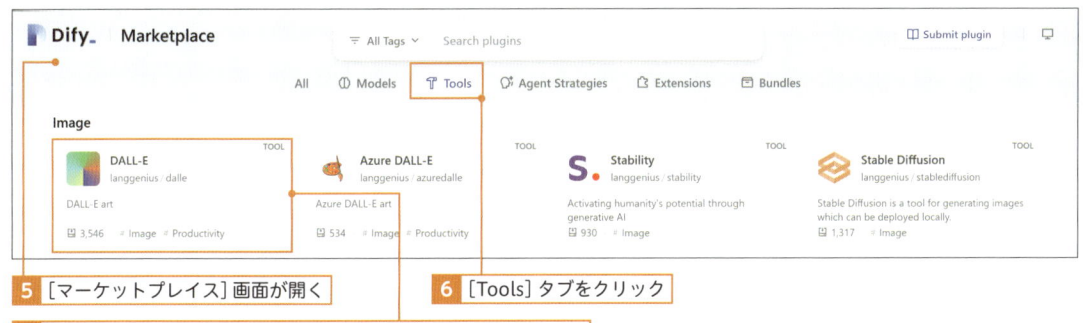

5 [マーケットプレイス]画面が開く　**6** [Tools]タブをクリック

7 画面をスクロールして[Image]カテゴリの[DALL-E]をクリック

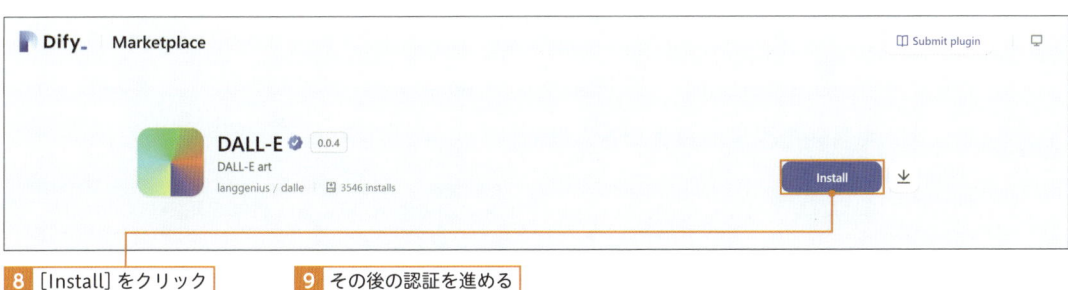

8 [Install]をクリック　**9** その後の認証を進める

プラグインのインストールが確認できたら、再び編集していたアプリのスタジオ画面を開きます。ツールの[追加]メニューから当該のツールを選択してアプリに組み込みましょう。

今回の例では使用しませんでしたが、もしエージェントでも RAG のように外部の知識を活用したい場合は、[コンテキスト] ブロックでナレッジを追加することができます。このようにエージェントが参照すべき背景情報があるときは、ナレッジを追加して、ツールの時と同様にプロンプトで参照することを指示しましょう。

▶ プレビュー画面でエージェントをテストする

　画面右側の［デバックとプレビュー］で、エージェントの動作を一度試してみましょう。作りたい画像のイメージをざっくりと言葉にしてエージェントに伝えてみて、2つのコンセプトの画像が生成されたら成功です。

1 テキストボックスに作りたい画像のイメージを入力

2 ［送信］をクリック

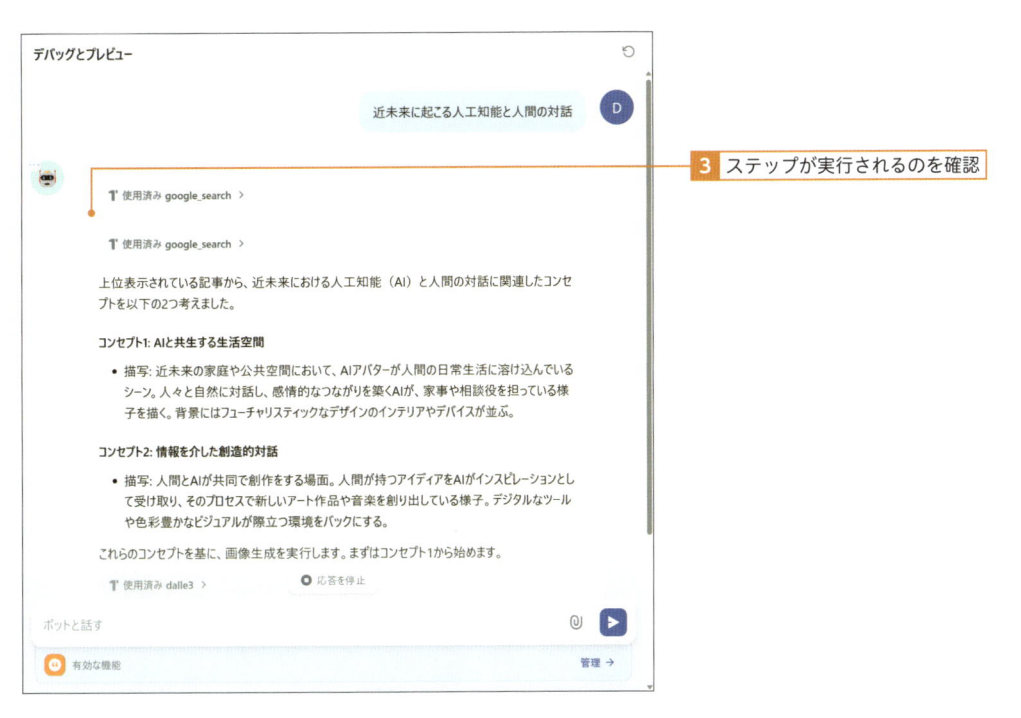

3 ステップが実行されるのを確認

4 画像が生成されたのを確認

テスト結果に問題がなければ、[公開]ボタンをクリックしてエージェントを公開しましょう。このエージェントをチームで共有すれば、資料に載せるイメージ画像などを簡単なイメージから想像を膨らませて作ることができます。

5-4　複雑なタスクをこなすエージェントを作ろう

画像生成エージェントをさらに実用的にする

実際のビジネスシーンを想定すると、複数の成果物を見比べた上でどれにするか意思決定することが多いのではないでしょうか。今度は同じテーマに対して、2つの画像生成 AI それぞれで画像を作成してみましょう。

先ほど利用した DALL-E3 に加えて、今度は別の画像生成 AI として Stable Diffusion を新たな [ツール] としてエージェントに組み込みます。先ほど作成した [画像生成エージェント] の [オーケストレーション] 画面を開いて編集を再開しましょう。なお、必要な API キーの取得方法は P.256 から解説しています。

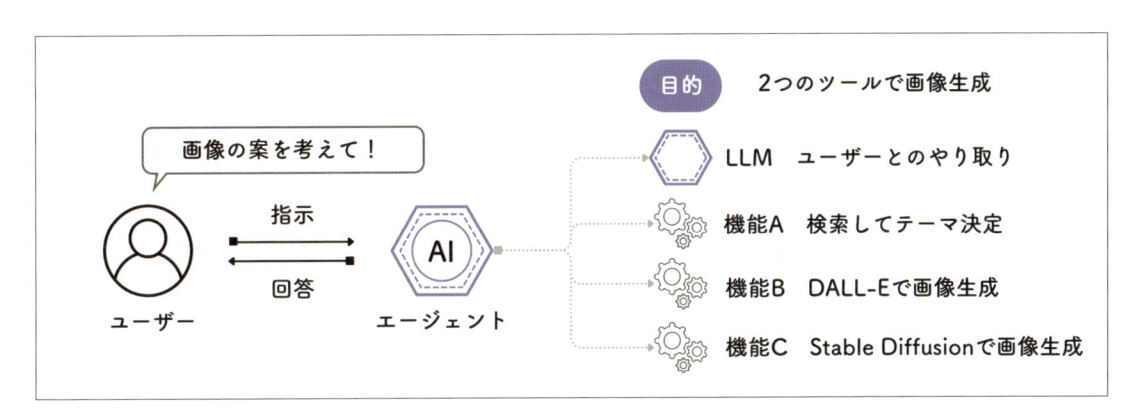

元のアプリケーションを残しておきたい場合は、[複製] してから編集するようにしましょう。

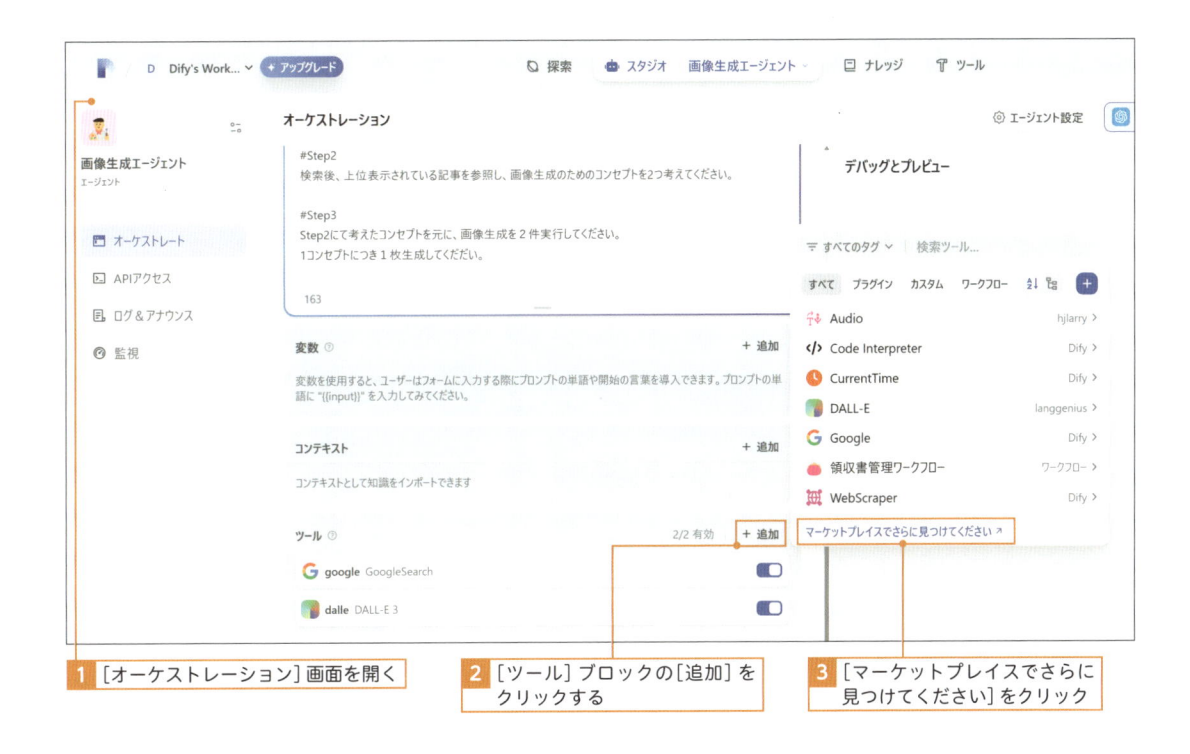

1 [オーケストレーション] 画面を開く

2 [ツール] ブロックの [追加] をクリックする

3 [マーケットプレイスでさらに見つけてください] をクリック

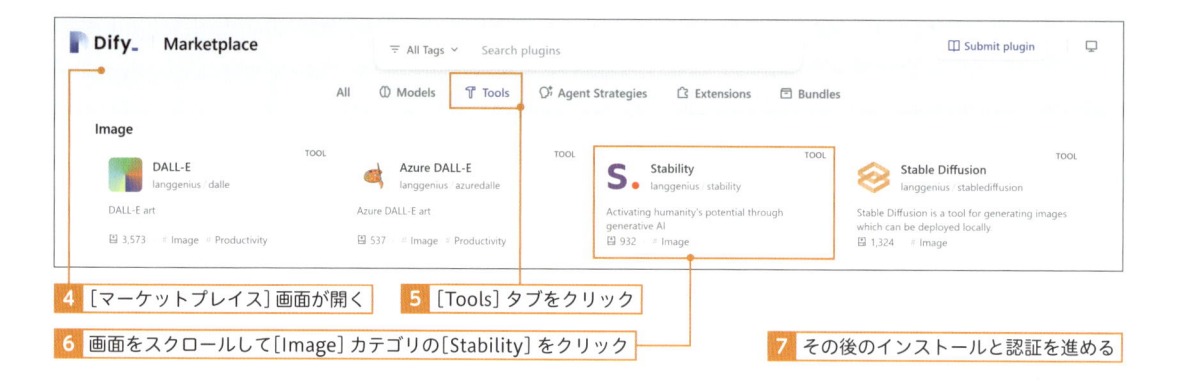

4 ［マーケットプレイス］画面が開く　　**5** ［Tools］タブをクリック

6 画面をスクロールして［Image］カテゴリの［Stability］をクリック　　**7** その後のインストールと認証を進める

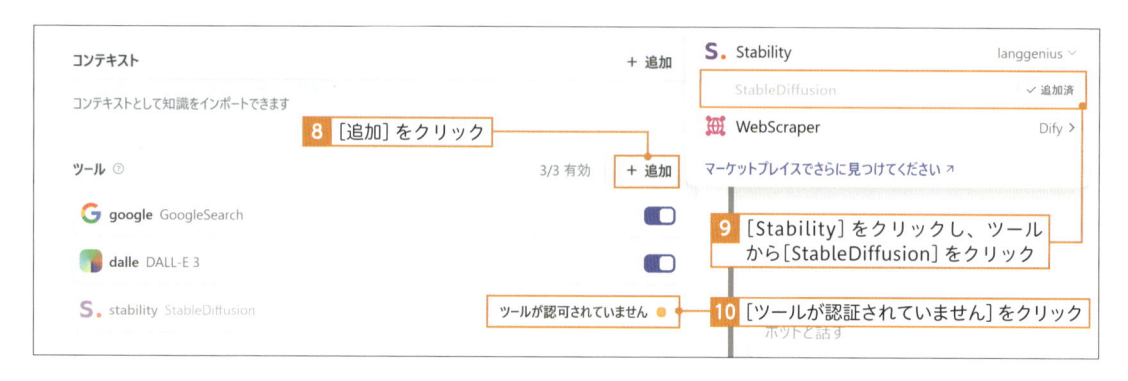

8 ［追加］をクリック

9 ［Stability］をクリックし、ツール
から［StableDiffusion］をクリック

10 ［ツールが認証されていません］をクリック

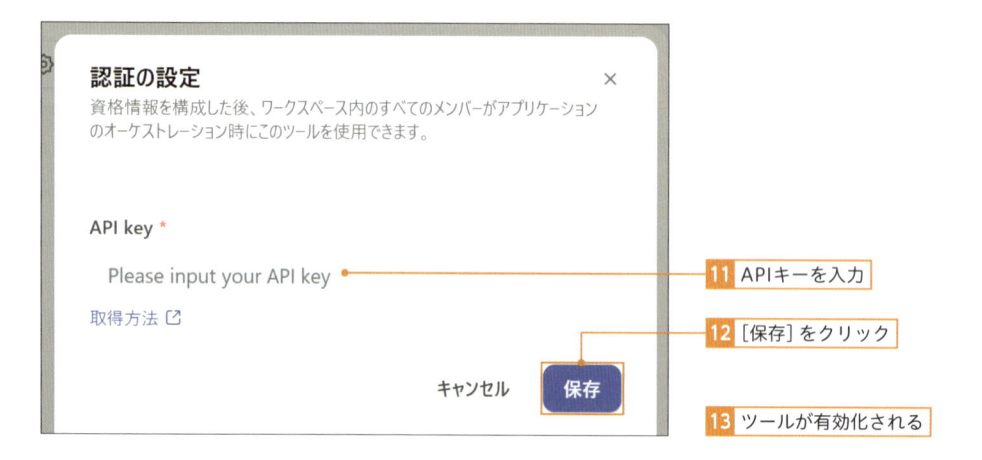

11 APIキーを入力

12 ［保存］をクリック

13 ツールが有効化される

　これでエージェントにはツールとして［GoogleSearch］、［DALL-E3］に加えて、［StableDiffusion］
の3種類が組み込まれました。

▶ エージェントの役割を再定義する

　ツールを追加したので、[手順] も変更してエージェントの行動にも、追加した [StableDiffusion] に関する指示を入れておきます。今回は [DALL-E3] と [StableDiffusion] のそれぞれで 2 枚ずつ、計 4 枚の画像を作成するようにしましょう。

1 [手順] に [StableDiffusion] を追加する

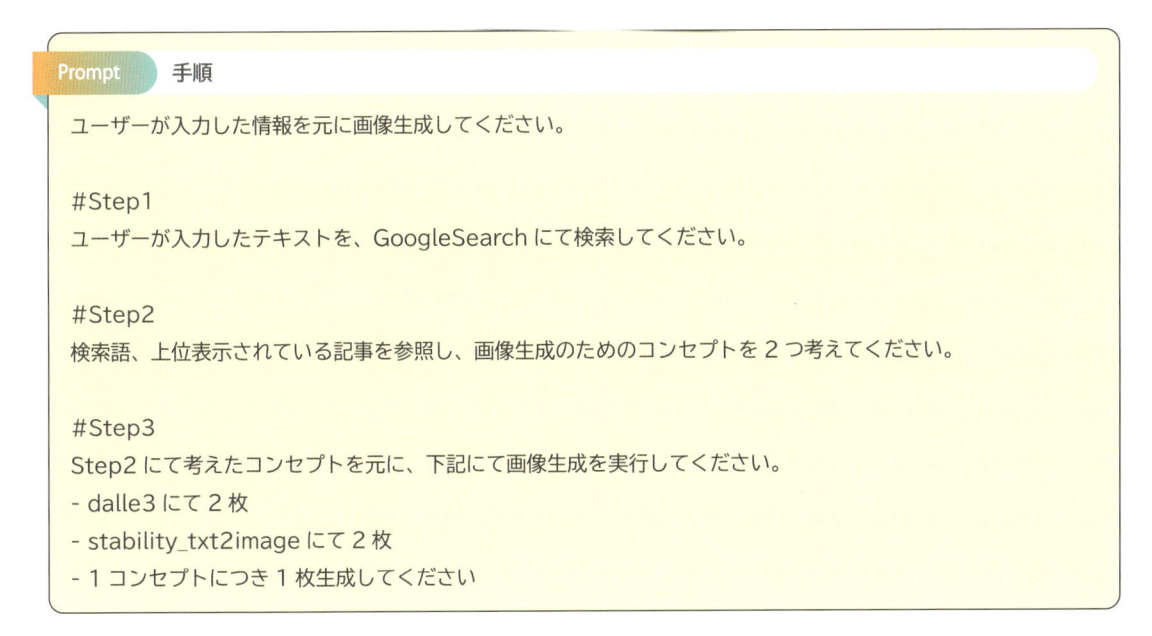

Prompt　手順

ユーザーが入力した情報を元に画像生成してください。

#Step1
ユーザーが入力したテキストを、GoogleSearch にて検索してください。

#Step2
検索語、上位表示されている記事を参照し、画像生成のためのコンセプトを 2 つ考えてください。

#Step3
Step2 にて考えたコンセプトを元に、下記にて画像生成を実行してください。
- dalle3 にて 2 枚
- stability_txt2image にて 2 枚
- 1 コンセプトにつき 1 枚生成してください

　[手順] を更新したら [プレビュー] で実際にチャットしてみましょう。[GoogleSearch] の情報によってコンセプトが決定されて、それに対する画像の出力が [DALL-E3]、[Stable Diffusion] の両ツールから出力されていることが確認できれば成功です。

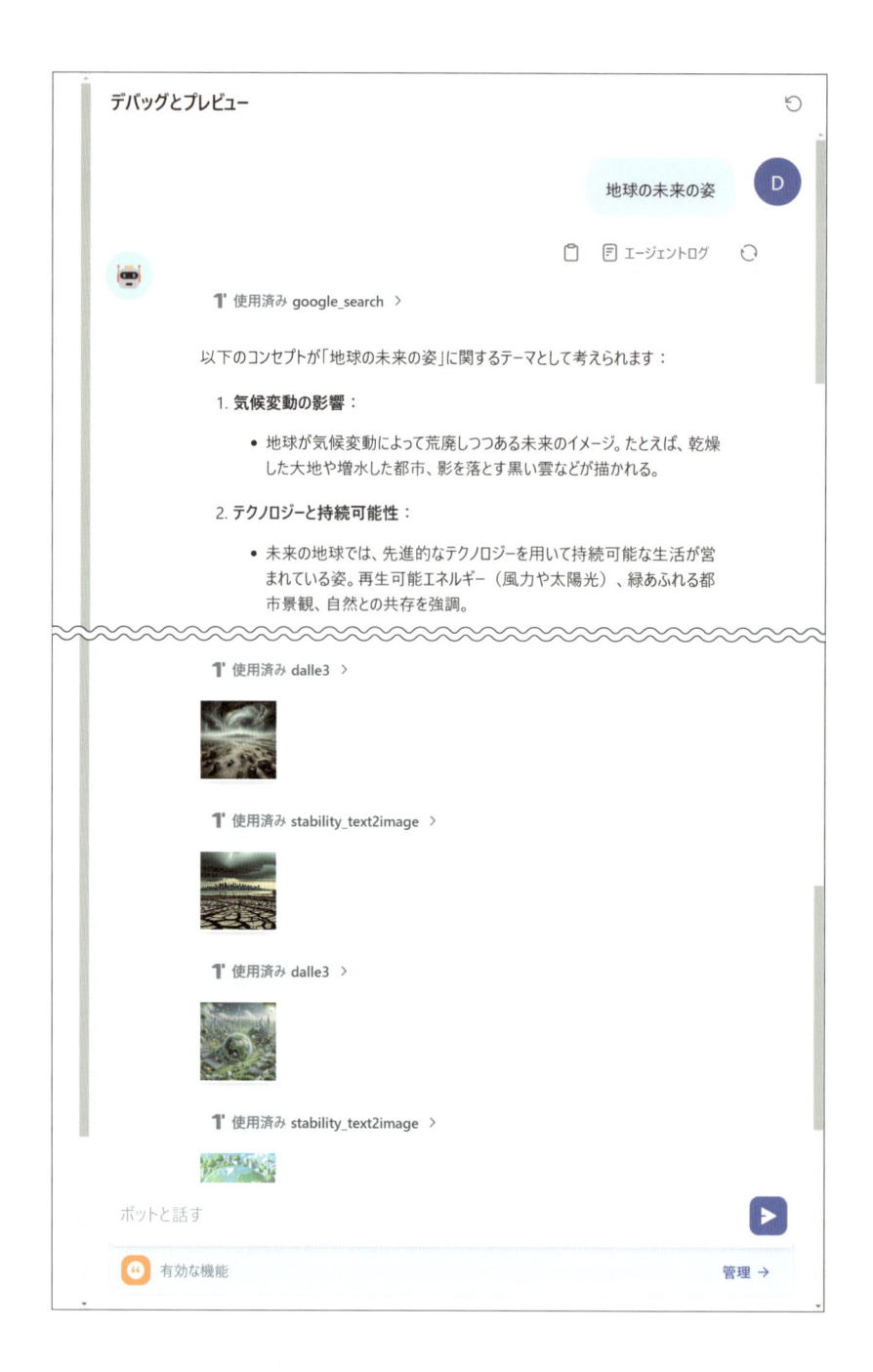

　このように、エージェント機能では目的に応じたツールを API 連携することで、これまで手動で行っていた複雑な仕事もまとめて自動化することができます。エージェントを構築すれば、チームや組織のリソースをコア業務に振り向けることができます。

チャットフローを作ろう

一般的なチャットボットでは、思い通りに会話の流れを制御するのが難しいことがあります。そんなとき、Dify のチャットフローを活用すれば、ルールベースの考え方も取り入れて、より実践的な対話アプリを作成できます。本章では、基本的なチャットフローの作成から始め、条件分岐・並列処理・検索 API との連携 など、順にさまざまな機能を取り入れた高度なチャットフローの作成方法を解説していきます。

もっと高度なチャットボットが作りたい！

既にチャットボットやエージェントなどいくつかの作例を作りながら会話型のアプリの作成方法を解説しましたが思った通りに動いているでしょうか。「ここは Yes/No をはっきりさせたい」や「部分的にナレッジを使いたい」など、だんだんと自分が本当に欲しい会話型アプリの全体像が見えてきたのではないでしょうか。

ビジネスシーンでも同じような壁が存在し、「チャットボットは作ったものの、思うように機能していない…」こんな悩みを抱えている方は少なくありません。確かに、ChatGPT やClaude などの LLM の登場により、AI チャットボットは驚くほど自然な会話ができるようになり、多くの企業がカスタマーサポートや情報提供の自動化に取り組んでいます。

しかし、ビジネスの現場では、単に「自然な会話ができる」だけでは不十分なケースが多々あります。例えば

▶ **商品の注文を受け付ける際に、必要な情報を確実に収集したい**
▶ **問い合わせの内容に応じて、適切な部署に振り分けたい**
▶ **よくある質問に対して、決められた手順で対応したい**

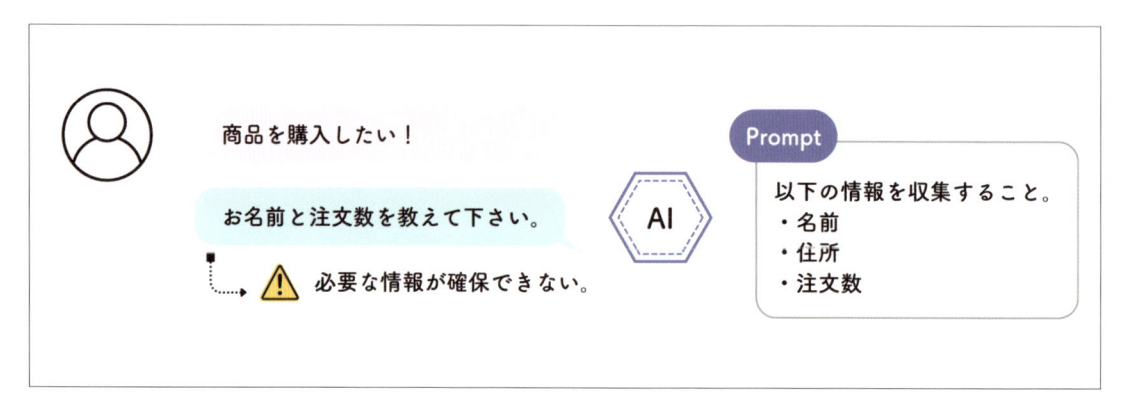

　このような場面では、LLM による自然な会話だけでなく、あらかじめ会話の流れを適切に
コントロールする仕組みを設定しておくことが必要です。

　そこで Dify は、［チャットフロー］という解決策を提供しています。このアプリケーション
型を使えば、フローチャートを描くような感覚で対話のシナリオを設計し、より複雑なタスク
にもチャットボットを対応させることができます。チャットフローはノードと呼ばれる役割が
分かれたブロックを線（エッジ）でつないでいくだけで、複雑な対話の流れも視覚的に組み立
てることができます。

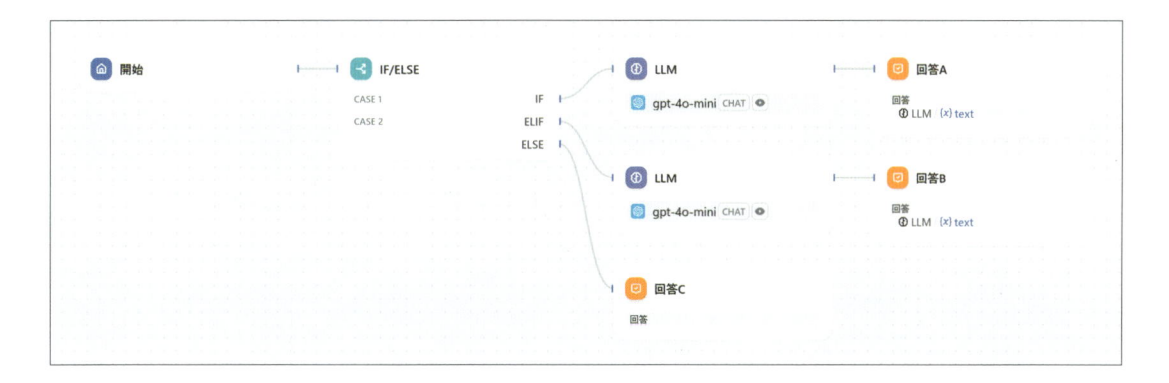

▶ チャットフローの特徴

　チャットフローには独自の特徴があります。まずはそれらを把握しておきましょう。

■ 可視化された会話の設計

　これまでのチャットボットやエージェントでは、1 つの LLM に対して、その振る舞いをプ
ロンプトで設定し、ユーザーの入力情報、ツールやナレッジなどを限定することでアプリケー
ションの全体像を決めていました。

　一方でチャットフローではフローチャートのように会話の流れを視覚的に設計していきま
す。これにより全体像が一目で分かるため、作成者以外の人でもどのような設計になっている
のか把握しやすくなります。

◻ 段階的な会話進行

チャットフローでは会話を明確なステップに分けて管理することができます。

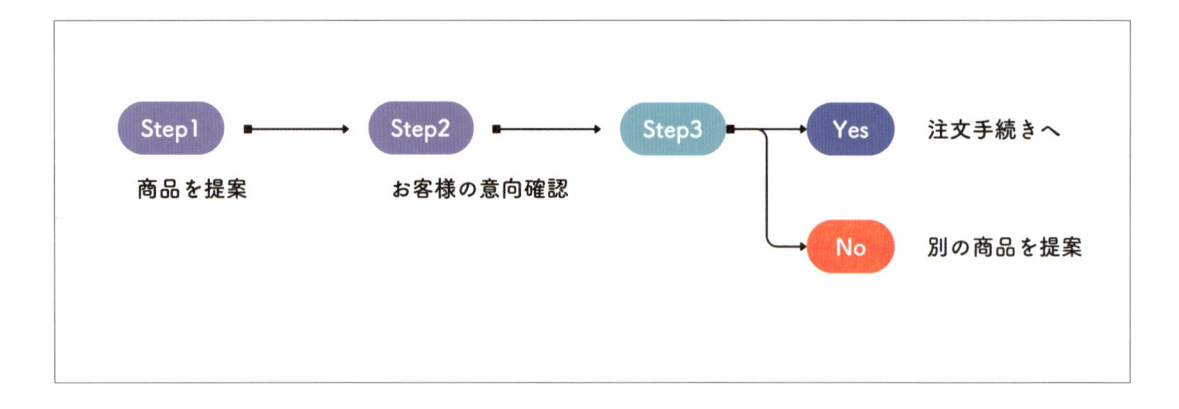

このような形で細かくステップに分けることが可能です。必要な情報を確実に収集したり、条件に応じて対応を変化させることが可能になります。さらにステップごとに個別の LLM を利用することができるため、会話を最適化することができます。

◻ フローに応じた AI 活用

チャットフローの場合では、会話の流れの中で必要な箇所のみ LLM の機能を活用できます。会話のステップを設定する場合に、Yes/No で回答できる質問などルールベースで対応できる部分もあります。このような部分ではむしろ LLM を介して回答させる必要がなく、活用しないことで運用コストを下げることができます。

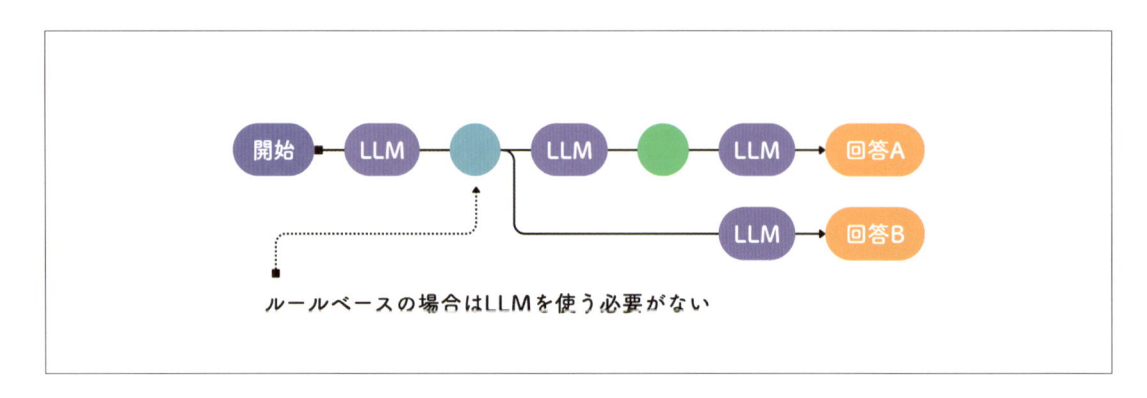

　このようにチャットフローの設計は、シンプルな選択肢を中心とした流れから始めて、複雑な回答が予測される部分でLLMによる対応を採用することで、より安定した運用が可能になります。「ルールに沿った会話」＋「自然言語による応答」というハイブリッドなアプローチで、より高度なチャットボットが実現できるのです。

6-2 チャットフローを作成する

▶ アプリケーションの作成

　では早速チャットフローを触っていきましょう。まずは混乱しないように、もっとも簡単な手順を説明していきます。具体的には本書の最初に作成した［はじめてのチャットボット］をチャットフローで再現していきましょう。今回のアプリケーションの全体像は以下の通りです。

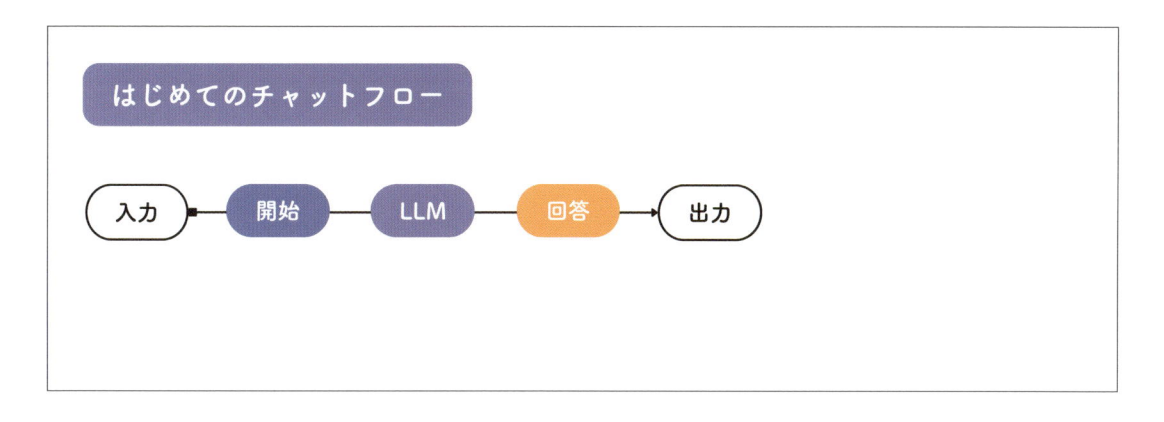

これまで同様に［スタジオ］で新規アプリケーションを作成します。

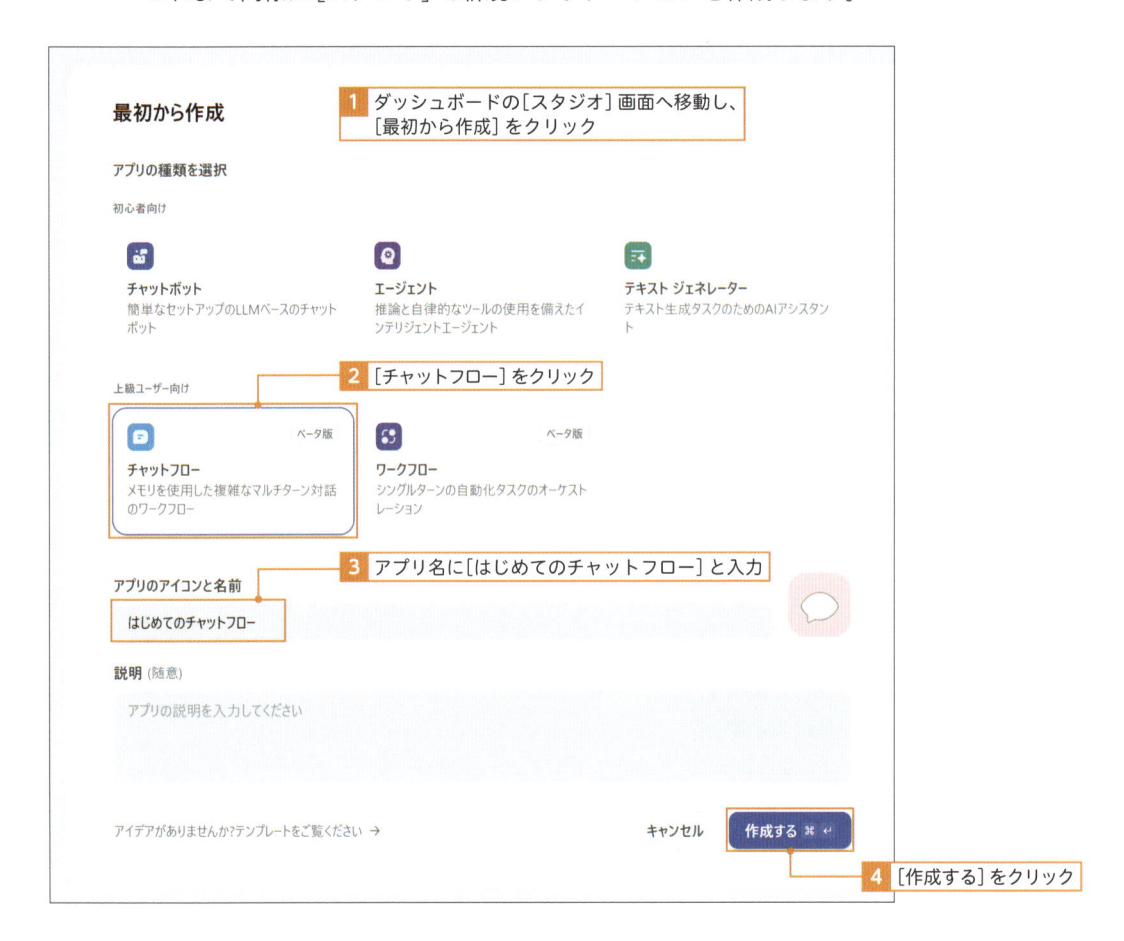

［オーケストレーション］画面にはチャットフローの初期設定として、［開始］、［LLM］、［回答］という 3 つのノードが表示されます。この構造は最も簡単な LLM チャットボットの構造です。［開始］ノードでユーザーからの入力を受け取り、［LLM］ノードで処理、［回答］ノードでは処理結果を返します。今回はフローそのものの編集は行わずこのまま進めていきます。

▶ そもそもノードってどんなもの？

ノード（Node）を直訳すると、「結び目」や「節」といった意味になります。一方で、ネットワークやプログラミングの世界では、ノードという言葉はつながりの「点」を表す言葉として使われています。

Dify におけるノードは、ワークフローを構成する一つの処理のまとまりを指し、あらかじめよく使う処理が基本的なノードとして用意されています。下記に本書で取り扱う基本的なノードについてその役割を紹介します。

ノードの種類	役割
開始	ワークフローの開始地点となるノードです。ユーザーの入力内容を設定し、ワークフローの初期パラメータを定義します。
終了	ワークフローの終了地点となるノードです。ワークフローの最終出力内容を定義します。
回答	チャットフローにおける応答内容を定義するノードです。
LLM	大規模言語モデル（LLM）を使用して、テキスト生成、要約、翻訳などの処理を実行するノードです。
知識取得	データベースからデータを取得するノードです。ユーザーの質問や入力テキストをクエリとしてナレッジベースを参照し、最も関連度が高いテキストや文書を探し出します。
条件分岐（IF/ELSE）	入力された値によって、処理の流れを変えるノードです。
HTTP リクエスト	外部 API やウェブサービスとデータをやり取りするノードです。ワークフロー内で外部システムへの接続、データの送受信、サードパーティサービスとの連携を可能にします。

このようにノードの役割は明確に分かれており、それぞれの特徴を理解した上でフローを作成していく必要があります。これらのノードについては P.259 から 1 つずつ詳しく解説しています。

▶ LLM ノードの設定を編集する

今回は 3 つのノードのうち、LLM ノードの設定を編集して、[はじめてのチャットボット]と同様に、回答の語尾に必ず"ござる"をつけて返答するチャットを作成します。

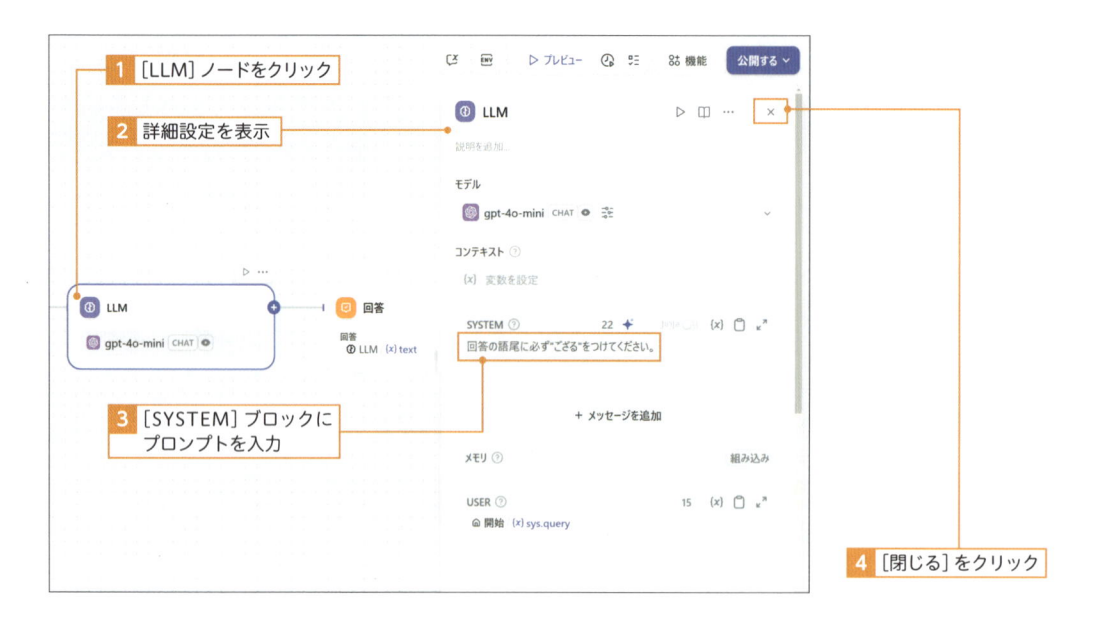

Column　**[開始]ノードとシステム変数**

ユーザーの入力を受け取る[開始]ノードには、ユーザーが指定しなくても用意されているいくつかの変数が存在します。これらはシステム変数と呼ばれており、例えばユーザーが入力したテキストは変数[sys.query]に格納されます。デフォルトのチャットフローでは[LLM]ノードの[USER]ボックスにこの[sys.query]が入力されており、[SYSTEM]ボックスのプロンプトに従って、[USER]に入力された[sys.query]が処理されることになります。これらの開始ノードの処理の詳細は P.260 で解説しています。

チャットフローをテストして公開する

　これで簡単なチャットフローの完成です。今回はフローの変更はしておらず［LLM］ノードの変更だけにとどめているので、すんなりと進められたのではないでしょうか。設定の変更が完了したら、［プレビュー］で動作の確認を行いましょう。

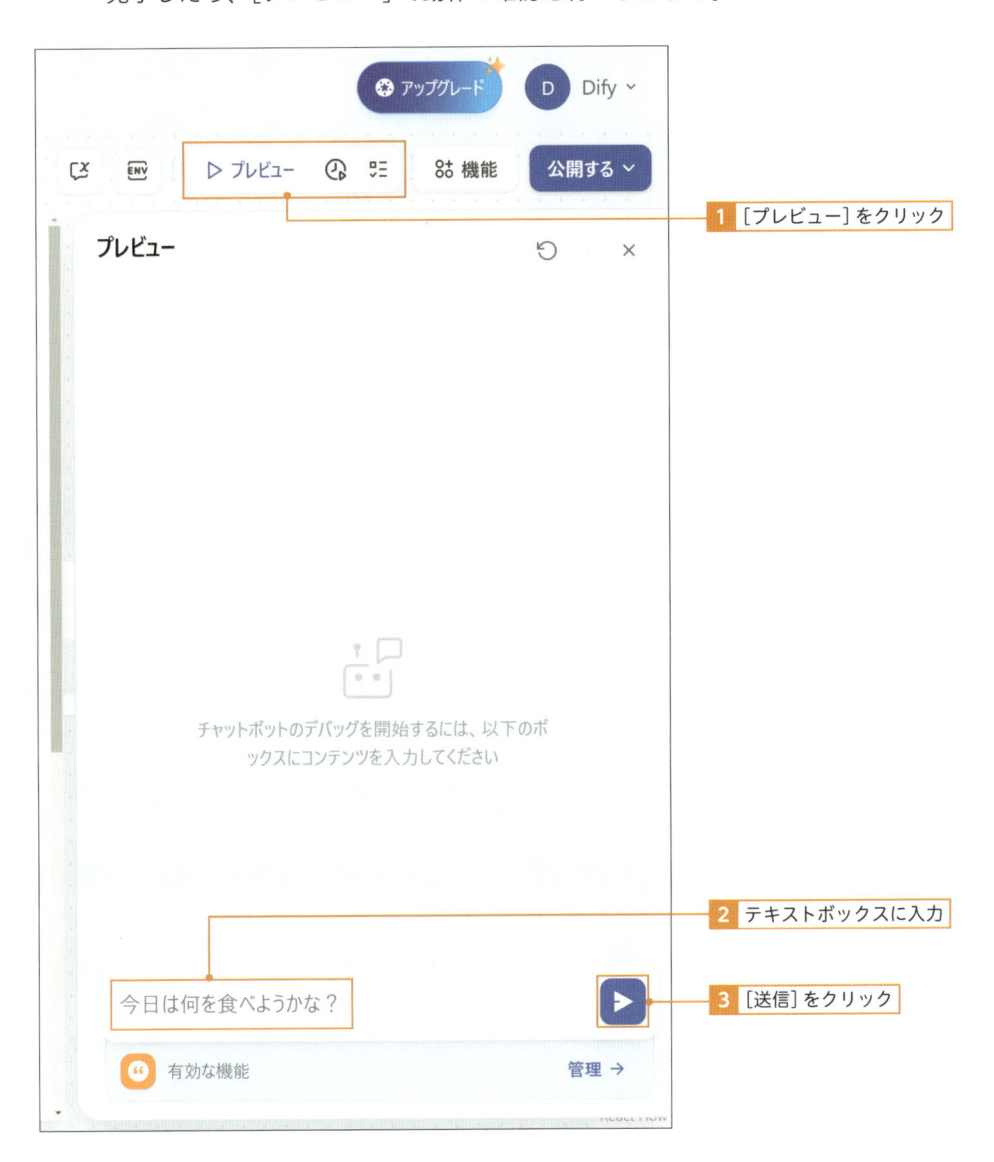

4 回答を確認する

　無事に［はじめてのチャットボット］と同様に振る舞うなら成功です。チャットボットの段階ではブラックボックスでしたが、チャットフローではチャットボットの中身をより細かく設定していくことができます。

6-3 ナレッジを持った チャットフローを作ってみよう

　続いてはナレッジを利用して、より実践的なチャットフローを作成していきましょう。今回は社内で利用するチャットボットを想定し、就業規則の質問に対応できるようにしていきます。あらかじめダウンロードファイルから［就業規則 .docx］をナレッジに登録しておきましょう。ナレッジの登録方法は P.040 で再確認できます。

▶ チャットフローを設計しよう

　チャットフローを作るときは、まずいきなり作るのではなく、スタートからゴールまでの構造を考えて設計を行うようにしましょう。今回は既にフローの最小単位に分解された図解を用意していますが、実際に自分でオリジナルのアプリを作成する時にどのように考えればよいかは、P.244 から詳しく解説しています。また、自分で追加したい機能がどのノードに該当するのかの判断も行わなくてはなりません。P.259 からのノード解説一覧も合わせて確認するとよいでしょう。今回のフローの流れは次の通りとなります。

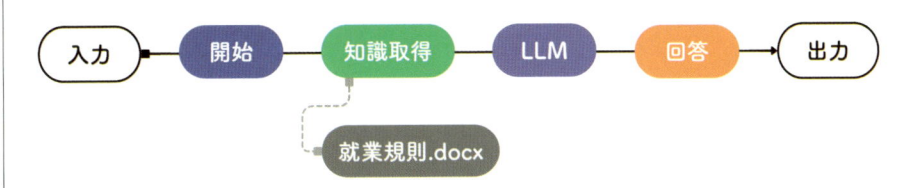

フロー設計のポイントを押さえよう

はじめてアプリ開発にチャレンジする人にとって最も難しく感じるのが、どのようにプログラムを進行させるか（フロー設計）という点です。以下の点に気を付けて設計するのがポイントです。

シンプルなフローにする

はじめは可能な限りステップを少なくし、ユーザーが迷わない設計を心がけましょう。いきなりたくさんの機能を入れようとして複雑になりすぎるとメンテナンスやユーザー体験が悪化しがちです。まずはシンプルなフローを作成してテストを行い、そこに機能を追加していきましょう。

条件分岐を整理する

どのような条件で分岐が発生するか、あらかじめ紙やホワイトボードに描いてみると設計がスムーズに行うことができます。また、整理することで見落としている条件など設計の穴も見つかることがあるので一度整理してから実際のフローを組み立てると良いでしょう。

テストをこまめに実施する

フローの途中段階でも Dify であれば［プレビュー］機能を使ってテストし、フローに残っている問題を早期に発見・修正する習慣を身につけましょう。簡単なフローを作ってテスト、そこに機能を追加してテスト…という形で少しずつ進めていくと躓くことが少なくなります。

▶ チャットフローを編集する

実際に設計が固まったら、それに沿ってノードを配置してフローを組み立てていきます。

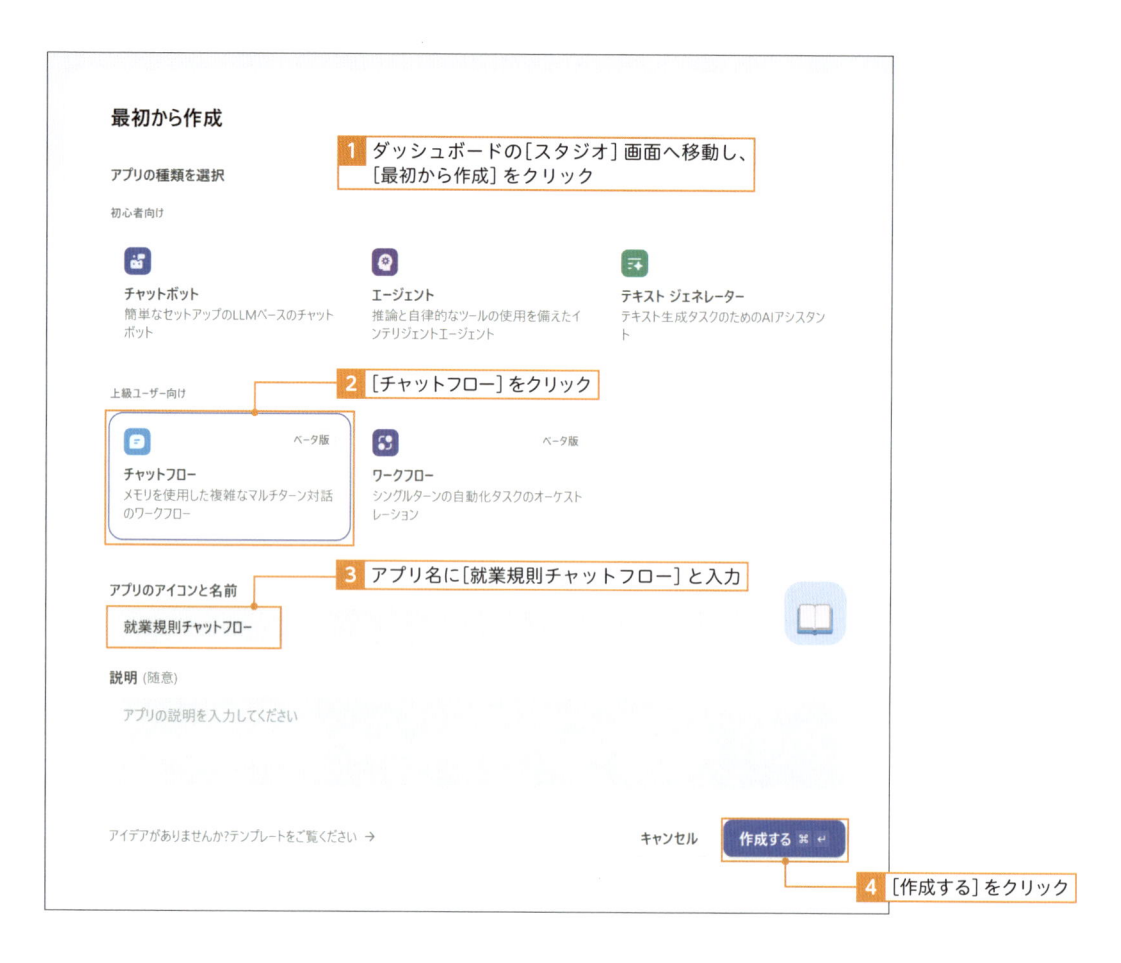

最初から作成

アプリの種類を選択

1 ダッシュボードの[スタジオ]画面へ移動し、[最初から作成]をクリック

初心者向け

チャットボット
簡単なセットアップのLLMベースのチャットボット

エージェント
推論と自律的なツールの使用を備えたインテリジェントエージェント

テキスト ジェネレーター
テキスト生成タスクのためのAIアシスタント

上級ユーザー向け

2 [チャットフロー]をクリック

ベータ版

チャットフロー
メモリを使用した複雑なマルチターン対話のワークフロー

ベータ版

ワークフロー
シングルターンの自動化タスクのオーケストレーション

アプリのアイコンと名前

3 アプリ名に[就業規則チャットフロー]と入力

就業規則チャットフロー

説明 (随意)

アプリの説明を入力してください

アイデアがありませんか?テンプレートをご覧ください →

キャンセル

作成する ⌘ ↵

4 [作成する]をクリック

5 チャットフローの[オーケストレーション]画面が表示される

フローの途中にノードを追加する

　基本のフローにナレッジを利用するための知識取得ブロックを追加します。既に繋がっているノード間に新しいノードを追加する場合は、追加したい場所のエッジにカーソルを当て、表示される［＋］（追加）マークをクリックします。

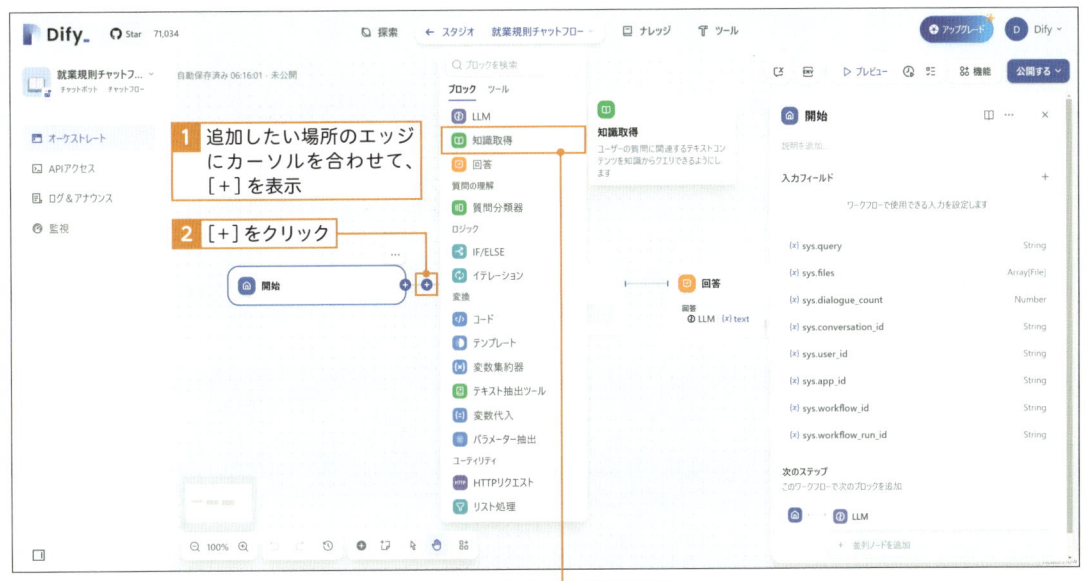

3 ［知識取得］をクリック

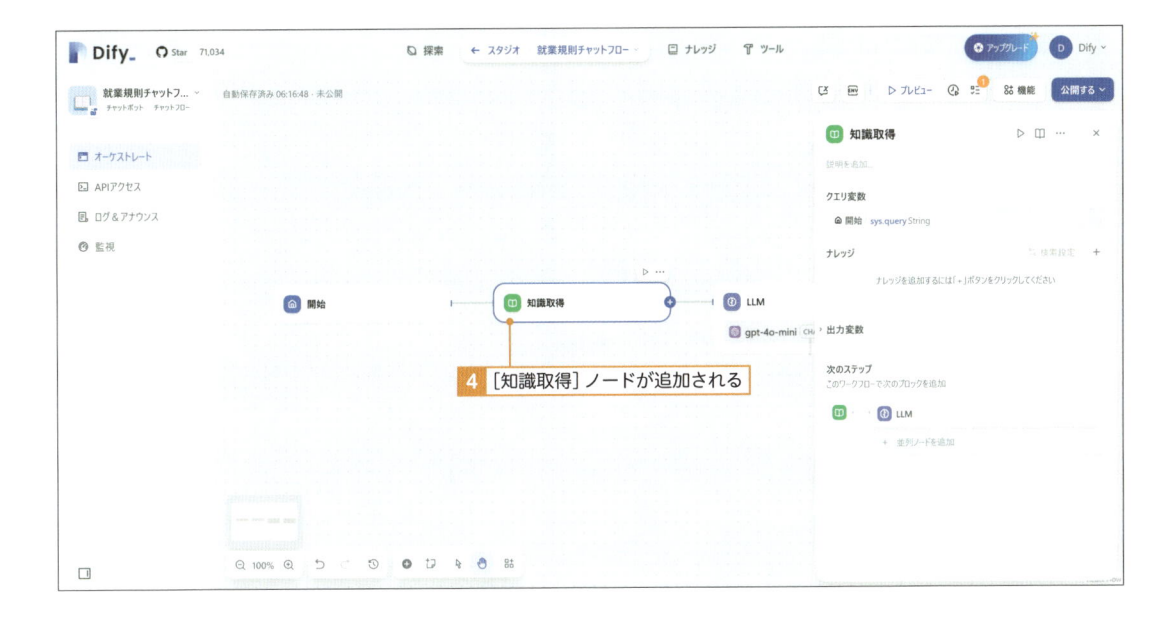

4 ［知識取得］ノードが追加される

▶ [知識取得]ノードにナレッジを追加する

追加した[知識取得]ノードを設定していきます。設定パネルを開き、[ナレッジ]ブロックに参照したいナレッジを設定します。今回はダウンロードファイルから[就業規則.docx]をあらかじめナレッジに登録しておき、それを選択します。

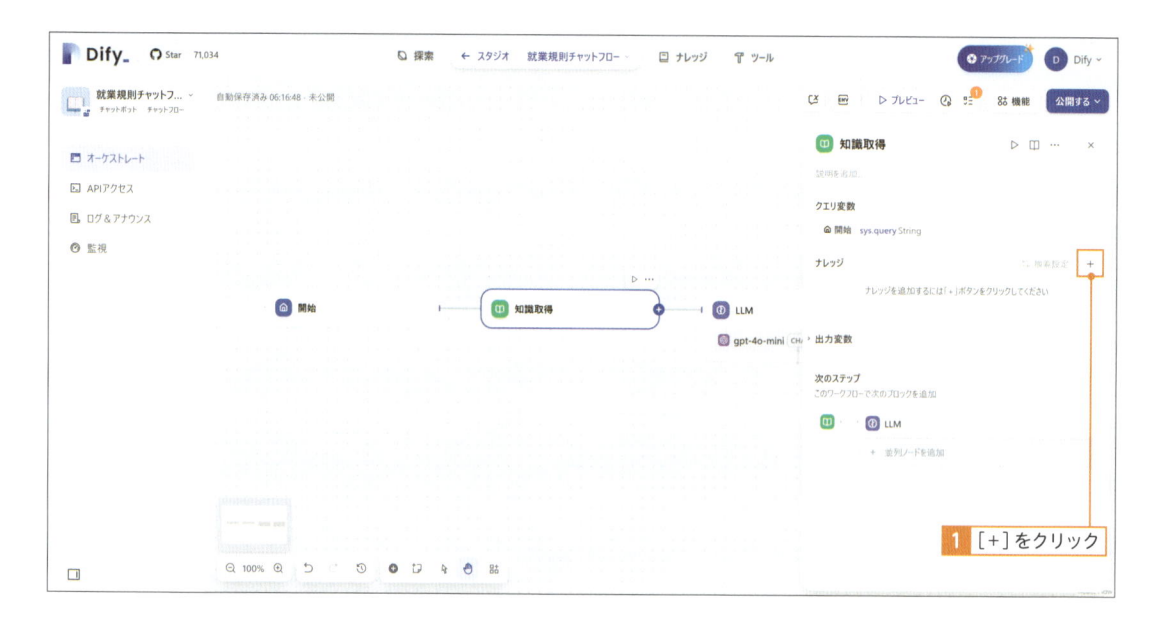

1 [+]をクリック

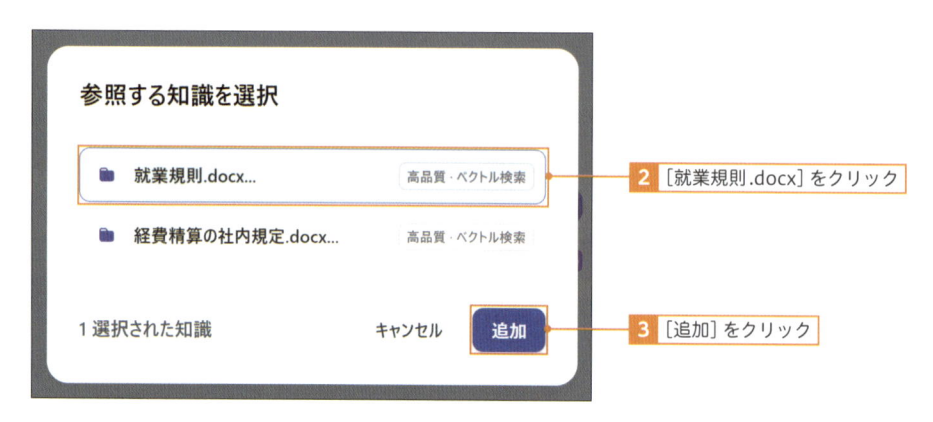

2 [就業規則.docx]をクリック

3 [追加]をクリック

4 ナレッジブロックに追加される

LLMノードにコンテキストを設定する

　続いては LLM ブロックを設定していきます。今回は［知識取得］ノードで検索した情報を取り込むために、［コンテキスト］ブロックの変数を設定します。知識取得の［result］を選択します。これにより［SYSTEM］でコンテキストを利用できるようになります。

125

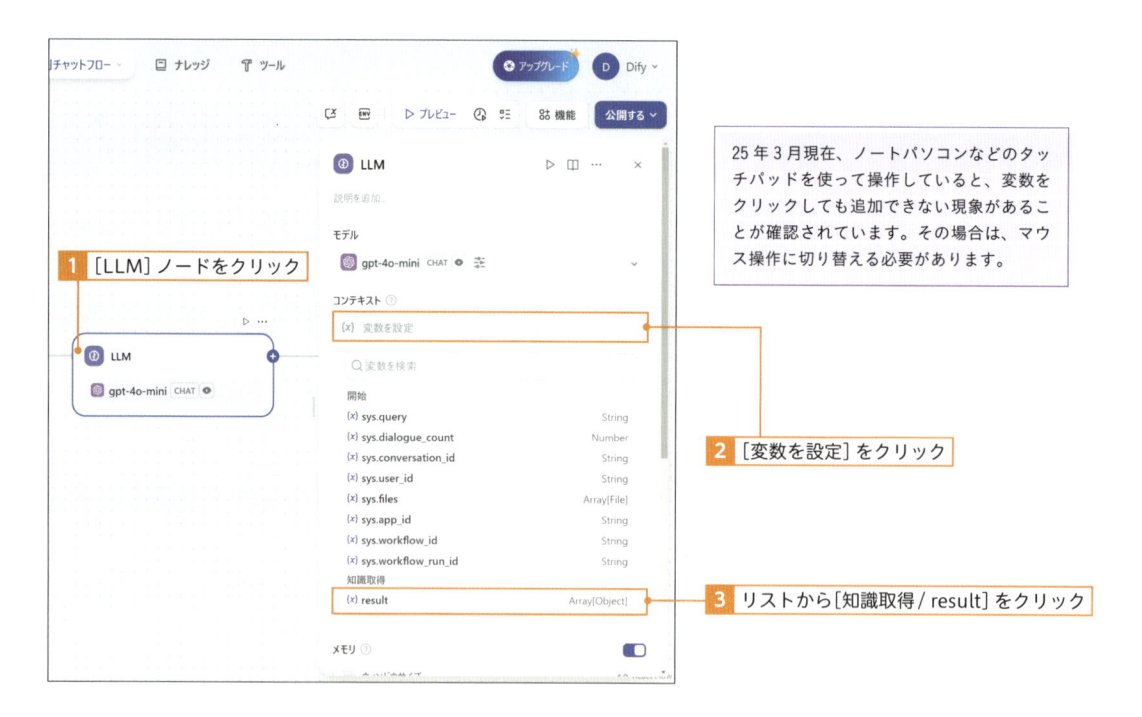

1 ［LLM］ノードをクリック

2 ［変数を設定］をクリック

25 年 3 月現在、ノートパソコンなどのタッチパッドを使って操作していると、変数をクリックしても追加できない現象があることが確認されています。その場合は、マウス操作に切り替える必要があります。

3 リストから［知識取得 / result］をクリック

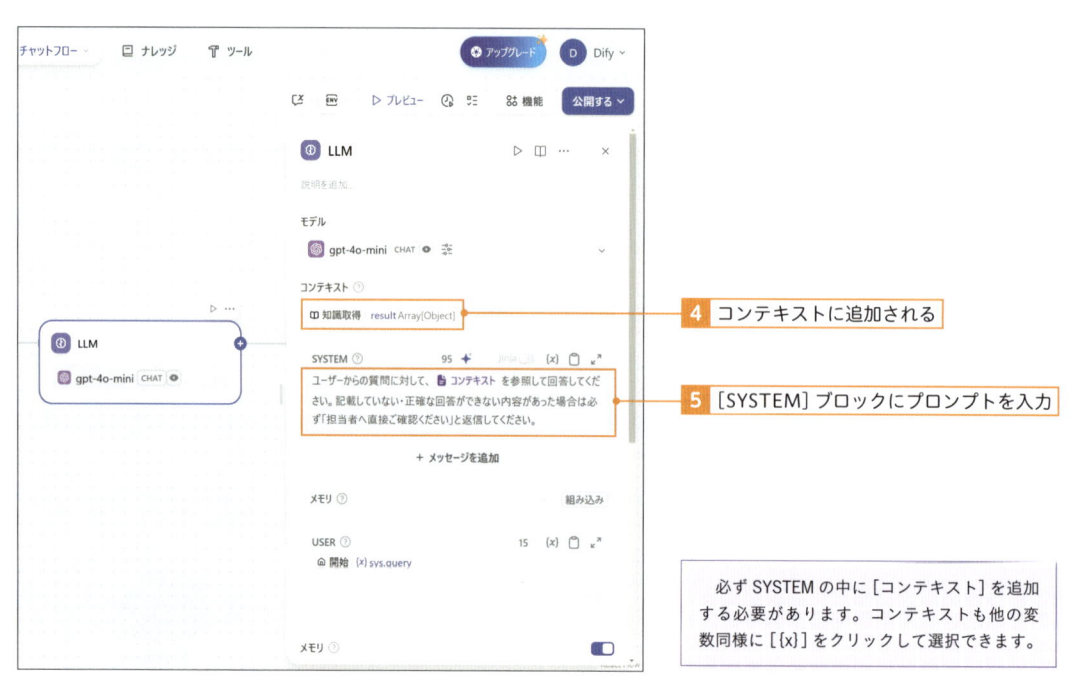

4 コンテキストに追加される

5 ［SYSTEM］ブロックにプロンプトを入力

必ず SYSTEM の中に［コンテキスト］を追加する必要があります。コンテキストも他の変数同様に［{x}］をクリックして選択できます。

Prompt   **SYSTEM**

ユーザーからの質問に対して、{{コンテキスト}} を参照して回答してください。記載していない・正確な回答ができない内容があった場合は必ず「担当者へ直接ご確認ください」と返信してください。

今回は［LLM］ノードの出力をそのままユーザーへ出力するため［回答］ブロックは特に編集する必要はありません。これでナレッジを持ったチャットボットと同様の働きを持つチャットフローの完成です。

▶ テスト・公開

［プレビュー］画面にて動作確認をしてみましょう。ナレッジに記載がある内容であれば、引用と共に回答してくれます。

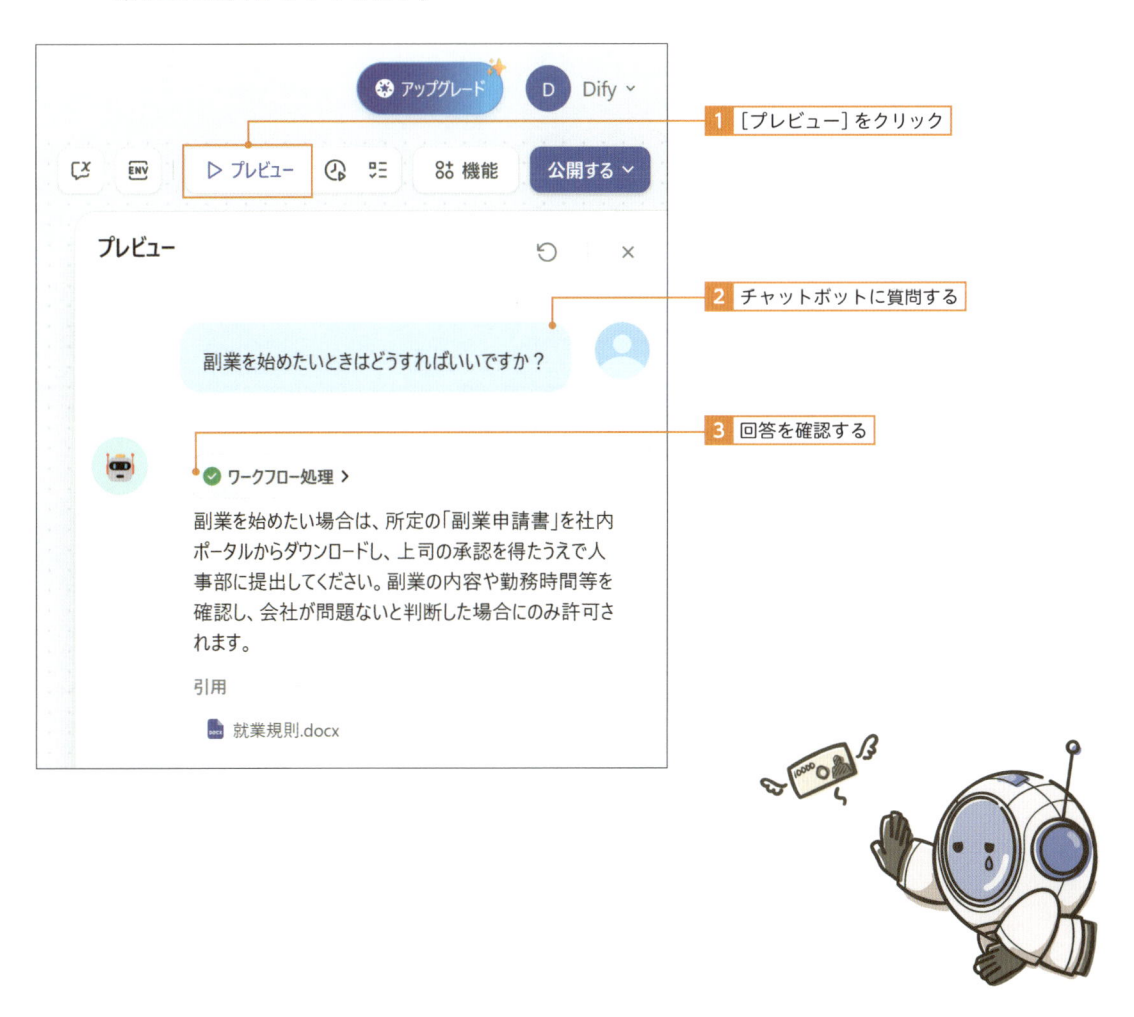

［SYSTEM］へ入力したプロンプト通り、ナレッジに存在しない情報については回答しないような設定ができています。いわゆるハルシネーションを防止しています。問題なければこれまで同様にアプリケーションを公開することで利用することができるようになります。

4 ナレッジにない質問をする

5 回答を確認する

6-4 条件分岐を活用したチャットフローを作ろう

▶ アプリケーションの作成

今度は［IF/ELSE］ノードを活用して、ルールベースの考えも取り込んだ実践的なチャットフローを作成していきましょう。条件分岐を加えることでより詳細なフローを構築することが可能です。今回のフローは次のようになります。これまでに作成した2つのナレッジを使って社内ヘルプデスクとして活用できるチャットボットを作成していきます。

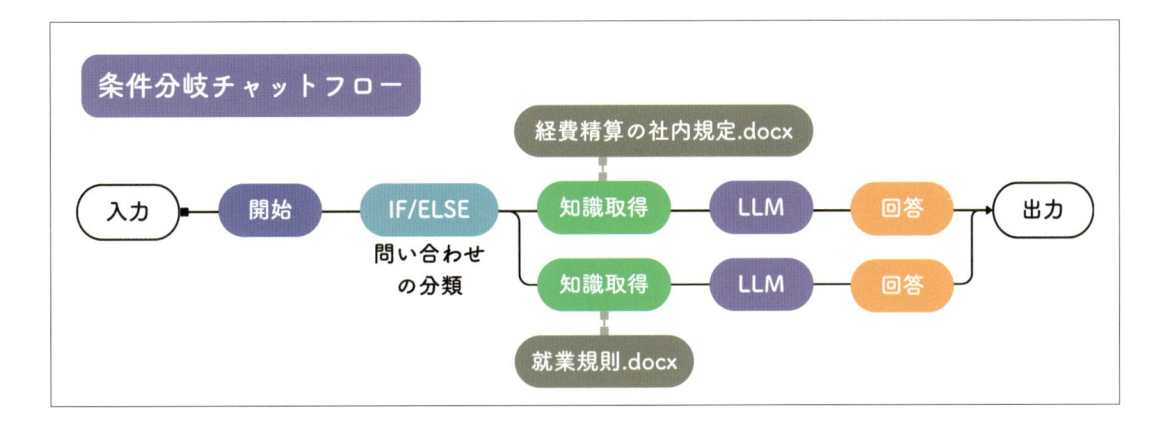

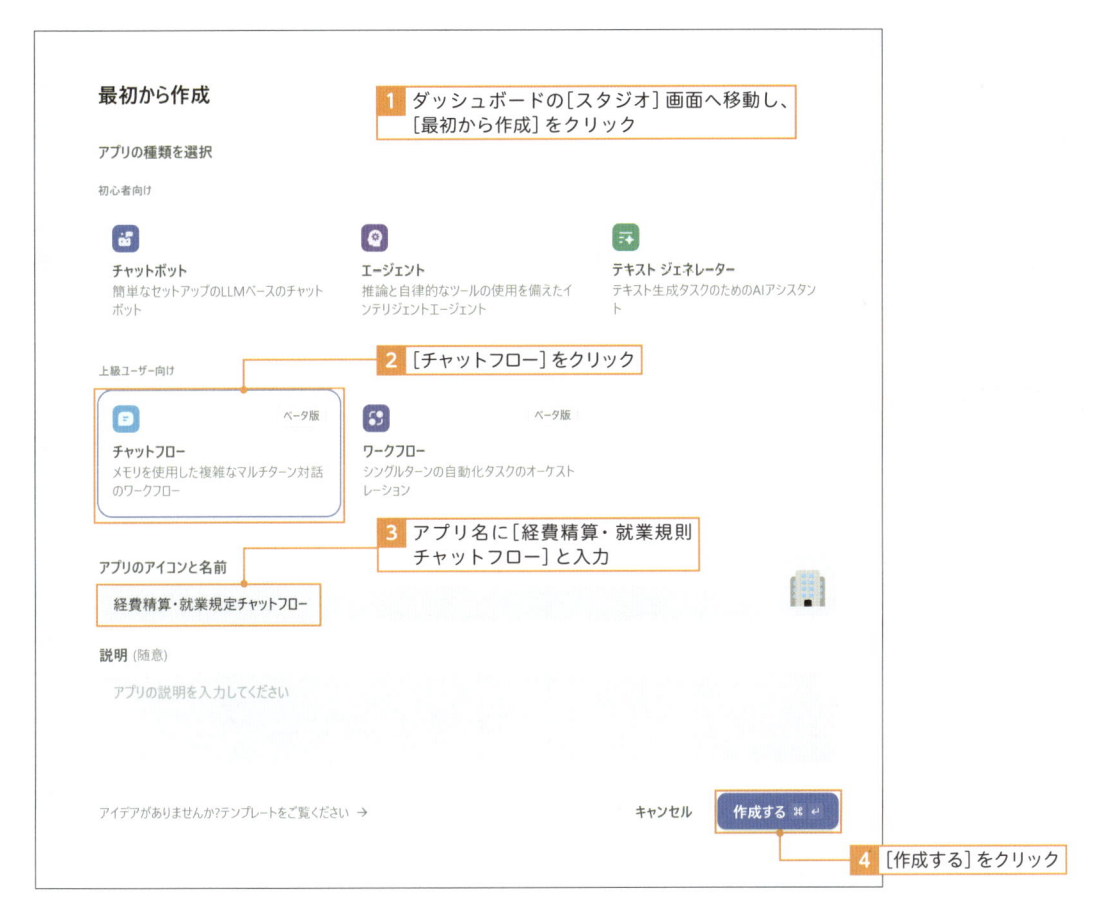

開始ノードを編集する

今回は開始ノードで入力フィールドを設定します。入力フィールドを利用するとユーザーの入力を任意に制限することができ、ルールベースの考え方を利用して条件分岐が設定できます。

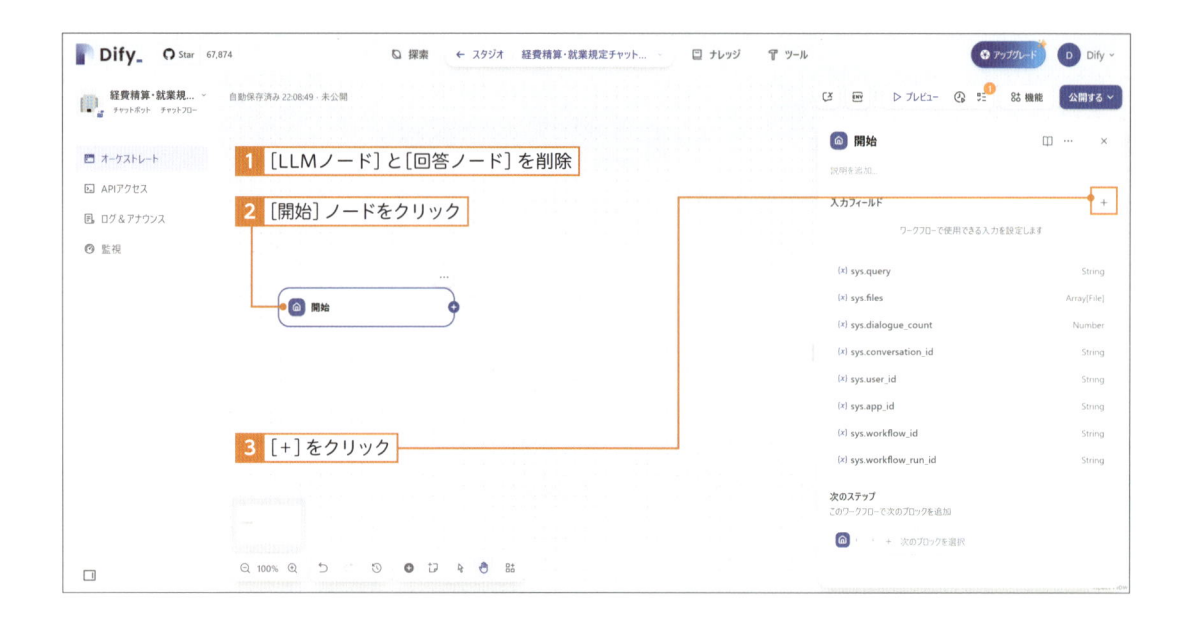

　[入力フィールドを追加]では、今回のフローでは2択から選択させたいため、[選択]を設定します。これまでのアプリケーションと同様にわかりやすい[変数名]と、ユーザーに表示される[ラベル名]を入力します。[オプション]は[選択]の場合、選択肢をあらかじめ設定しておく必要があります。今回は、[1. 就業規則]と[2. 経費精算]を設定します。

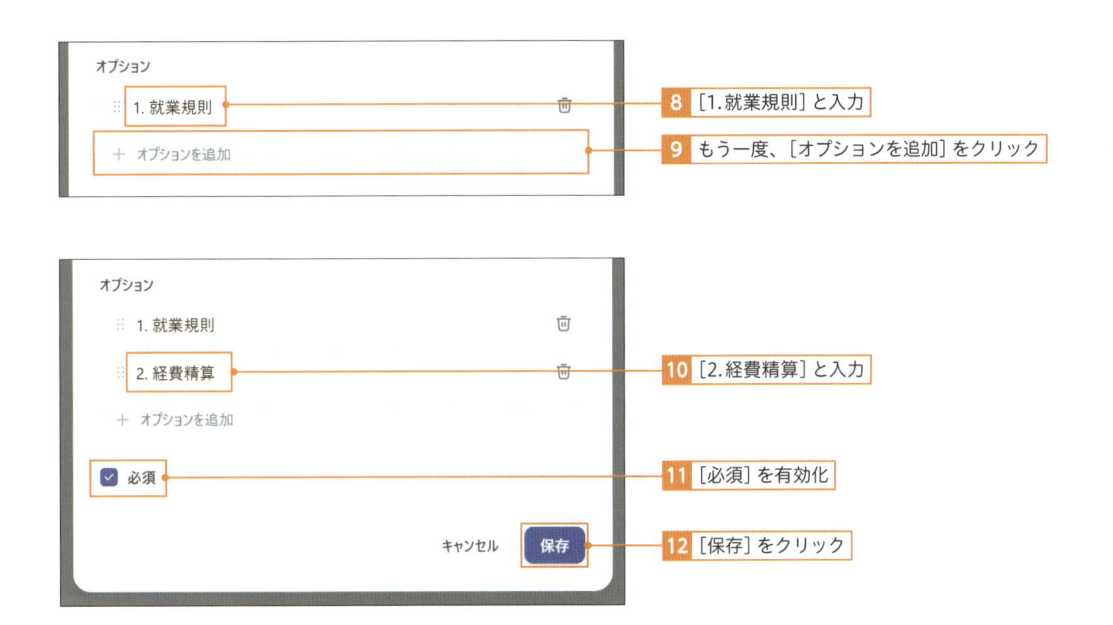

この入力フィールドの設定を行うことで、ユーザーは[1. 就業規則]か[2. 経費精算]を必ず選んで入力することになり、その情報は変数[user_input]に文字列として保存されます。この情報を使って条件分岐を行います。

▶ [IF/ELSE] ノードを追加する

次に [IF/ELSE] ノードを追加します。既存のノードに接続する形で次のステップのノードを追加する場合は、既存のノードの右端の[＋]をクリックすることで追加できます。今回は表示されたブロックの中から、[IF/ELSE] ノードを選択します。

1 [開始] ノードをクリック

2 [＋] をクリック

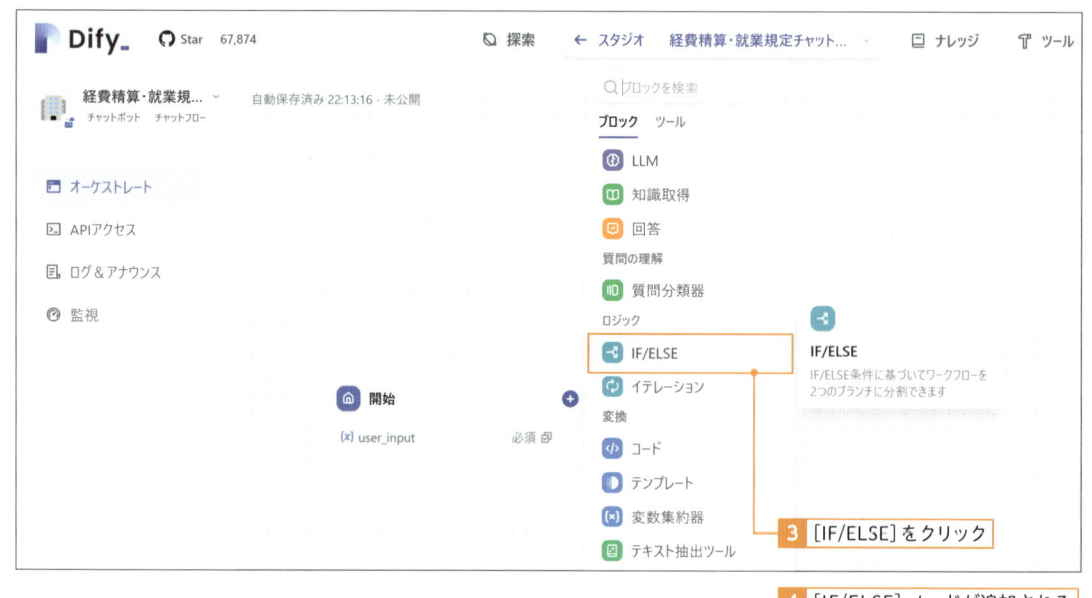

3 [IF/ELSE] をクリック

4 [IF/ELSE] ノードが追加される

▶ ［IF/ELSE］ノードを設定する

　［IF/ELSE］ノードでは、IF もしくは ELIF ブロックに条件を設定し、それに当てはまれば、対応しているフローへ、全ての条件に当てはまらなければ ELSE のフローへ情報を伝達します。今回の IF 条件は［開始］ノードでユーザーが入力する変数［user_input］の値を参照して設定します。

　変数［user_input］が［1. 就業規則］であれば IF のフロー、［2. 経費精算］であれば ELIF のフローへ進行させましょう。今回はそれぞれに割り振った数字を利用して判別する条件を入力します。なお、選択肢を増やす場合は ELIF ブロックを 2 つ以上に設定することもできます。

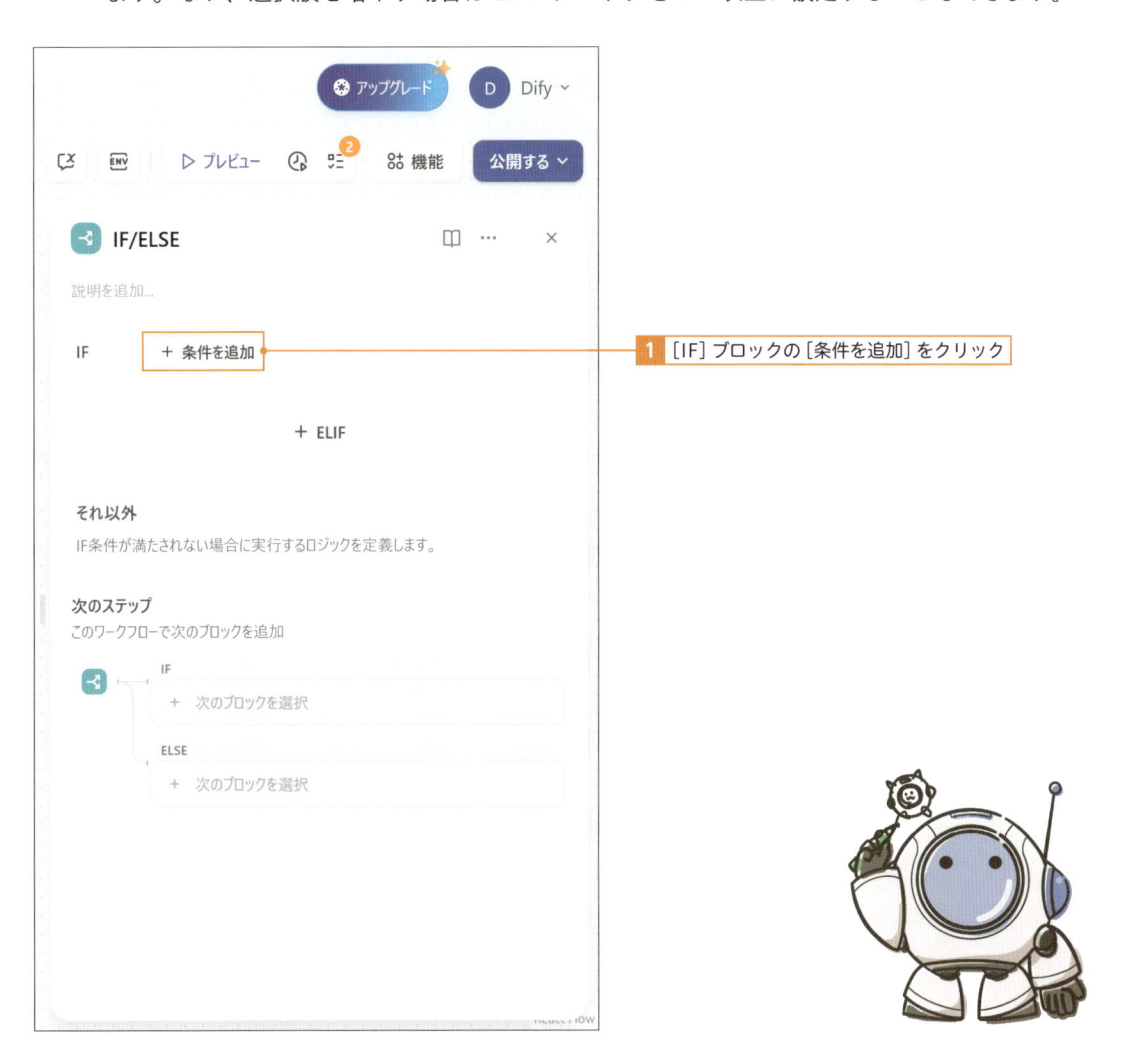

1　［IF］ブロックの［条件を追加］をクリック

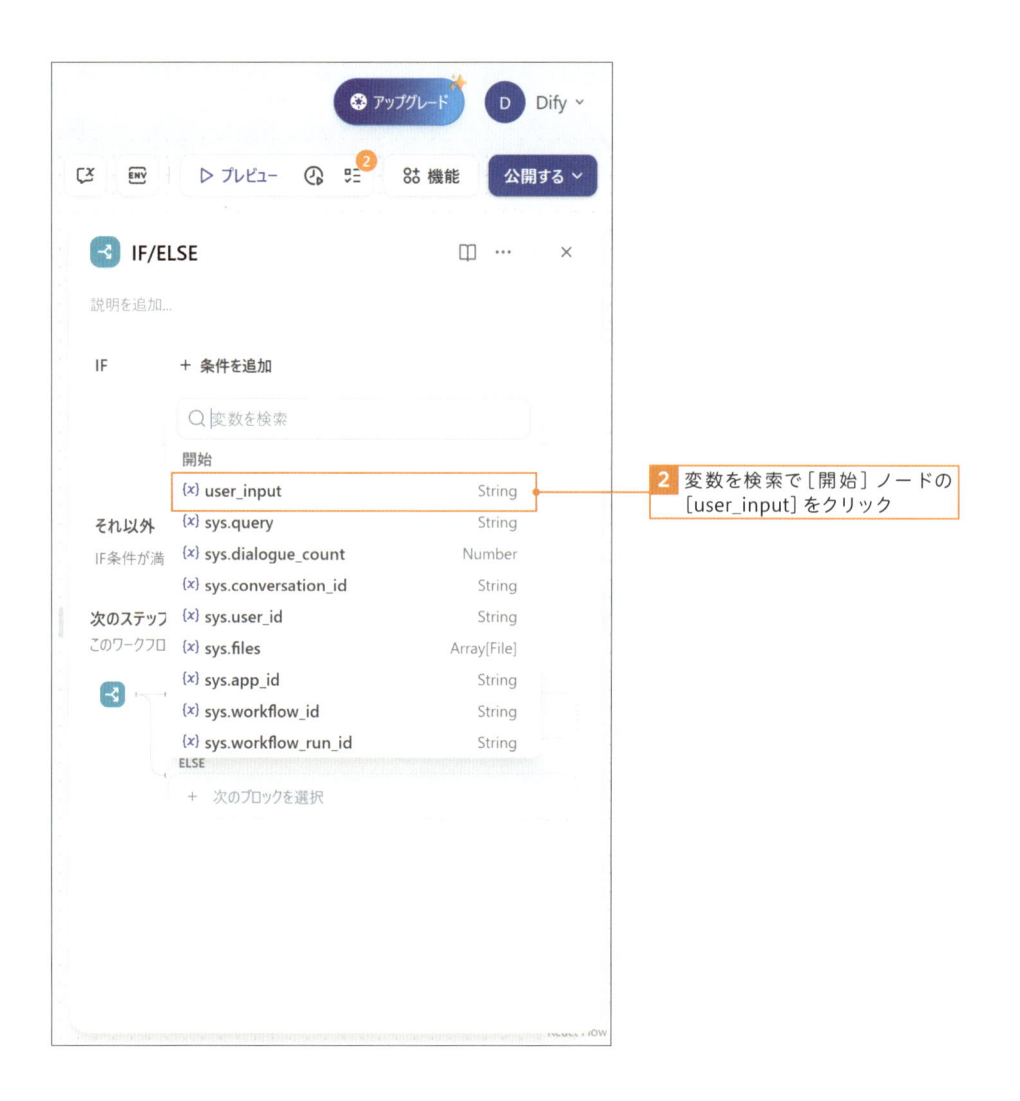

変数を指定したら条件式を設定していきます。今回は変数［user_input］に保存されている文字列に［1］が含まれていることを条件としましょう。

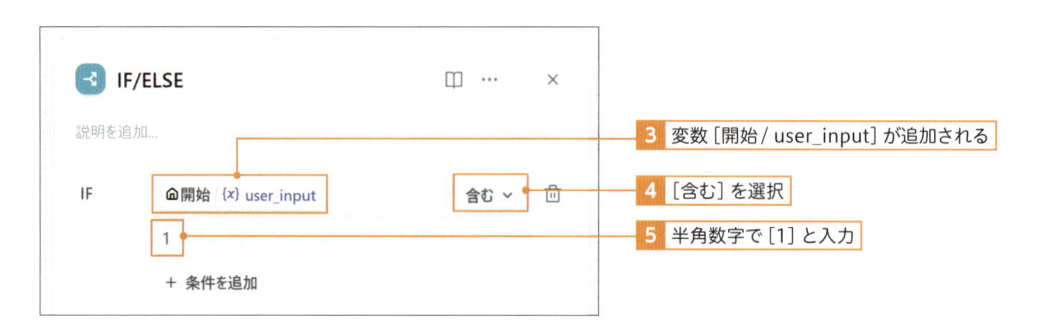

次に［ELIF］ブロックを追加して条件を設定していきます。［IF］ブロックと同様の方法で、変数［user_input］の文字列に半角数値［2］が含まれていることを条件に設定します。

6 ［ELIF］をクリック

7 ［ELIF］ブロックが追加される

8 ［条件を追加］をクリック

Chapter 6

チャットフローを作ろう

9 変数を検索で［開始］ノードの［user_input］をクリック

10 変数［開始 / user_input］が追加される

11 ［含む］を選択

12 半角数字で［2］と入力

▶ [IF/ELSE]による条件分岐後のノードを追加する

[IF/ELSE]ノードで条件分岐の設定が完了したら、次は条件分岐後に繋がっていくノードを追加していきましょう。今回は[IF]と[ELIF]の2か所からノードをつなげていきます。まずは[IF]側にノードを追加しましょう。

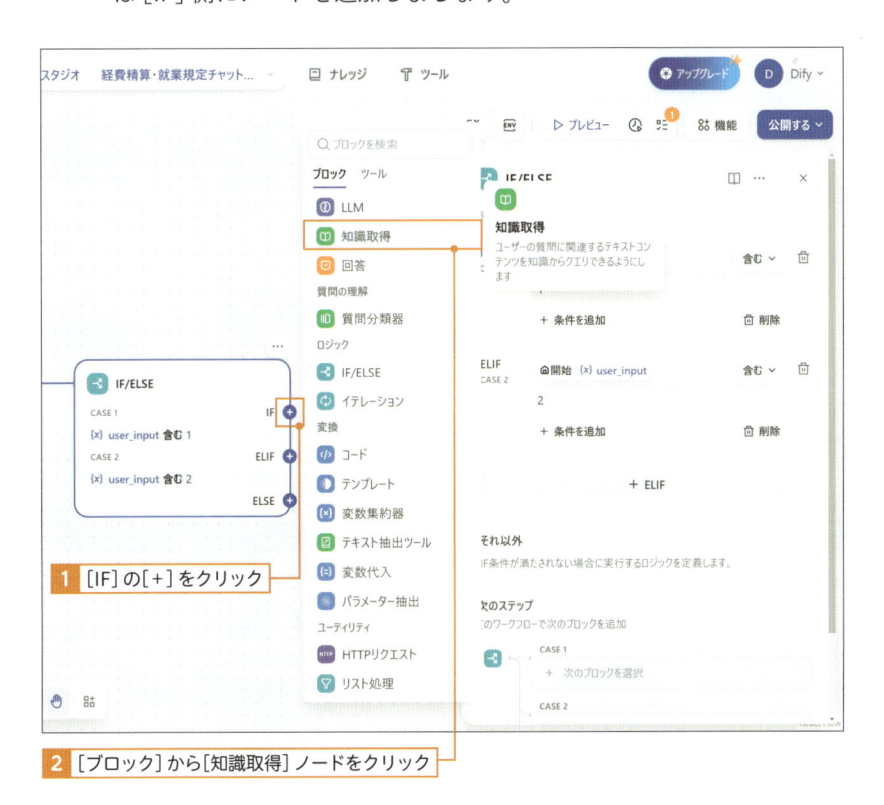

1 [IF]の[+]をクリック

2 [ブロック]から[知識取得]ノードをクリック

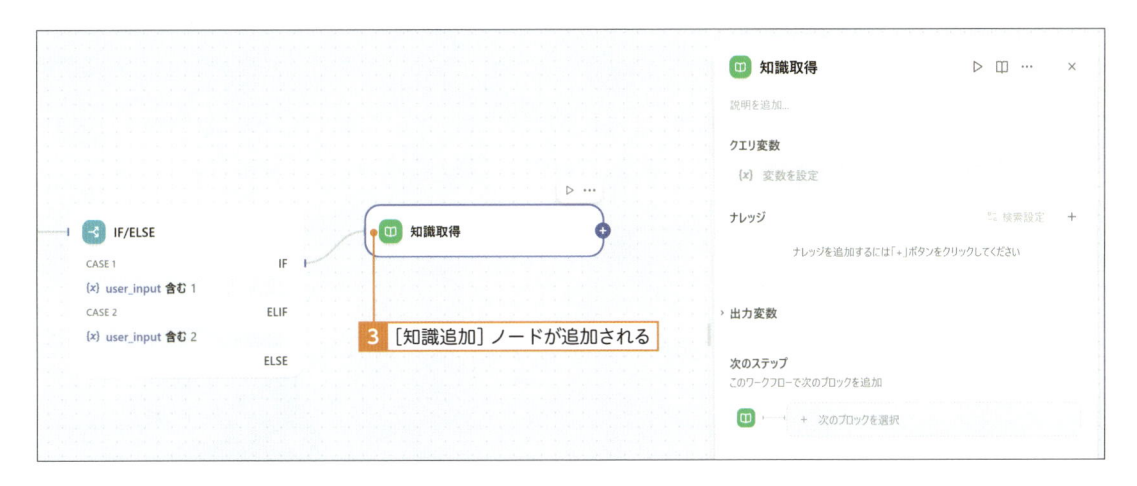

3 [知識追加]ノードが追加される

137

この先のフローは、先程作成した［就業規則チャットフロー］と同様の構造です。順に［知識取得］ノード、［LLM］ノード、［回答］ノードと続いていきます。［知識取得］ノードに［1.就業規則］に対応するナレッジを登録します。

知識取得

説明を追加...

クエリ変数

⌂ 開始　sys.query String　　　━━━━　**4** クエリ変数に［開始 / sys.query］を選択

ナレッジ　　　　　　　　　⊡ 検索設定　＋　━━━　**5** ［＋］をクリック

ナレッジを追加するには「＋」ボタンをクリックしてください

> ユーザーが入力したテキストそのものは［sys.query］に保存されています。変数の指定に注意しましょう。

知識取得_就業規則

説明を追加...

クエリ変数

⌂ 開始 / sys.query String

ナレッジ　　　　　　　　　⊡ 検索設定　＋

📁　就業規則.docx...　　　　　高品質・ベクトル検索　━━━　**6** ［就業規則.docx］を追加

7 ノード名を［知識取得_就業規則］に変更

同様に［ELIF］側にも［知識取得］ノードを追加して、クエリ変数とナレッジを設定します。今回は Chapter3 でも利用したナレッジ［経費精算の社内規定 .docx］を追加します。

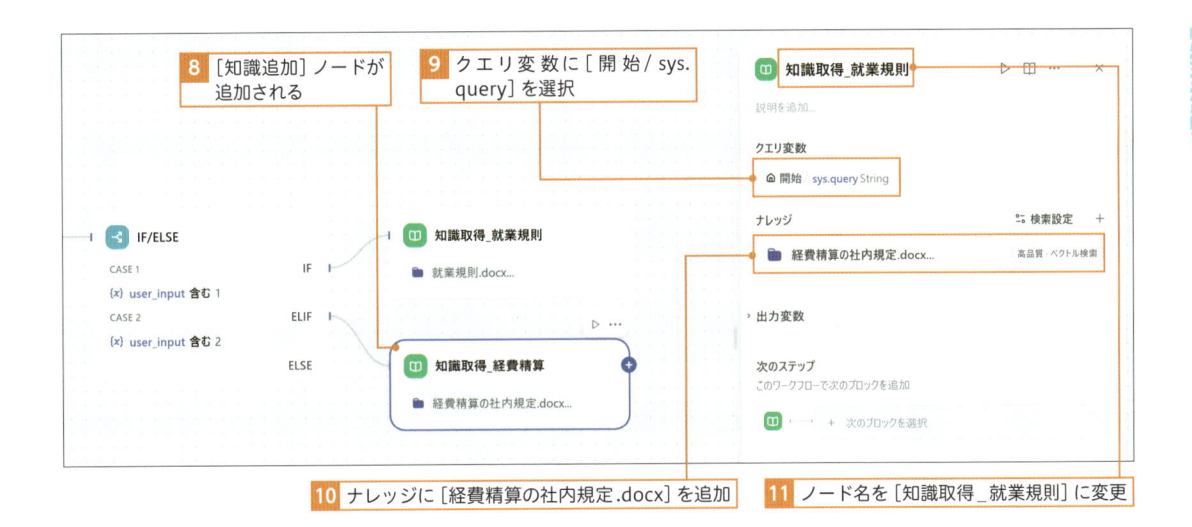

8 [知識追加] ノードが追加される

9 クエリ変数に [開始 / sys. query] を選択

知識取得_就業規則

説明を追加...

クエリ変数

🏠 開始 sys.query String

ナレッジ   ⚙ 検索設定 ＋

📁 経費精算の社内規定.docx...   高品質・ベクトル検索

› 出力変数

次のステップ
このワークフローで次のブロックを追加

📖 [←] ＋ 次のブロックを選択

IF/ELSE

CASE 1   IF

(x) user_input 含む 1

CASE 2   ELIF

(x) user_input 含む 2

ELSE

知識取得_就業規則

📁 就業規則.docx...

知識取得_経費精算

📁 経費精算の社内規定.docx...

10 ナレッジに [経費精算の社内規定.docx] を追加

11 ノード名を [知識取得_就業規則] に変更

▶ [LLM] ノードを追加・設定する

フローの続きも作成していきましょう。[知識取得] ノードの後ろに回答を生成するための [LLM] ノードを追加して設定していきます。

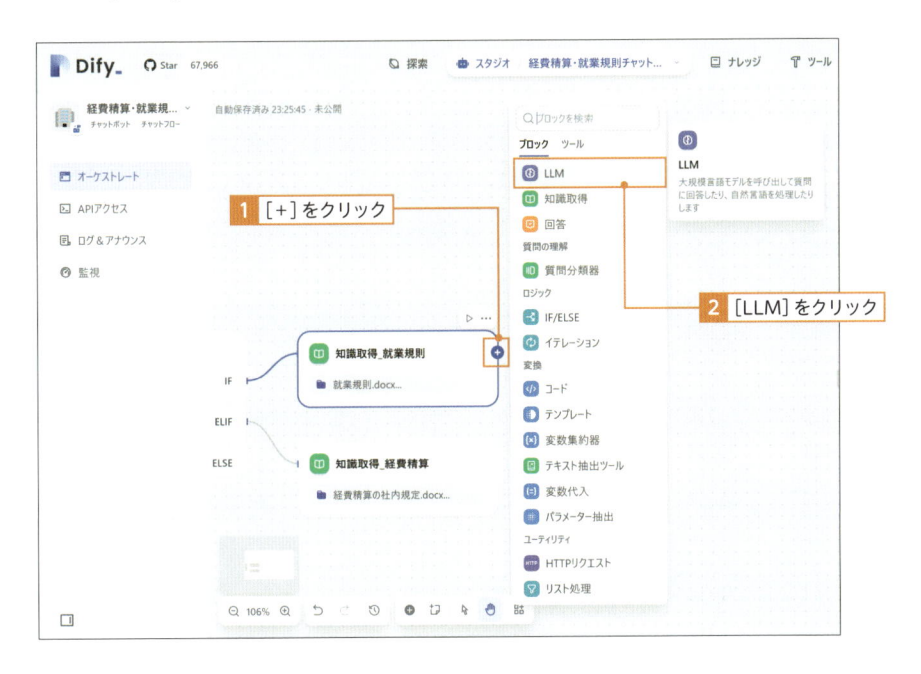

1 [＋] をクリック

2 [LLM] をクリック

3 [LLM] ノードが追加される

4 [LLM] ノードをクリック

5 コンテキストを追加

6 [SYSTEM] ブロックにプロンプトを入力

Prompt	SYSTEM

ユーザーからの質問に対して、{{コンテキスト}} を参照して回答してください。記載していない・正確な回答ができない内容があった場合は必ず「担当者へ直接ご確認ください」と返信してください。

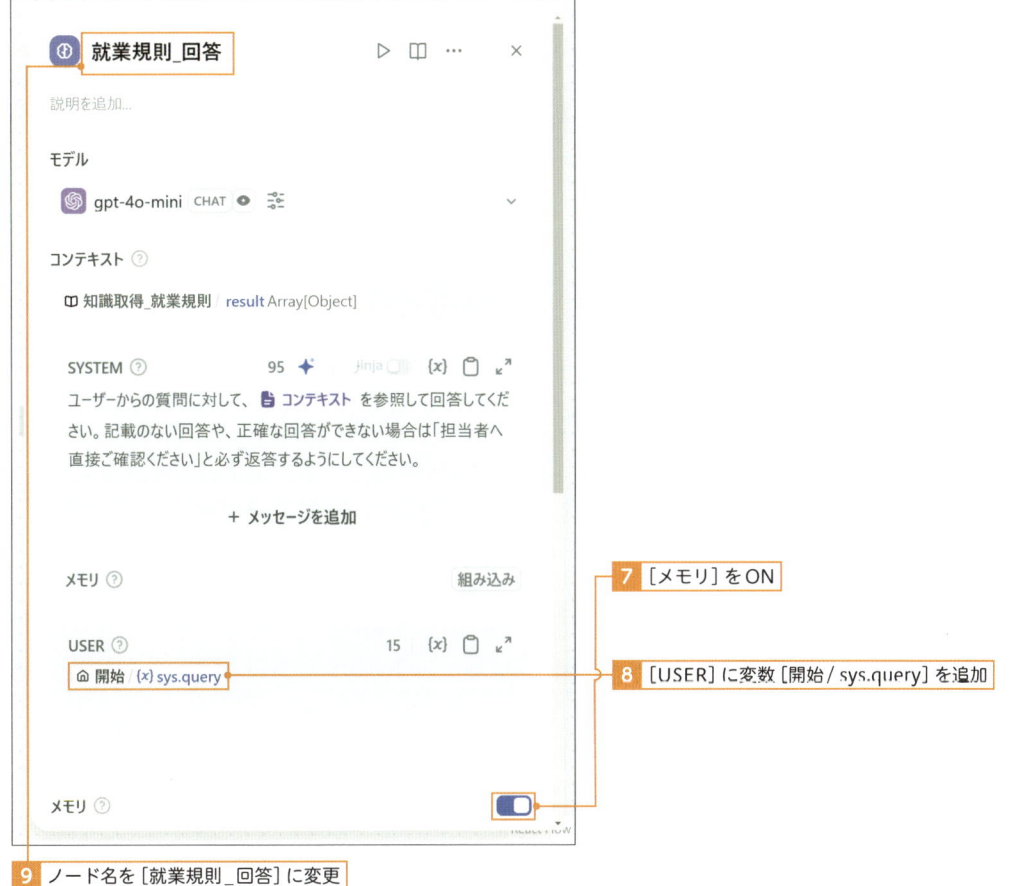

7 [メモリ] をON

8 [USER] に変数 [開始 / sys.query] を追加

9 ノード名を [就業規則_回答] に変更

メモリ機能

　メモリ機能は、チャットボットが過去の対話内容を記憶し、後のやり取りで活用できる仕組みです。たとえば、ユーザーが「私の名前は太郎です」と伝えると、ボットはその情報を覚えておき、次回「私の名前を覚えていますか？」と聞かれた際に「はい、太郎さんですね」と返答できるようになります。

　注意点としては記憶できる情報の上限が存在するため、非常に長い対話の場合、古い情報は上書きされる可能性があります。この上限は、[ウィンドウサイズ] の調整によって変更できます。たとえば、ウィンドウサイズが [50] に設定されていれば、直近50件分のやり取りが記憶され、その文脈をもとに応答が生成されます。

▶ ノードを複製する

　今回の [IF] と [ELIF] は、参照するナレッジが異なるものの基本的な働きは一緒です。そのため [LLM] ブロックは複製して利用しましょう。複製はノード右上の [⋯]（メニュー）から選択できます。

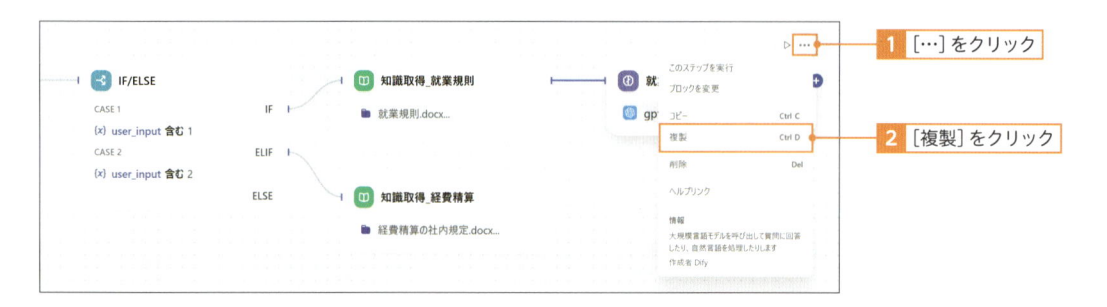

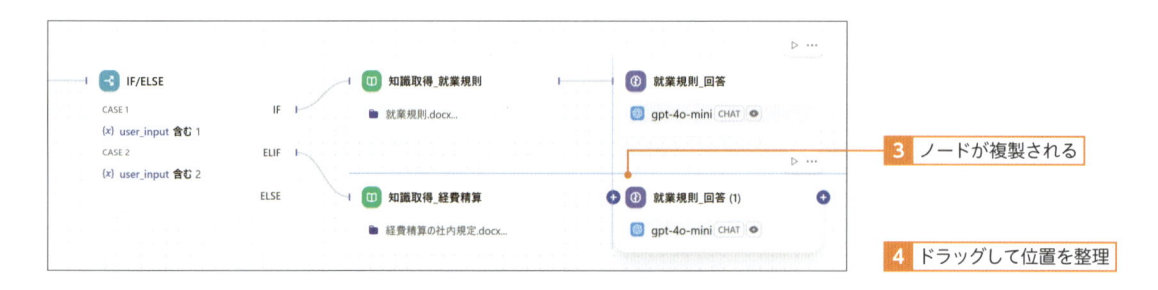

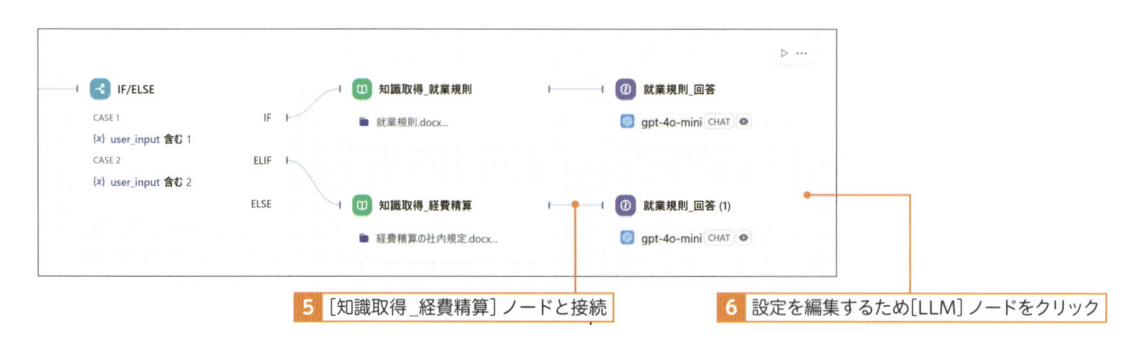

7 [コンテキスト] を [知識取得_経費精算] に変更

8 ノード名を [経費精算_回答] に変更

回答ノードを追加・設定する

最後に[LLM]ノードの後ろに[回答]ノードを追加して完成となります。今回は2つのフローそれぞれに [回答] ノードを追加しましょう。

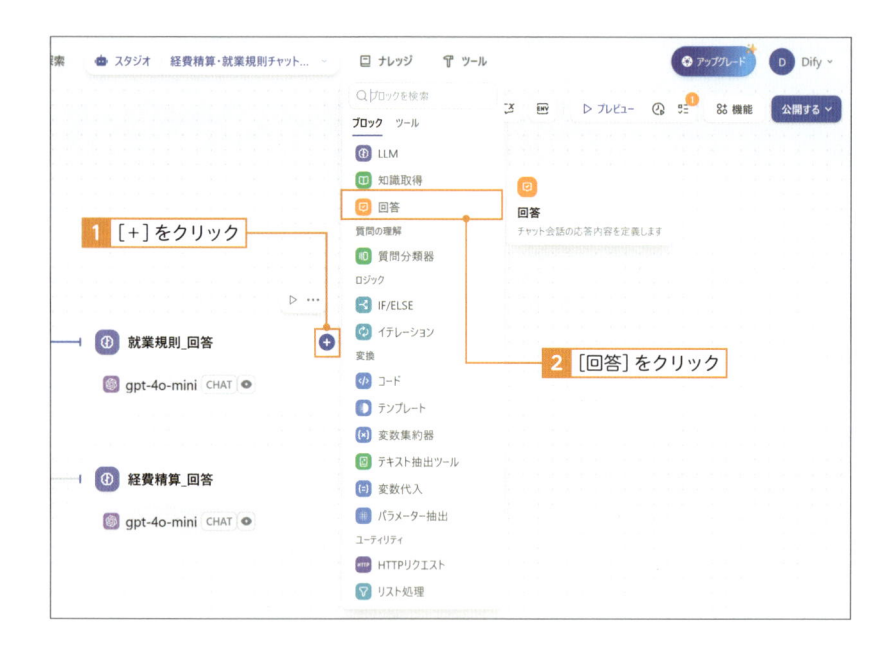

1 [+]をクリック

2 [回答]をクリック

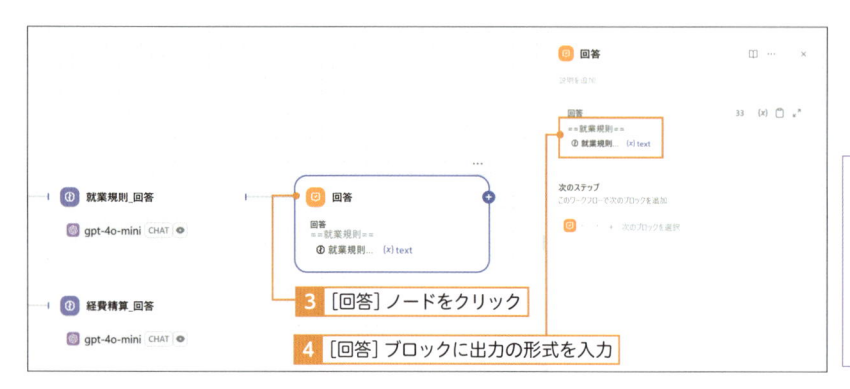

3 [回答]ノードをクリック

4 [回答]ブロックに出力の形式を入力

[回答]ブロックに入力したテキストはそのままユーザーへ出力されます。例えば今回の場合は[==就業規則==](改行)[[LLMノードの出力]という形になります。

もう片方の[LLM]ノードにも同様に[回答]ノードを追加して設定を編集しましょう。

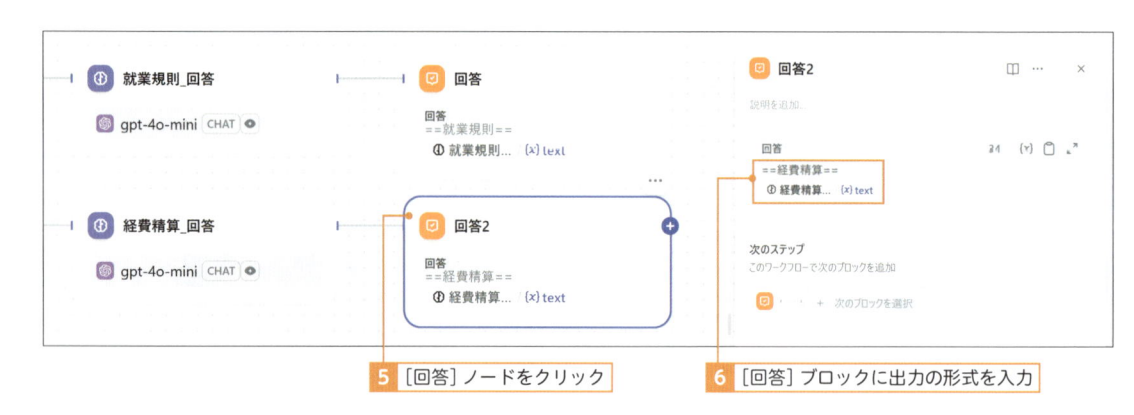

5 [回答]ノードをクリック

6 [回答]ブロックに出力の形式を入力

▶ アプリをプレビュー・公開する

　チャットフローが最後までできたら［プレビュー］画面で動作確認をしましょう。動作に問題がなければ、これまで同様に画面右上の［公開する］をクリックし、その後［アプリを実行］をクリックしましょう。これで条件分岐を組み込んだチャットボットの完成です。

1 ［プレビュー］をクリック

2 ［入力フィールド］の選択肢をクリック

3 テキストを入力

4 ［送信］をクリック

プレビュー

退職する際はどうすればよいの？

✅ ワークフロー処理 >

＝＝就業規則＝＝
退職を希望する場合は、退職予定日の1ヶ月前までに
直属の上司へ申し出る必要があります。また、退職日
までに業務の引き継ぎと会社から貸与された物品の返
却を完了しなければなりません。詳細については担当者
へ直接ご確認ください。

引用

📄 就業規則.docx

5 ［1. 就業規則］の回答を確認

6 ［リフレッシュ］をクリック

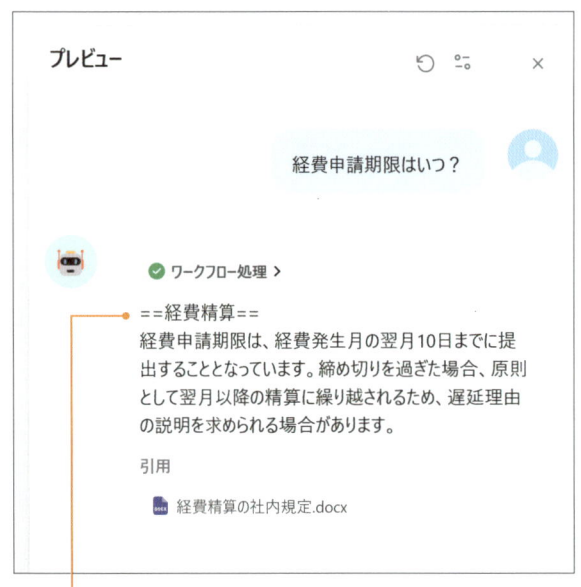

プレビュー

経費申請期限はいつ？

✅ ワークフロー処理 >

＝＝経費精算＝＝
経費申請期限は、経費発生月の翌月10日までに提
出することとなっています。締め切りを過ぎた場合、原則
として翌月以降の精算に繰り越されるため、遅延理由
の説明を求められる場合があります。

引用

📄 経費精算の社内規定.docx

7 同様の手順で［2. 経費精算］の回答を確認

6-5 複数のLLMを活用したチャットフロー

▶ タスクごとに［LLM］ノードを分けて安定させる

　今回は先程作成した［就業規則・経費精算チャットフロー］に、日本語だけでなく英語翻訳された文章もアプトプットとして提供するチャットフローを作成してみましょう。チャットフローに翻訳の役割を追加するだけで、一気に対象ユーザーを広げることができます。

　これまでのアプリケーションでは多言語に翻訳するタスクも1つの［LLM］ノードにまとめていましたが、今回はナレッジを利用する［LLM］ノードと、それを英訳する［LLM］ノードに仕事を分担することで出力のミスを減らし、安定して稼働させる仕組みを作ります。チャットフローの全体像は下記の通りです。

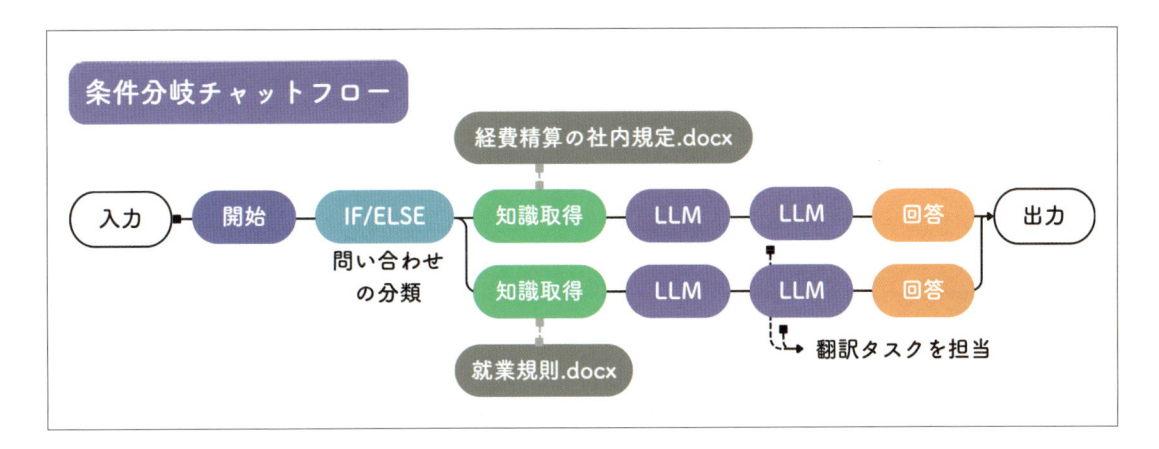

▶ アプリを複製して作成する

　今回は先程作成した［経費精算・就業規則チャットフロー］をベースに作成していきます。そのためまずは、アプリを複製して別の名前を付けて保存します。

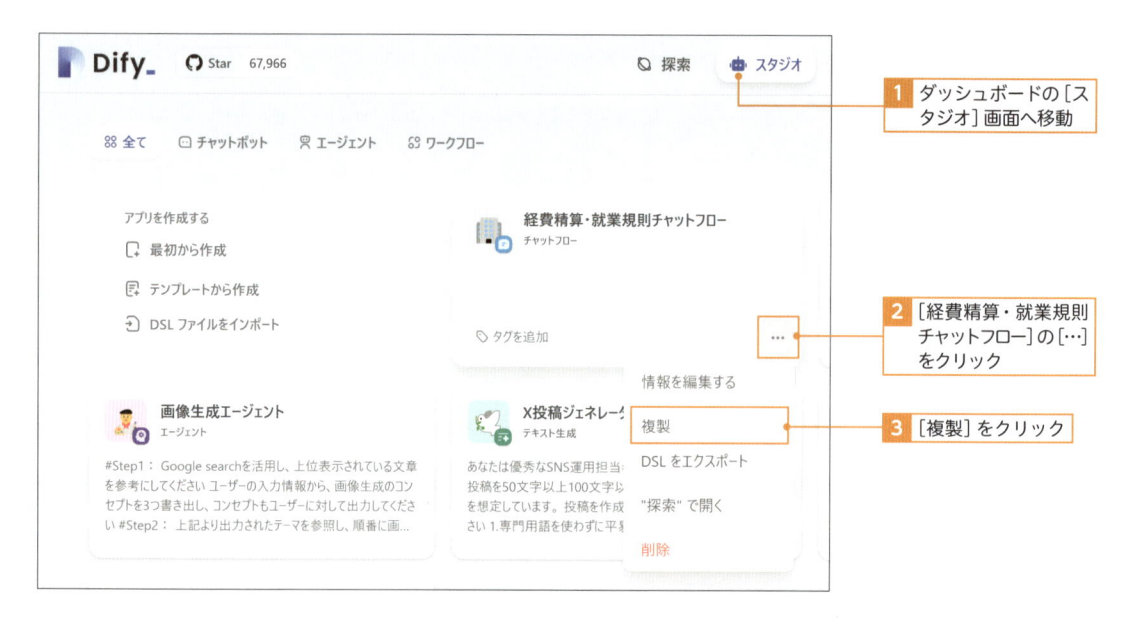

1 ダッシュボードの［スタジオ］画面へ移動

2 ［経費精算・就業規則チャットフロー］の［…］をクリック

3 ［複製］をクリック

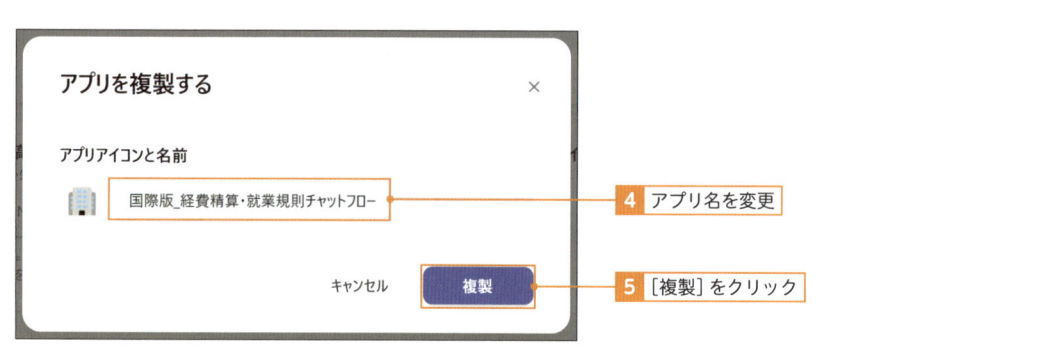

4 アプリ名を変更

5 ［複製］をクリック

6 複製したアプリの［オーケストレート］画面が開く

[LLM] ノードを追加・設定する

ナレッジを利用した回答を行う[LLM]ノードに、翻訳のタスクを担当する新しい[LLM]ノードを追加していきます。まずは[就業規則_回答]ノードと[回答]ノード間に[LLM]ノードを追加します。

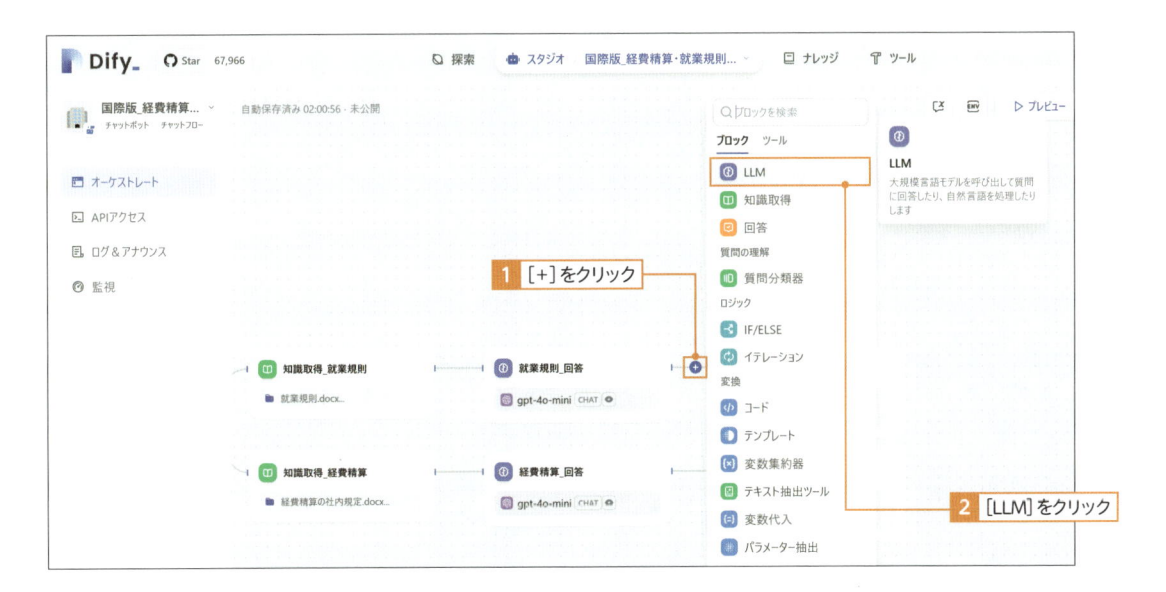

新たに追加した［LLM］ノードの設定パネルを編集しましょう。［SYSTEM］ブロックへ翻訳のプロンプトを入力し、わかりやすいようにノード名も変更しておきます。

3 ［SYSTEM］へプロンプトを入力

4 ノード名を［英語_就業規則］に変更

続いて［ELIF］側のフローの［経費精算_回答］ノードと［回答2］ノード間でも同じように新しい［LLM］ノードを追加して、翻訳のタスクを設定します。

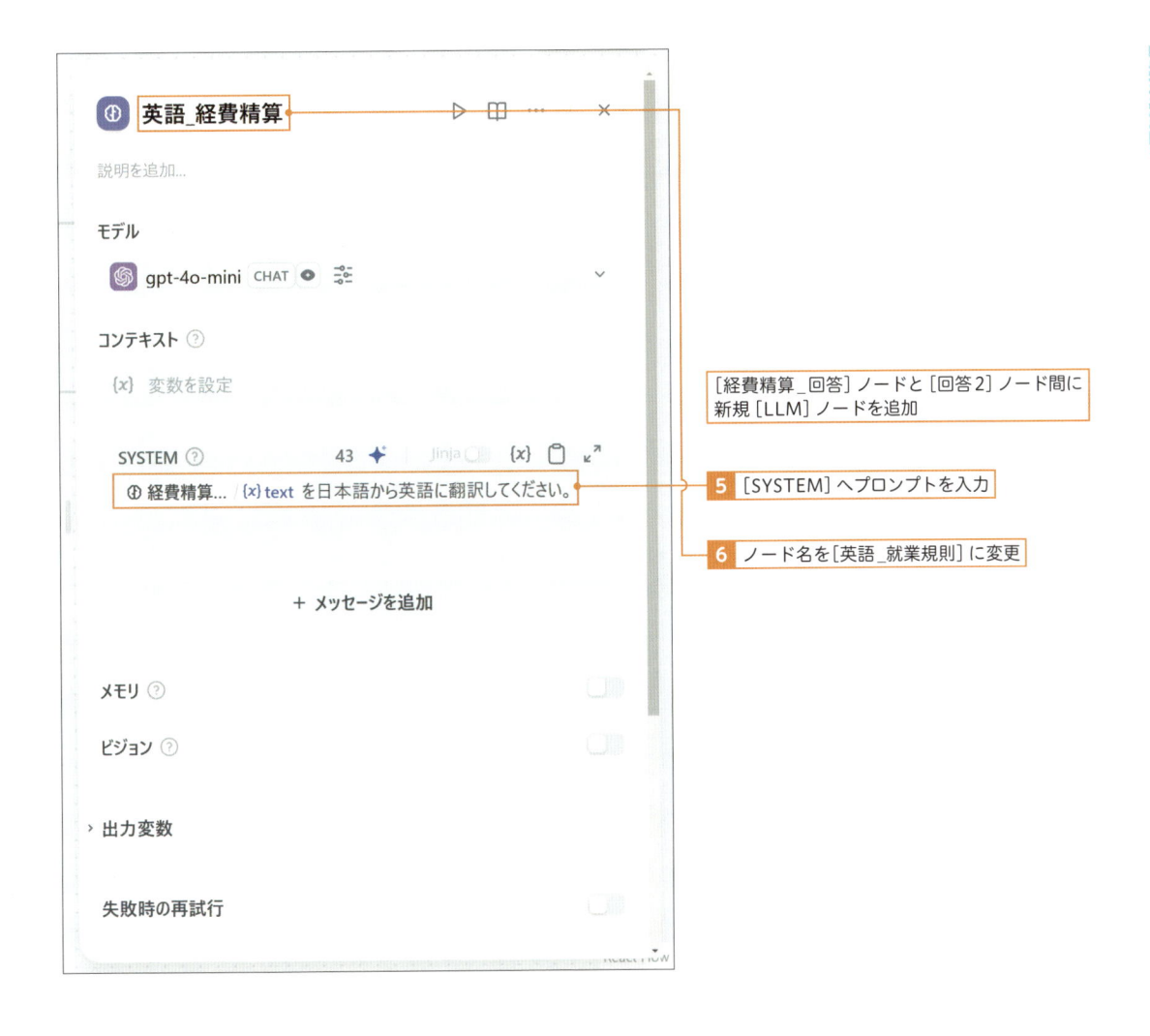

[経費精算_回答] ノードと [回答2] ノード間に
新規 [LLM] ノードを追加

5 [SYSTEM] ヘプロンプトを入力

6 ノード名を [英語_就業規則] に変更

> ノードやプロンプトをコピーして利用する場合は、変数が
> 正しいものであるか必ずチェックするようにしましょう。

▶ [回答] ノードを編集する

　最後に [回答] ノードで出力の形式を指定します。今回は日本語部分と英語部分が分かれて
見えるように改行を入れて形式を整えてみます。

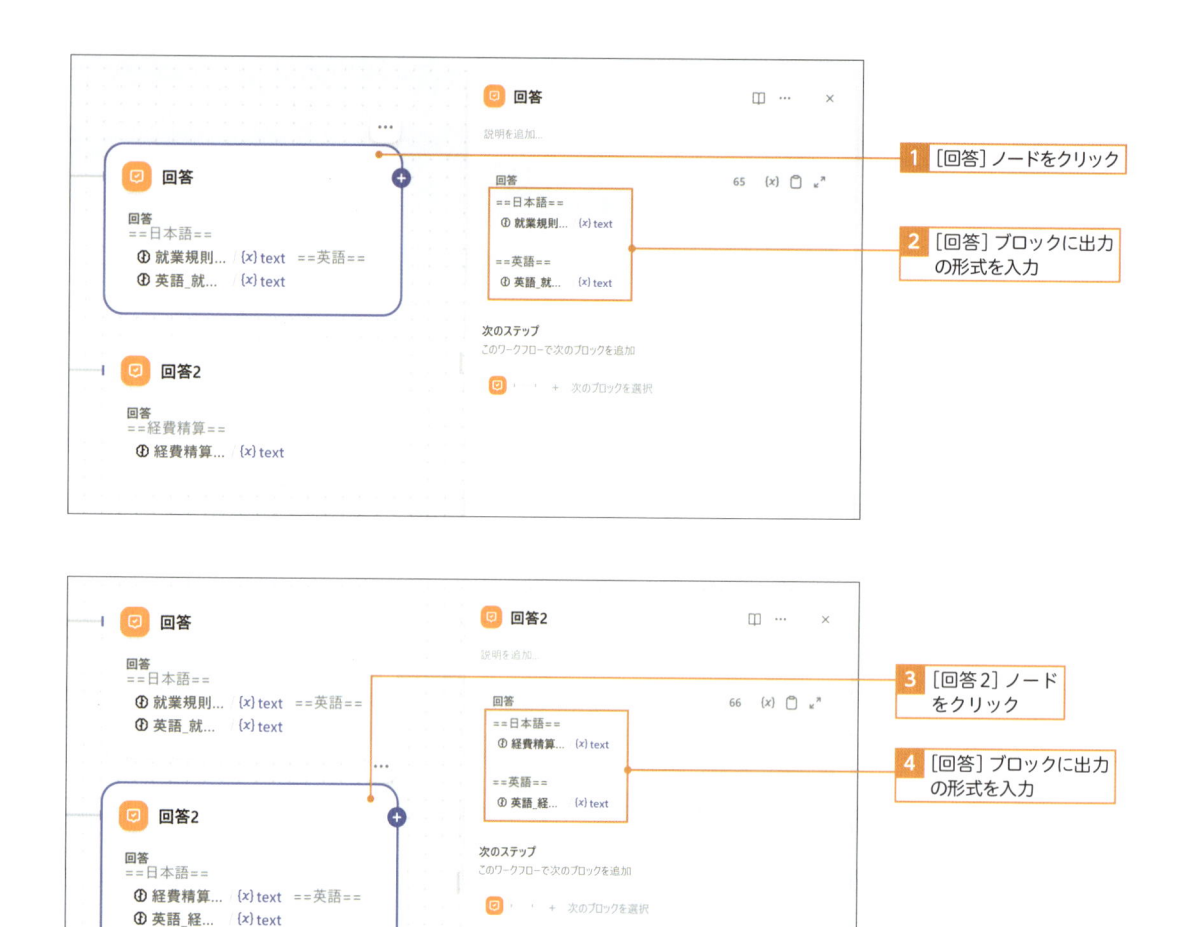

全体像は次のようなフローとなります。

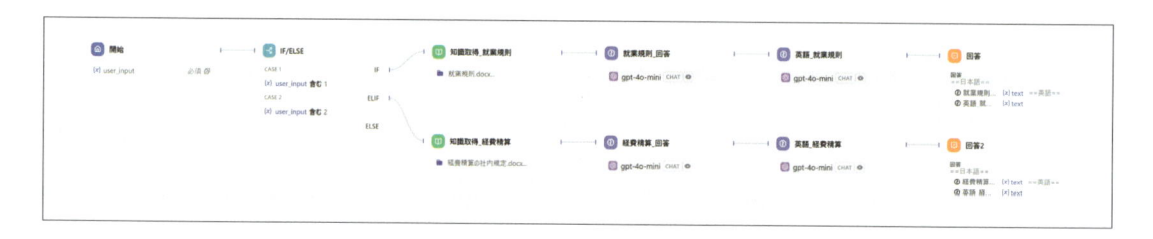

アプリをプレビュー・公開する

チャットフローが最後までできたら［プレビュー］画面で動作確認をしましょう。動作に問題がなければ、これまで同様に画面右上の［公開する］をクリックし、その後［アプリを実行］をクリックしましょう。このように翻訳のタスクを持たせた［LLM］ノードを追加し、［回答］

ノードで変数を指定して一定の形式で出力させるようにすることで、アプリケーションの出力の安定性を高めることができます。

1 ［プレビュー］で回答を確認

Column　**複数の LLM にタスクを分割するメリット**

　人間が同時に複数のことを考えると思考がパンクしてしまうように、LLM にも同時に複数の指示を与えると精度が落ちることがあります。[LLM] ノード1つに複雑なプロンプトを詰め込みすぎないようにしましょう。

　また自分で作成する際、どこでエラーが出ているのかトレースしてわかりやすくなるため、[LLM]ノード1つにつき、1役割とした方が運用上のミスが起きにくくなります。また [LLM] ノード1つにつき、1つのモデルしか設定できないため、一度に出力できるトークン数にも限りがあります。今回の翻訳の例のように、[回答] ノードでそれぞれの [LLM] ノードの出力内容を合わせて表示させるように工夫すれば、長文をアウトプットとして出力することが可能になります。

LLM の並列処理を利用しよう

　続いては並列処理をするチャットフローを作っていきます。並列処理とは、複数の LLM で処理を同時に実行することです。

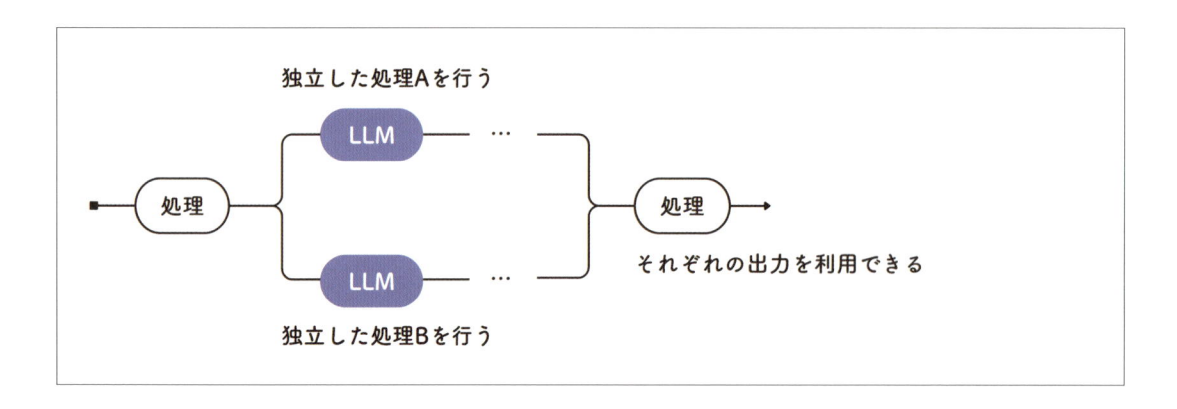

　このように、フローを分岐させて複数の LLM へ渡すことで、一つの入力に対して複数の処理を同時に行うことができます。先程の翻訳タスクでは縦に繋がったため前の処理が終わるまで次のステップの処理が始まらず時間がかかりました。今回は並列処理にすることで、効率的に処理することが可能になり、安定性だけでなく時間短縮も実現できます。今回作成するチャットフローの構造は次の通りです。

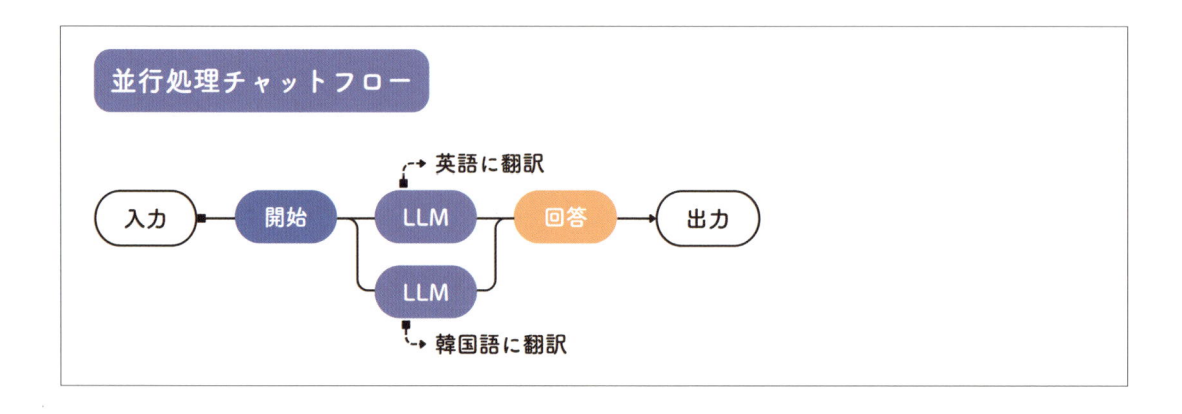

▶ アプリケーションの作成

新しくアプリを作成していきます。今回は英語と韓国語への翻訳を同時に行うアプリケーションを作ります。全体像を見てわかる通り非常に簡単な構造です。

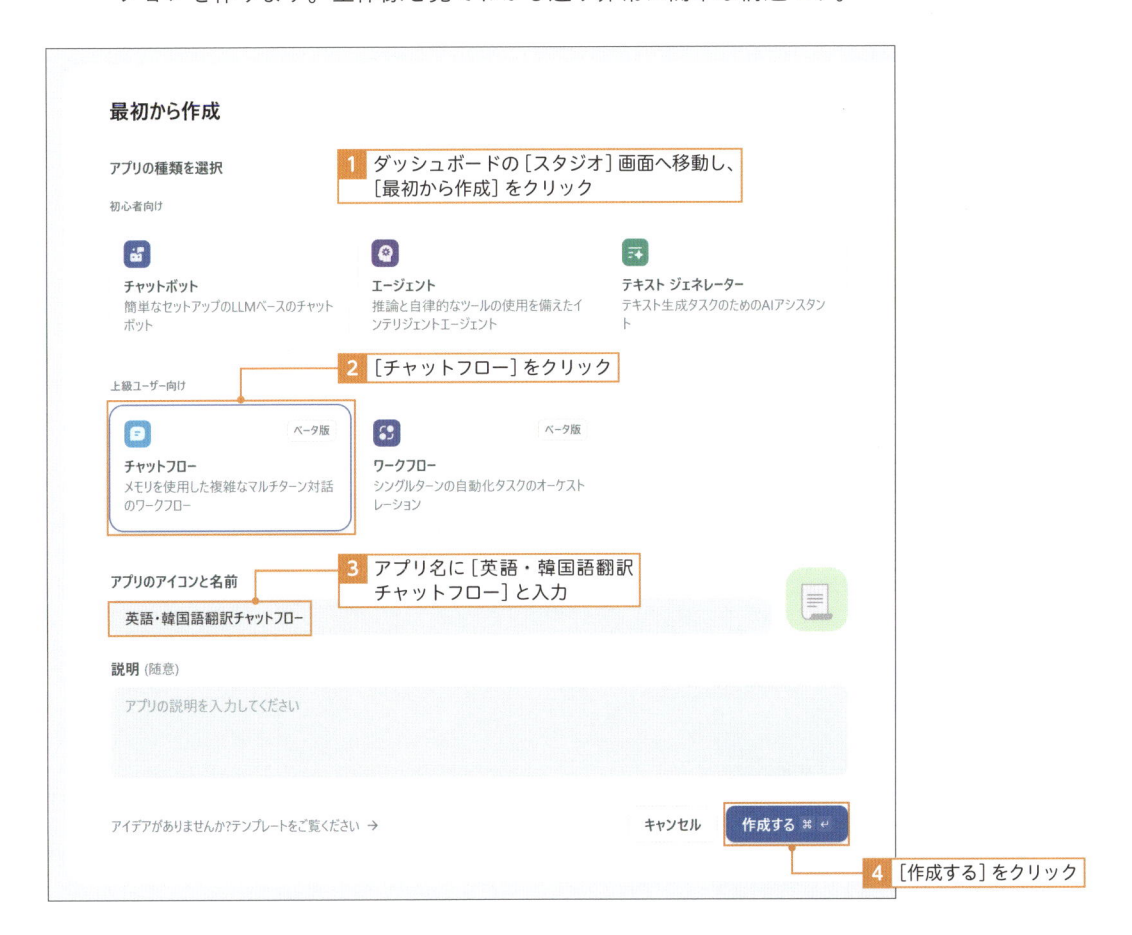

▶ ［LLM］ノードを設定する

まずはもともとある［LLM］ノードに英語への翻訳の役割を設定します。

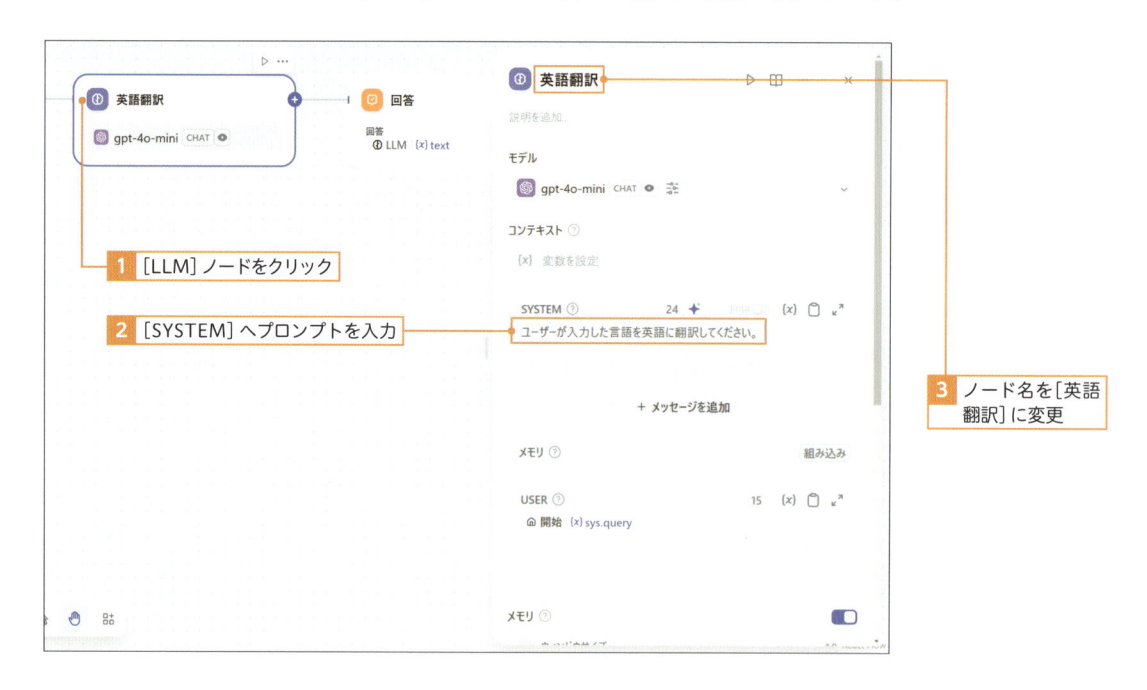

▶ 独立したノードを追加する

　新たに並列で処理するための［LLM］ノードを追加しましょう。画面左下にある［＋］をクリック、もしくは何もないところで右クリックして表示したメニューの［ブロックを追加］をクリックして、［LLM］ノードを選択しましょう。

2 もしくは何もないところで右クリック
し、[ブロックを追加] をクリック

> もちろん既存の [LLM] ブロックを複製して利用しても問題ありません。

　追加した2つ目の [LLM] ノードを [開始] ノードと [回答] ノードに連結させます。その後、
2つ目の [LLM] ノードの設定を行いましょう。

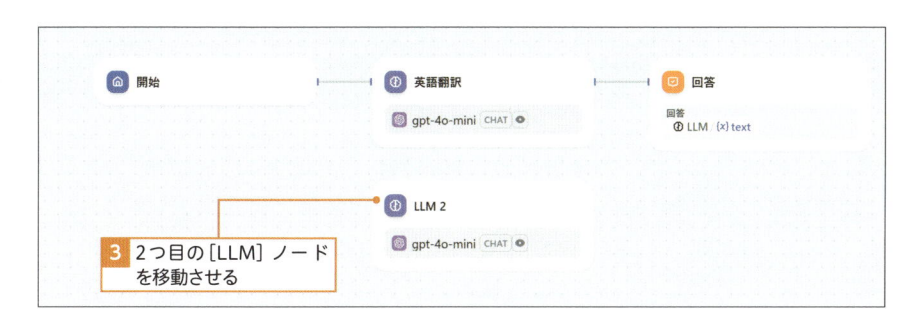

3 2つ目の [LLM] ノード
を移動させる

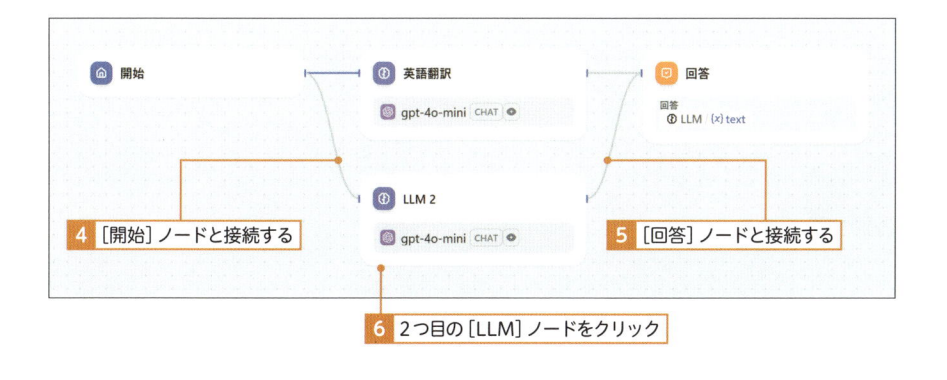

4 [開始] ノードと接続する

5 [回答] ノードと接続する

6 2つ目の [LLM] ノードをクリック

4 [SYSTEM] へプロンプトを入力

5 [メモリ] を有効化

6 [USER] に変数 [開始 / sys.query] を設定

7 ノード名を [韓国語翻訳] に変更

[USER] プロンプトを設定しないと、LLM に対するユーザー入力がないため [SYSTEM] プロンプトが上手く働きません。[LLM] ノードの各ブロックの役割については P.262 で解説しています。

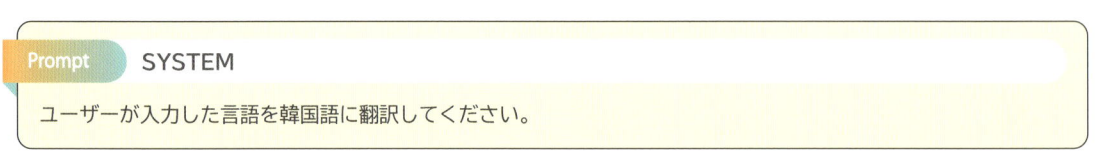

Prompt **SYSTEM**

ユーザーが入力した言語を韓国語に翻訳してください。

▶ [回答] ノードを設定する

最後に [回答] ノードを設定します。2つの [LLM] ノードから出力を受けとるので、それらを [回答] ブロックへうまく埋め込みましょう。今回は英語翻訳と韓国語翻訳が分かれて出力されるように改行と見出しを入力します。

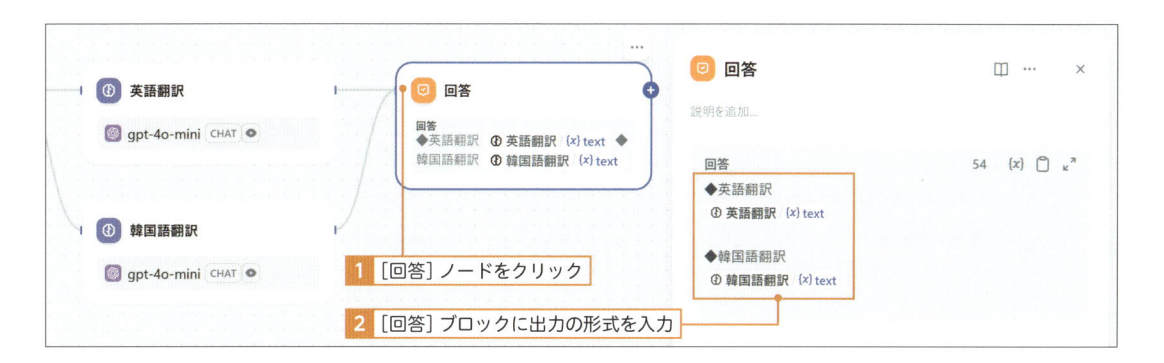

これで並列処理を活用したチャットフローの出来上がりです。全体像は以下のように非常にシンプルです。

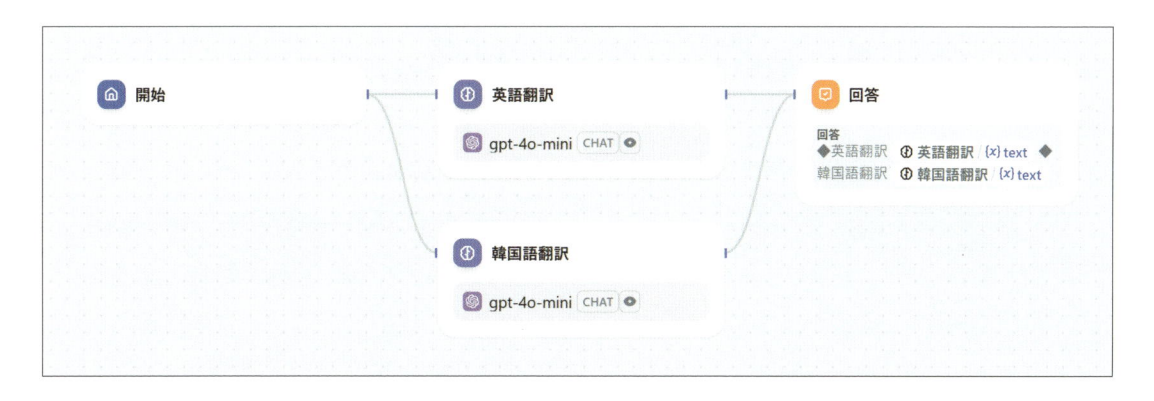

▶ アプリをプレビュー・公開する

チャットフローが最後までできたら [プレビュー] 画面で動作確認をしましょう。動作に問題がなければ、これまで同様に画面右上の [公開する] をクリックし、その後 [アプリを実行] をクリックしましょう。画像のように、入力した言葉が翻訳され、英語パートと韓国語パートに分かれて出力されれば成功です。

1 [プレビュー] で回答を確認

6-7 検索APIを活用したチャットフロー

ツールノードを利用したチャットフローを作ってみよう

　Chapter5で実践したように、Dify では様々な API をツールとして登録して活用することができます。チャットフローでも同様にツールノードを利用することで様々な機能を追加することができます。ここからはツールノードを組み込んで高度なチャットボットを作成してみましょう。今回は検索 API を利用してインターネット上から企業情報を検索するチャットフローを作成していきます。

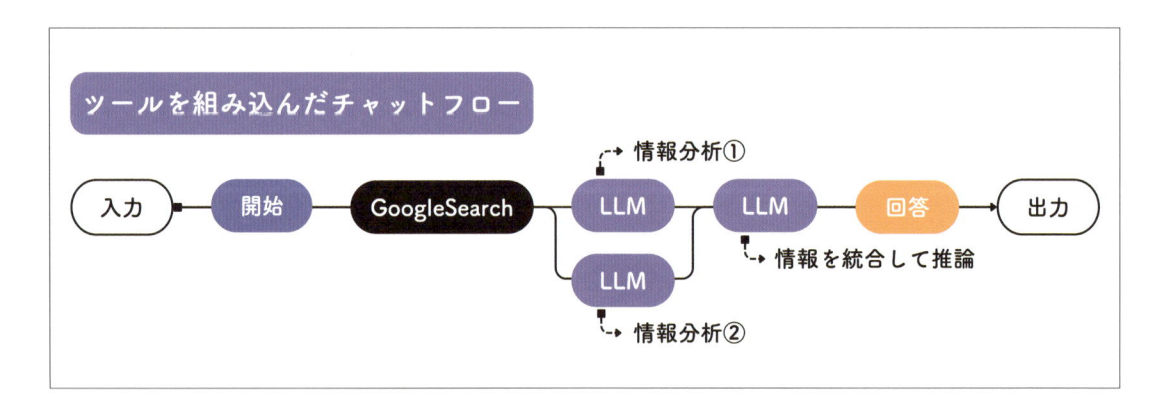

▶ アプリケーションの作成

新しくアプリを作成していきます。今回はユーザーの入力した単語を検索クエリとして検索し、検索結果を複数の[LLM]で処理する少し複雑なフローとなっています。

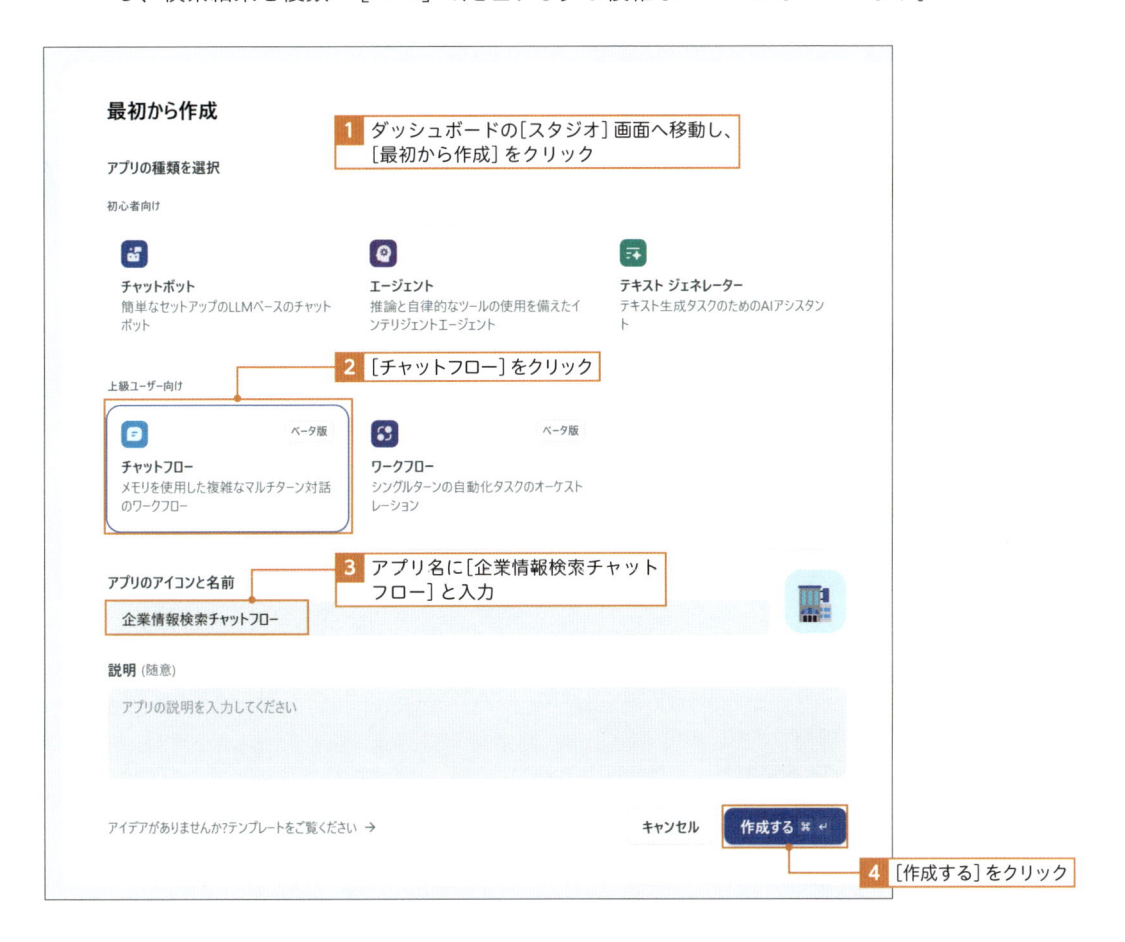

▶ 検索APIノード（GoogleSearch）を追加する

チャットフローに検索機能を追加するために、検索APIツールである[GoogleSearch]ノードを組み込みます。[開始]ノードと[LLM]ノード間に追加してみましょう。

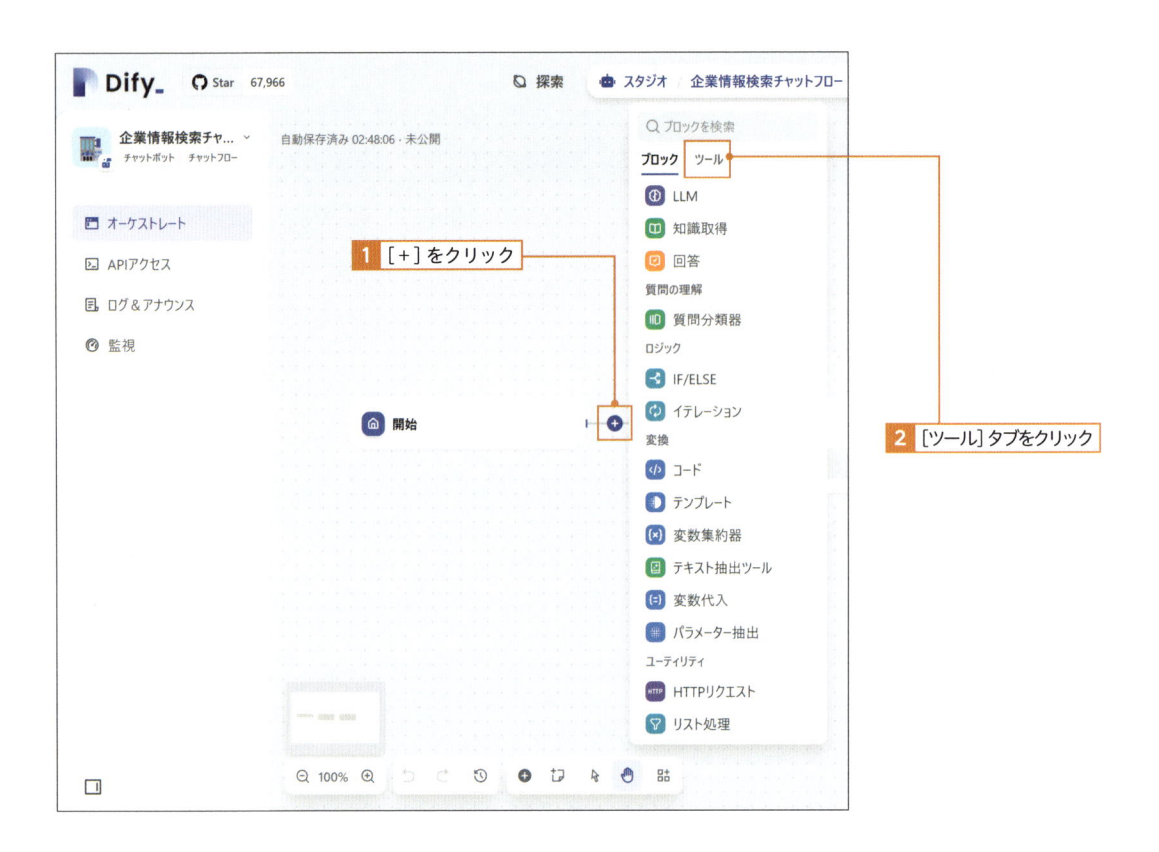

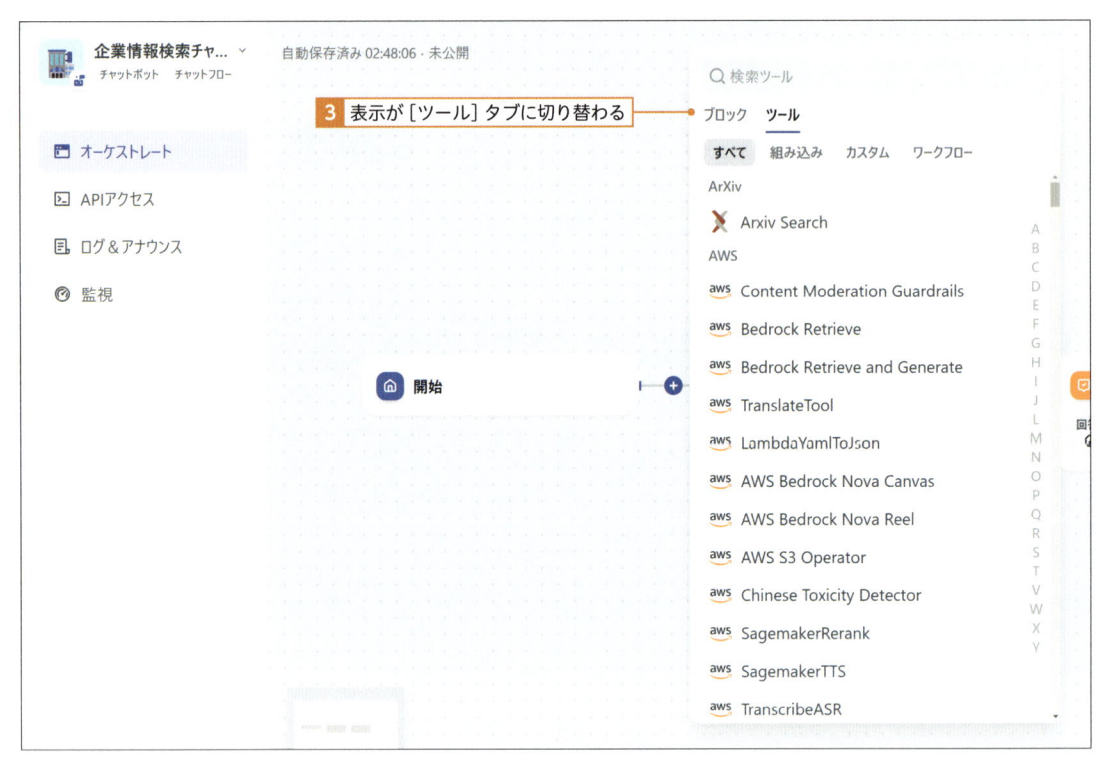

検索APIノード（GoogleSearch）を設定する

　追加した［GoogleSearch］ノードの設定パネルを編集していきます。［入力変数］ブロックにはユーザーが入力した値が格納されている変数［sys.query］を選択しましょう。この変数を元に［GoogleSearch］が機能します。

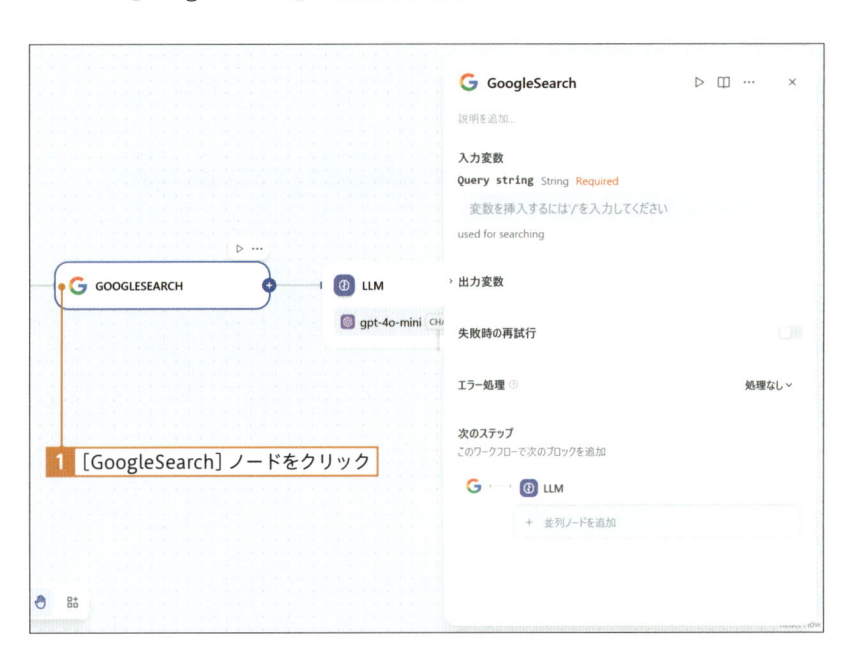

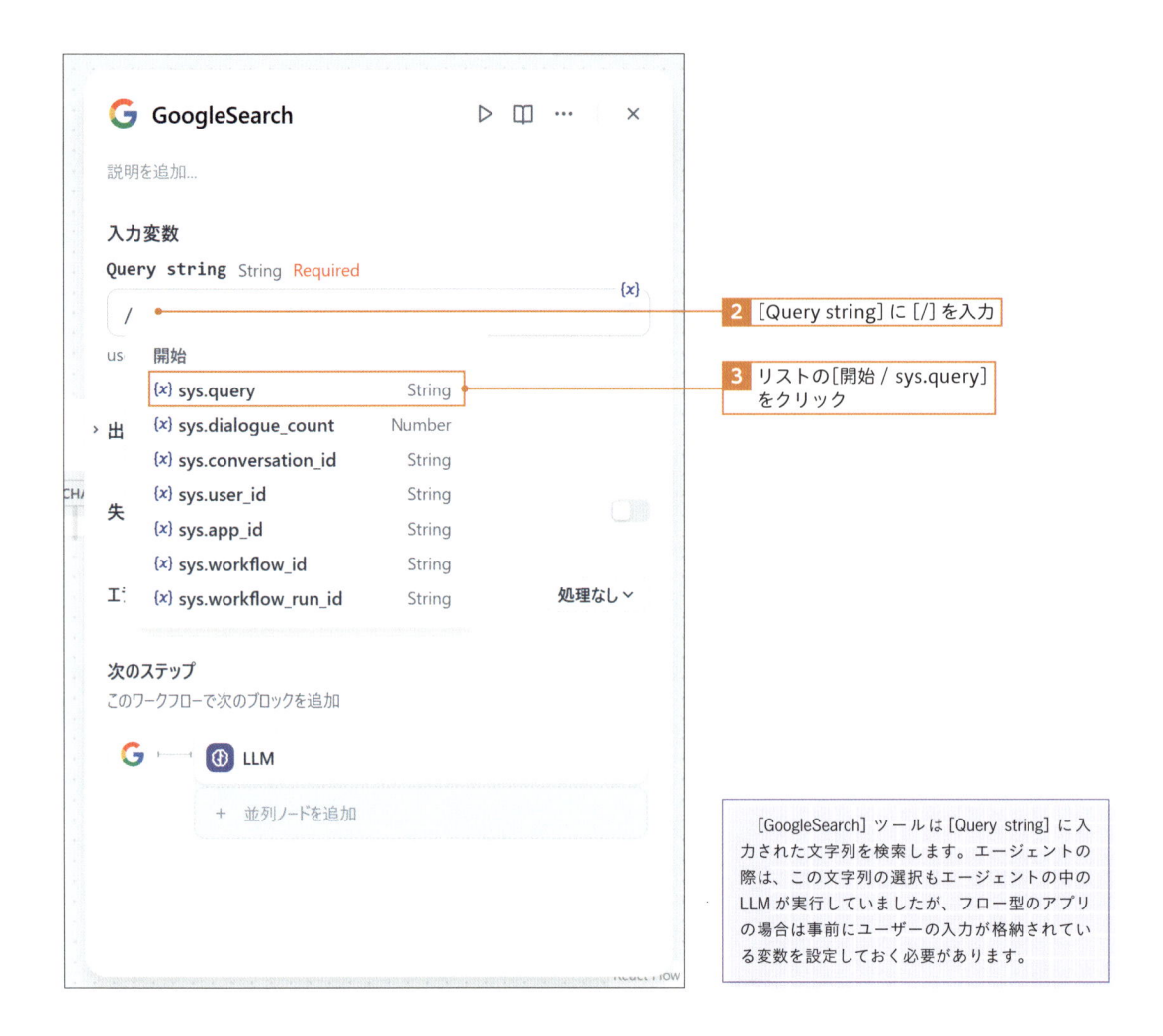

2 [Query string] に [/] を入力

3 リストの[開始 / sys.query]
をクリック

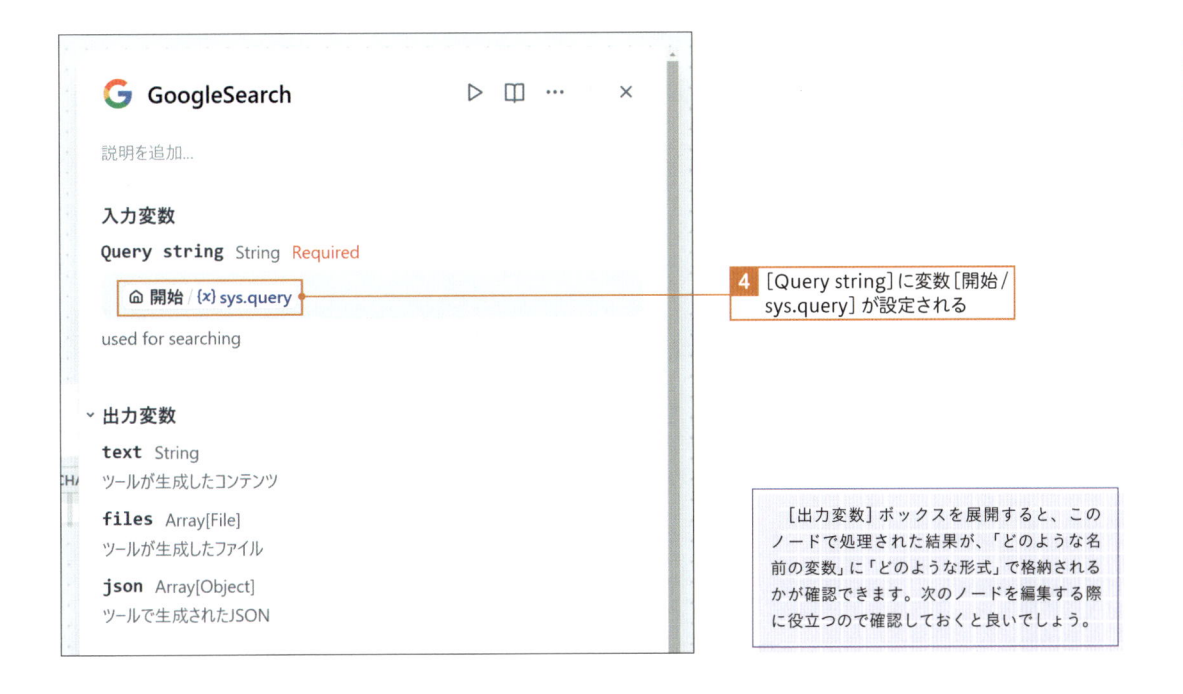

4 [Query string]に変数[開始/sys.query]が設定される

[出力変数]ボックスを展開すると、このノードで処理された結果が、「どのような名前の変数」に「どのような形式」で格納されるかが確認できます。次のノードを編集する際に役立つので確認しておくと良いでしょう。

▶ [LLM]ノードを設定する

　続いて[GoogleSearch]ノードからの出力を受け取る[LLM]ノードの設定をしていきます。[SYSTEM]ブロックのプロンプトには、検索結果の出力をLLMへ読み込ませるため変数[GoogleSearch/ text]を組み込ませる必要があります。また、今回は検索結果から企業の基本情報をまとめるプロンプトを入力しましょう。

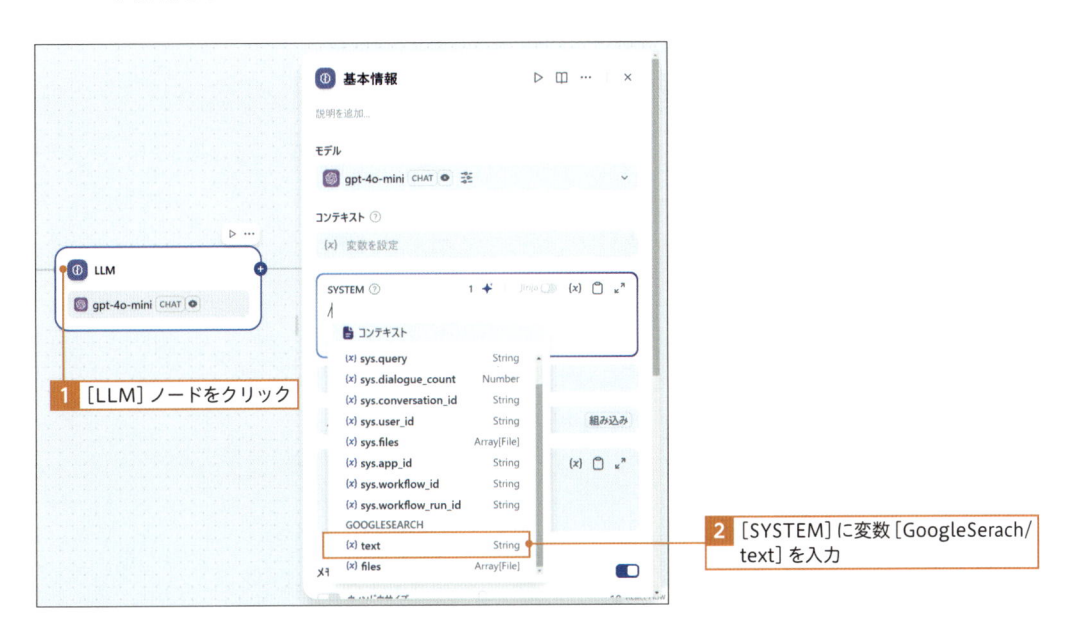

1 [LLM]ノードをクリック

2 [SYSTEM]に変数[GoogleSerach/ text]を入力

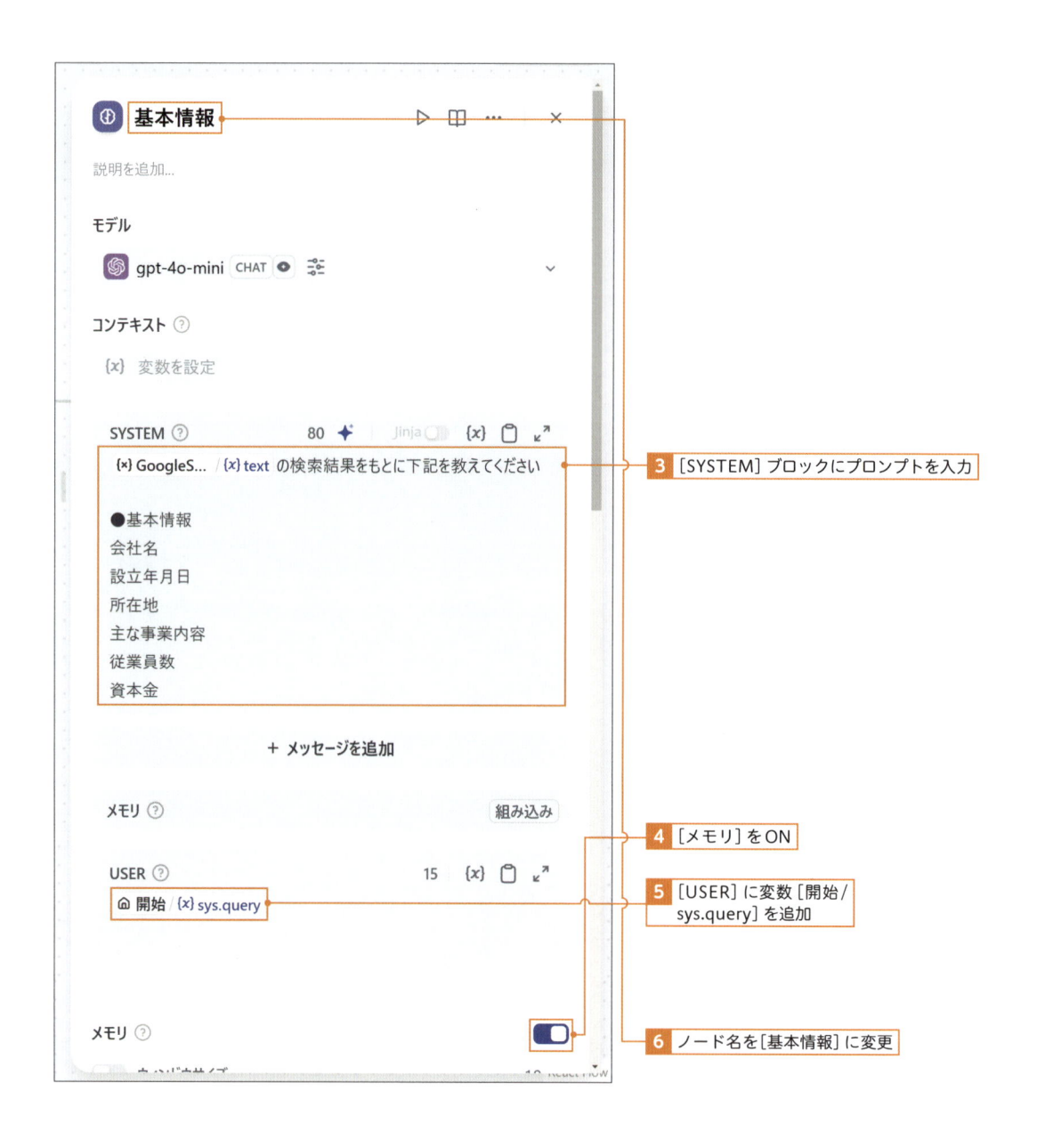

[基本情報]

説明を追加...

モデル

gpt-4o-mini CHAT

コンテキスト ⑦

{x} 変数を設定

SYSTEM ⑦   80

{x} GoogleS... / {x} text の検索結果をもとに下記を教えてください　　●── **3** [SYSTEM] ブロックにプロンプトを入力

●基本情報
会社名
設立年月日
所在地
主な事業内容
従業員数
資本金

＋ メッセージを追加

メモリ ⑦   組み込み

　　　　　　　　　　　　　　　　　　　　　── **4** [メモリ] をON

USER ⑦   15

⌂ 開始 / {x} sys.query　●── **5** [USER] に変数 [開始 / sys.query] を追加

メモリ ⑦

　　　　　　　　　　　　　　　　　　　　　── **6** ノード名を [基本情報] に変更

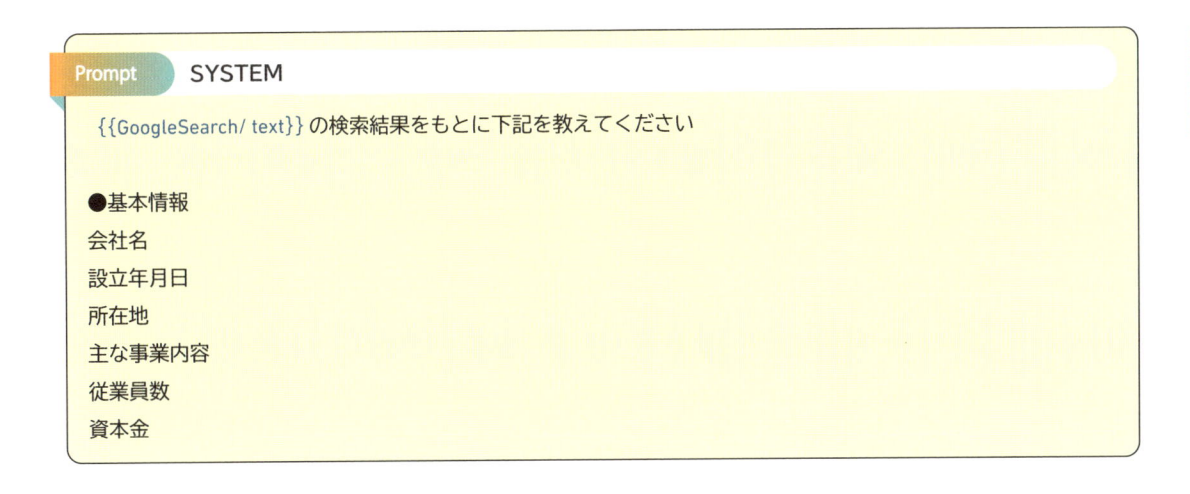

| Prompt | SYSTEM |

{{GoogleSearch/ text}} の検索結果をもとに下記を教えてください

●基本情報
会社名
設立年月日
所在地
主な事業内容
従業員数
資本金

複数の［LLM］ノードを追加・設定する

続いて［LLM］の並列処理を検索結果の整理でも活用していきます。［LLM］ノードを新たに追加し、その［SYSTEM］ブロックへ先ほど同様にプロンプトを入力していきます。この［LLM］ノードでは、サービス概要（主力製品やサービスの説明）の情報を取得する内容にします。

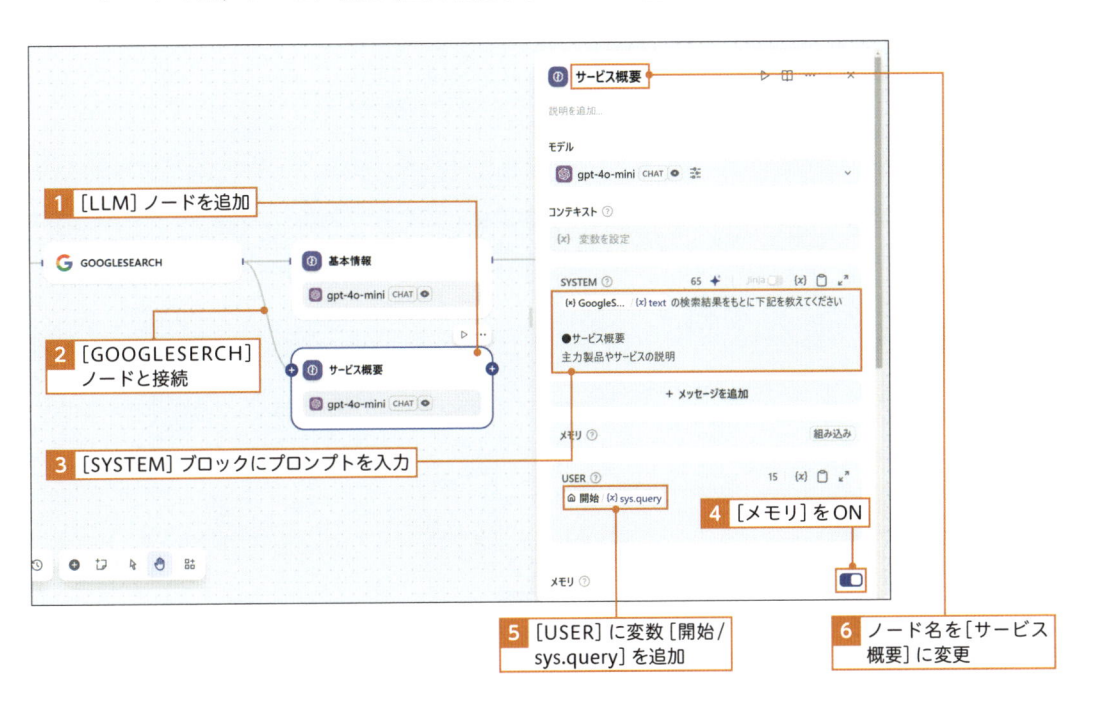

1 ［LLM］ノードを追加

2 ［GOOGLESERCH］ノードと接続

3 ［SYSTEM］ブロックにプロンプトを入力

4 ［メモリ］をON

5 ［USER］に変数［開始/sys.query］を追加

6 ノード名を［サービス概要］に変更

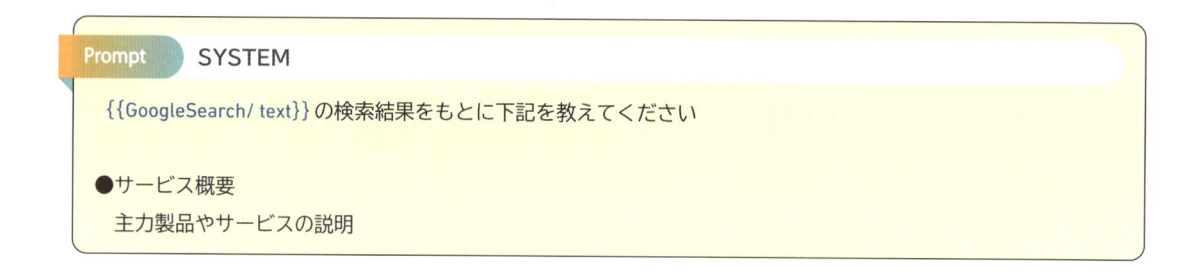

{{GoogleSearch/ text}} の検索結果をもとに下記を教えてください

●サービス概要
　主力製品やサービスの説明

　　さらに新しい LLM ノードを追加しましょう。今度は並列処理をさせている 2 つの［LLM］ノードから生成される出力を元に、その企業の将来戦略について推測させるプロンプトを入力します。

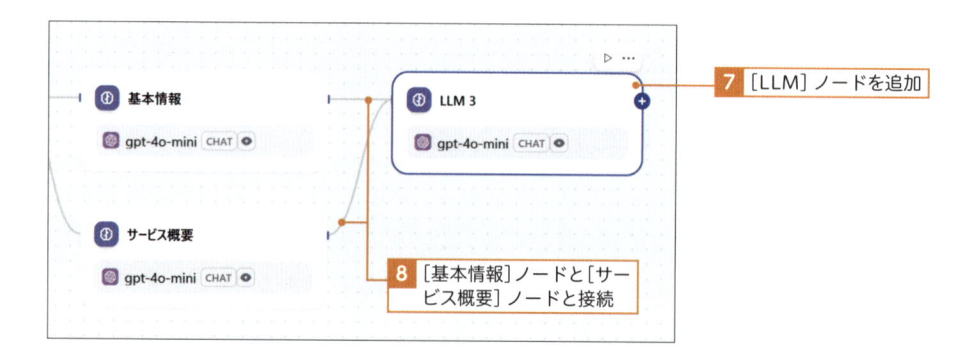

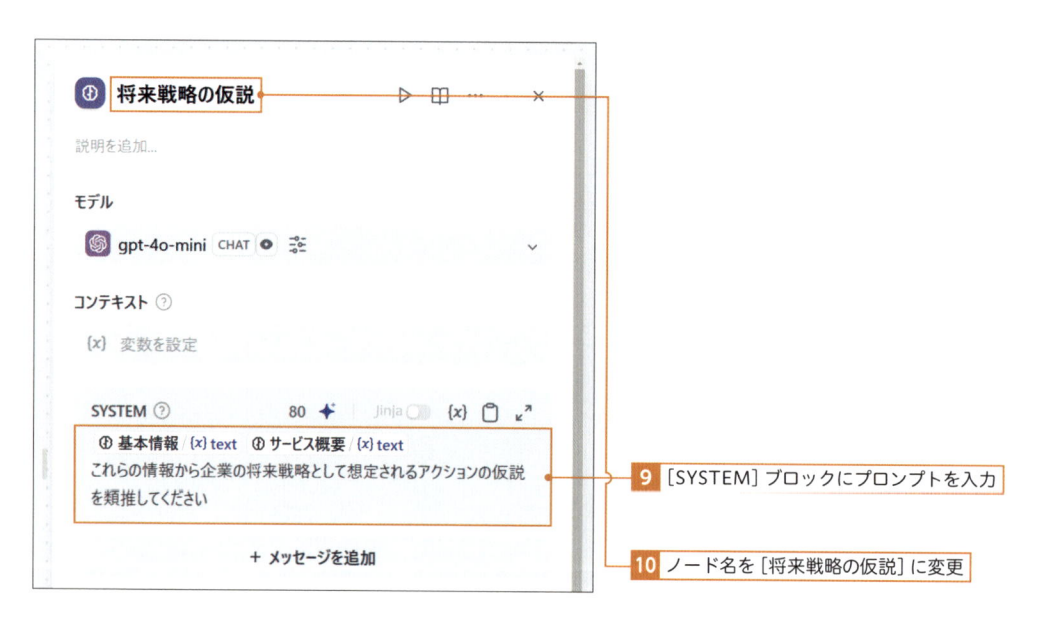

{{基本情報 / text}} {{サービス概要 / text}}
　これらの情報から企業の将来戦略として想定されるアクションの仮説を類推してください

回答ノードの追加・設定

今回の［回答］ノードには各［LLM］ノードそれぞれの出力結果を組み込みます。構造化することでアウトプットがより分かりやすいものになります。

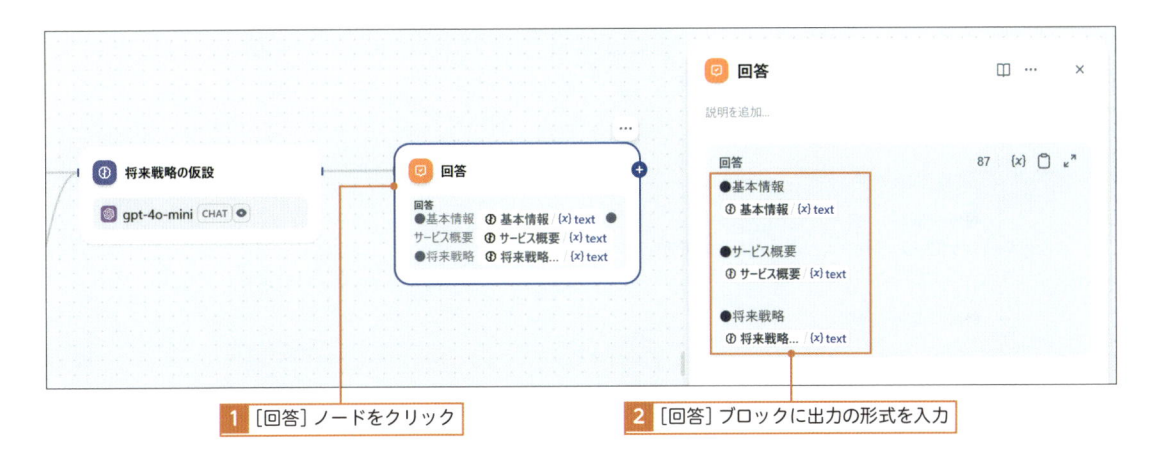

1 ［回答］ノードをクリック

2 ［回答］ブロックに出力の形式を入力

全体像は次のようなフローとなります。

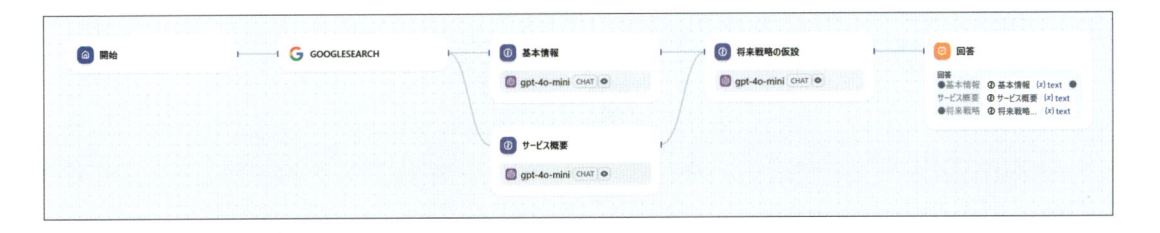

アプリをプレビュー・公開する

チャットフローが最後までできたら［プレビュー］画面で動作確認をしましょう。動作に問題がなければ、これまで同様に画面右上の［公開する］をクリックし、その後［アプリを実行］をクリックしましょう。これで検索 API を活用したチャットフローの作成は完了です。検索 API 以外のツールもチャットフローに組み込むことができるので、これを応用して様々なアプリを作成してみましょう。

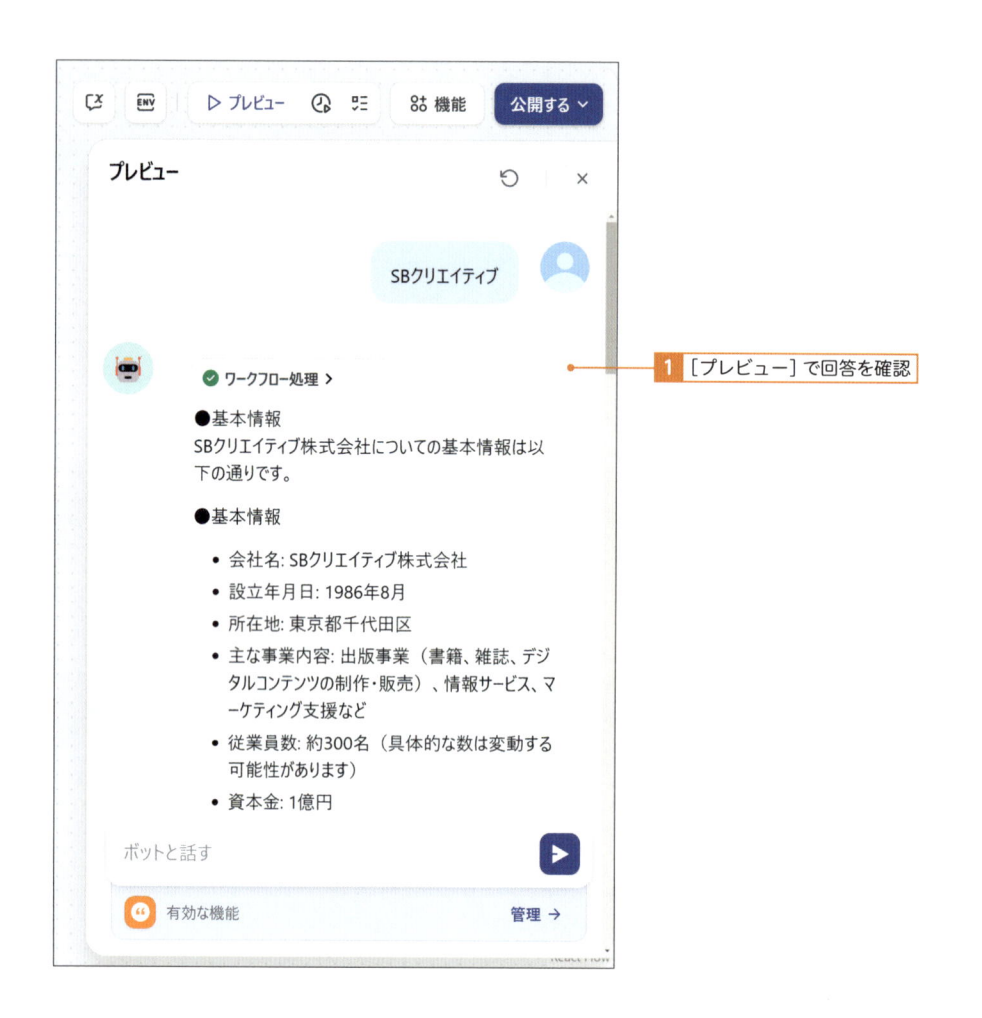

1 ［プレビュー］で回答を確認

LLM の使用コストを抑えたい

　これまで本書では、［gpt-4o-mini］を主に利用してきましたが、Dify のクレジットの消費や API 利用料が発生します。一方で Google が開発した LLM である［Gemini］は API が最大 1 日 1500 リクエストまで無料で使えます（2025 年 3 月時点）。頻繁に活用するアプリであれば［Gemini］に置き換えることで費用の心配をせずにアプリを利用することができますので、気になる方はぜひトライしてみましょう。［Gemini］の利用方法は P.187 から解説しています。

Chapter 7

ワークフローを作ろう

一般的な AI システムでは、複雑な業務フローや自動化処理を実現するのが難しいことがあります。そんなとき、Dify のワークフローを活用すれば、条件分岐、外部 API 連携などさまざまな処理ノードを組み合わせることで、柔軟なタスク自動化が実現できます。本章では、画像認識と音声認識が可能なマルチモーダルモデルを活用し、身近な定型業務の効率化事例を解説します。

7-1 ワークフローとは

▶ ワークフローってどんなもの？

ワークフローは Dify で作成できるアプリケーションの中でも特に業務自動化や複雑な処理に適した形態です。AI で処理させたいタスクをできるだけ細かく分解して、それをノードに落とし込んで繋げていきます。この方法をマスターすることで、自由自在に自分にとって必要なアプリケーションが作れるようになります。

また作成したアプリケーションは API として提供することで、Dify の提供する UI だけでなく社内アプリケーションの機能の一部としても利用することができます。これまでに解説してきたツールや LLM のプロンプトのテクニックを盛り込んで、様々なアイディアを AI アプリケーションとして実現させていきましょう。

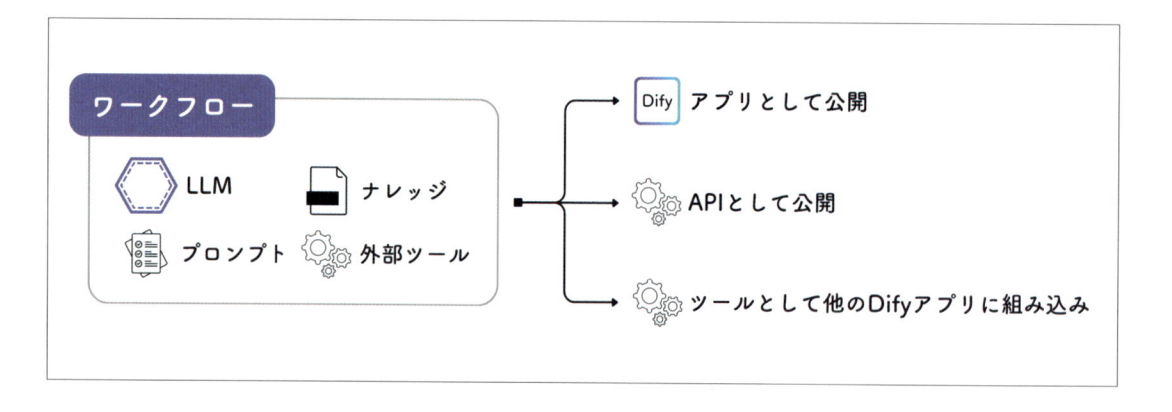

7-2 画像からデータを抽出するワークフロー

▶ アプリケーションの作成

競合の商品やサービスに関する広告画像やダイレクトメールを収集して、そこから決まったフォーマットで情報の整理をしたいと考えたことはないでしょうか。今回はマーケティング担当者の業務をイメージし、画像認識が可能なモデルを利用して、入力したバナー画像から商品名やキャッチコピーなどの情報を抽出・整理するアプリを作成していきます。

バナー画像は多種多様で、商品名やキャッチなどの情報が様々な場所に配置されています。また、タイポグラフィやグラフィックとの重なりなど、一般的な書類と異なり様々な要素が複雑に込み入った構造となっているものも多いため、LLM の柔軟性を活かして情報を抽出・整理します。アプリケーションの全体像は以下の通りです。

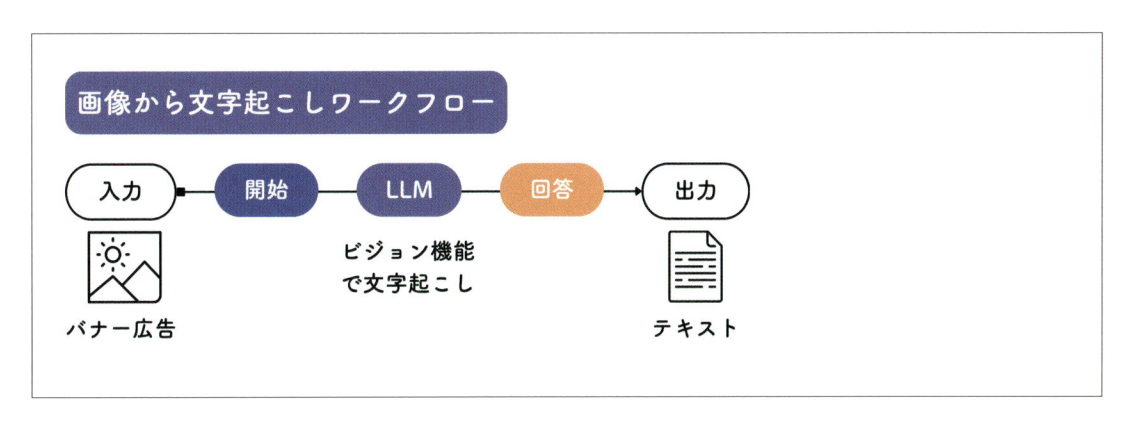

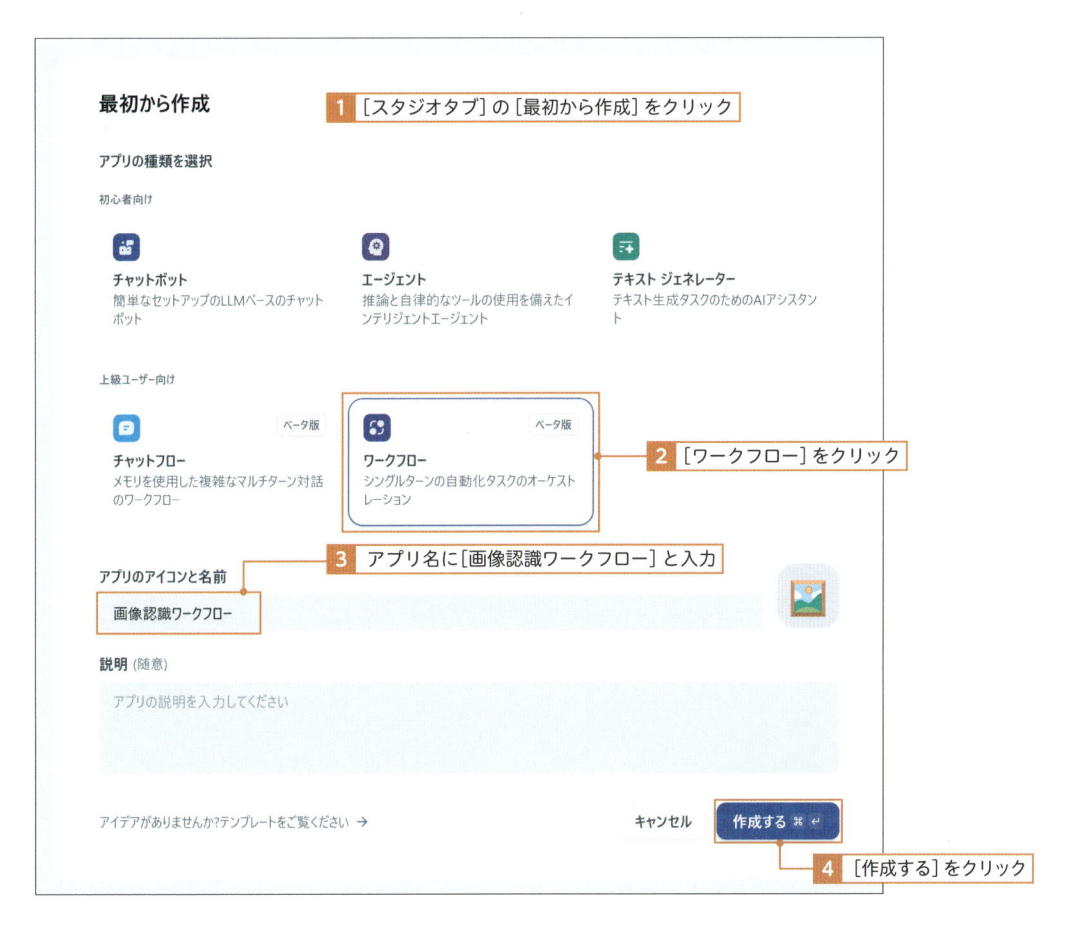

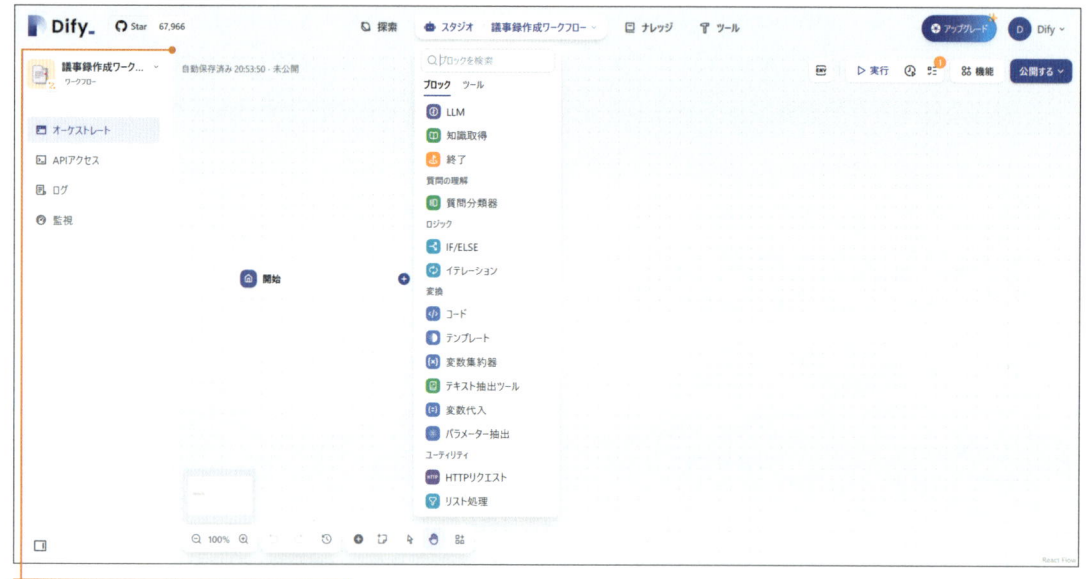

5 ［オーケストレーション］画面が表示

　ワークフローの［オーケストレーション］の初期状態は［開始］ノードのみが配置されている状態です。ここから様々なノードを追加・設定していきましょう。

▶ 開始ノードを編集する

　まずはユーザーからの入力を受けとる［開始］ノードの設定を行います。今回はバナー画像ファイルを入力として受け取る必要があるため、それに合わせた［入力フィールド］の設定をしていきましょう。

1 ［開始］ノードをクリック

2 ［+］をクリック

［入力フィールドを追加］では、バナー画像をアップロードできるように設定していきます。
入力されるファイルの形式としては、一般的な画像ファイル形式である JPEG や PNG の他に、
利用される場面が多い PDF にも対応できるようにしておきましょう。

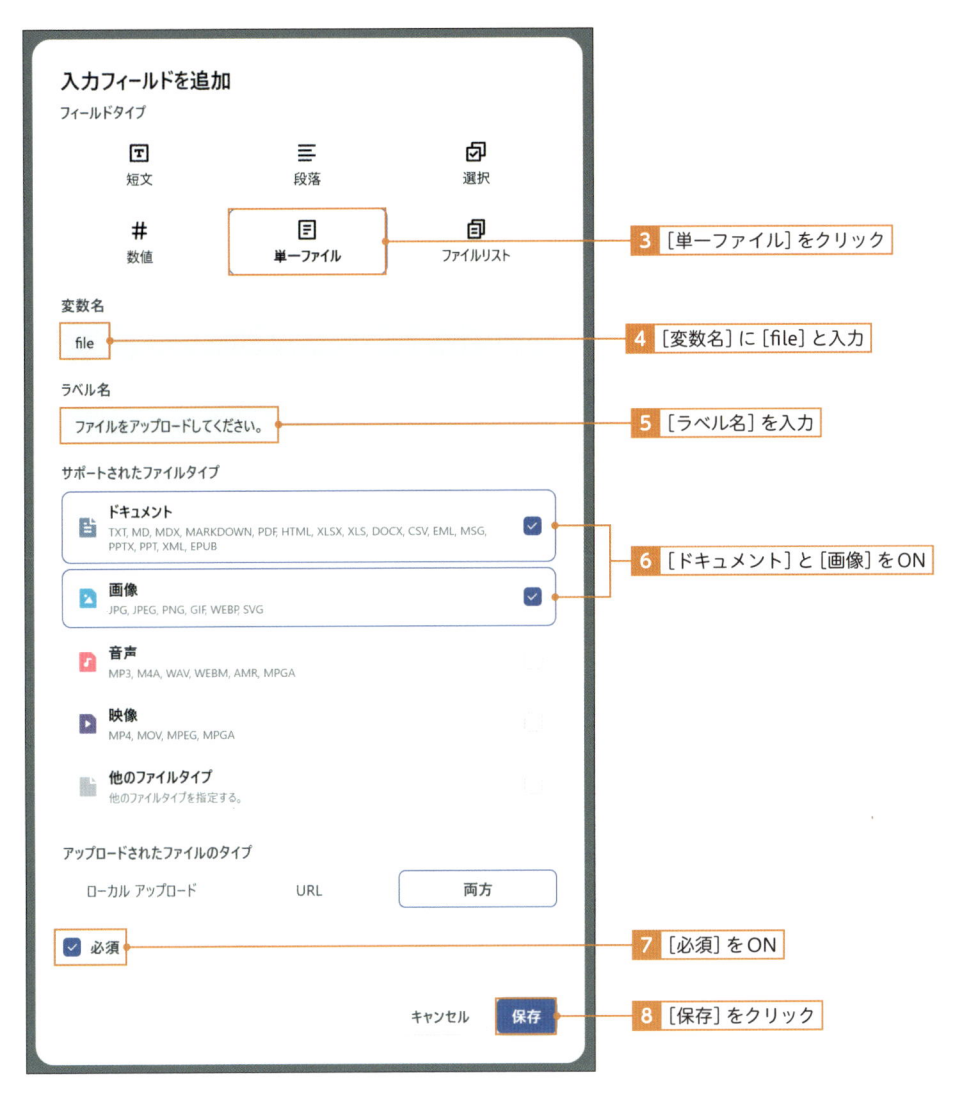

3 ［単一ファイル］をクリック

4 ［変数名］に［file］と入力

5 ［ラベル名］を入力

6 ［ドキュメント］と［画像］をON

7 ［必須］をON

8 ［保存］をクリック

9 変数 [file] が追加される

10 ノード名を [画像アップロード] に変更

▶ [LLM] ノードを追加・設定する

ファイルを受け取りそこからテキストを読み出す役割を担当する [LLM] ノードを追加します。

1 [画像アップロード] ノードをクリック

2 [+] をクリック

3 [LLM] をクリック

今回は画像認識が可能なマルチモーダルモデルを利用する必要があります。Dify の UI 上では、画像認識が可能な LLM は名前の横に目のマークが表示されています。これまで利用してきた [gpt-4o-mini] も画像認識が可能なため、引き続きこのモデルを利用しましょう。

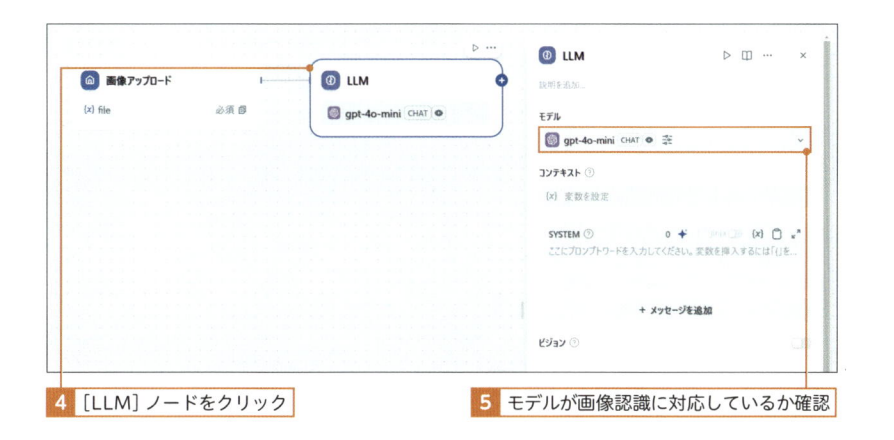

4 [LLM] ノードをクリック　　　**5** モデルが画像認識に対応しているか確認

続いて [LLM] ノードの設定を行います。[SYSTEM] ブロックへプロンプトを入力し、画像から抽出する内容と形式を指定します。今回は入力された画像を利用するので、[ビジョン] ブロックを有効にしておきます。

Column　**ビジョン機能**

Dify は、テキストのみならず画像も入力として解析できるビジョン機能をサポートしています。具体的には、ユーザーがアップロードした画像を AI モデルが読み取り、その内容を理解したうえで回答を生成する仕組みです。たとえば、写真に写っている物体を認識したり、イラストの説明を文章化したり、図表の読み取りを行うことが可能になります。

ビジョン機能を使うには、画像を処理できる AI モデルを選択する必要があります。ビジョン機能が使えるかどうかは、[LLM] ノードで [モデル] をクリックし、モデル一覧を表示して、カーソルをモデル名に当てるとその詳細を確認できます。

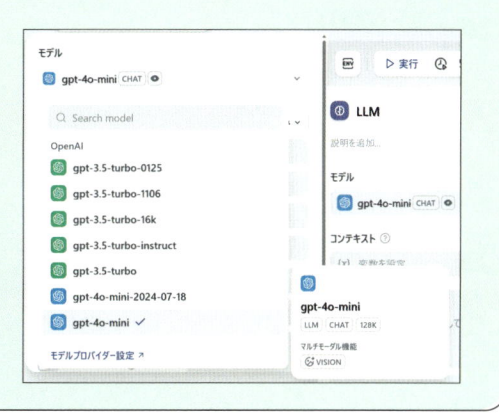

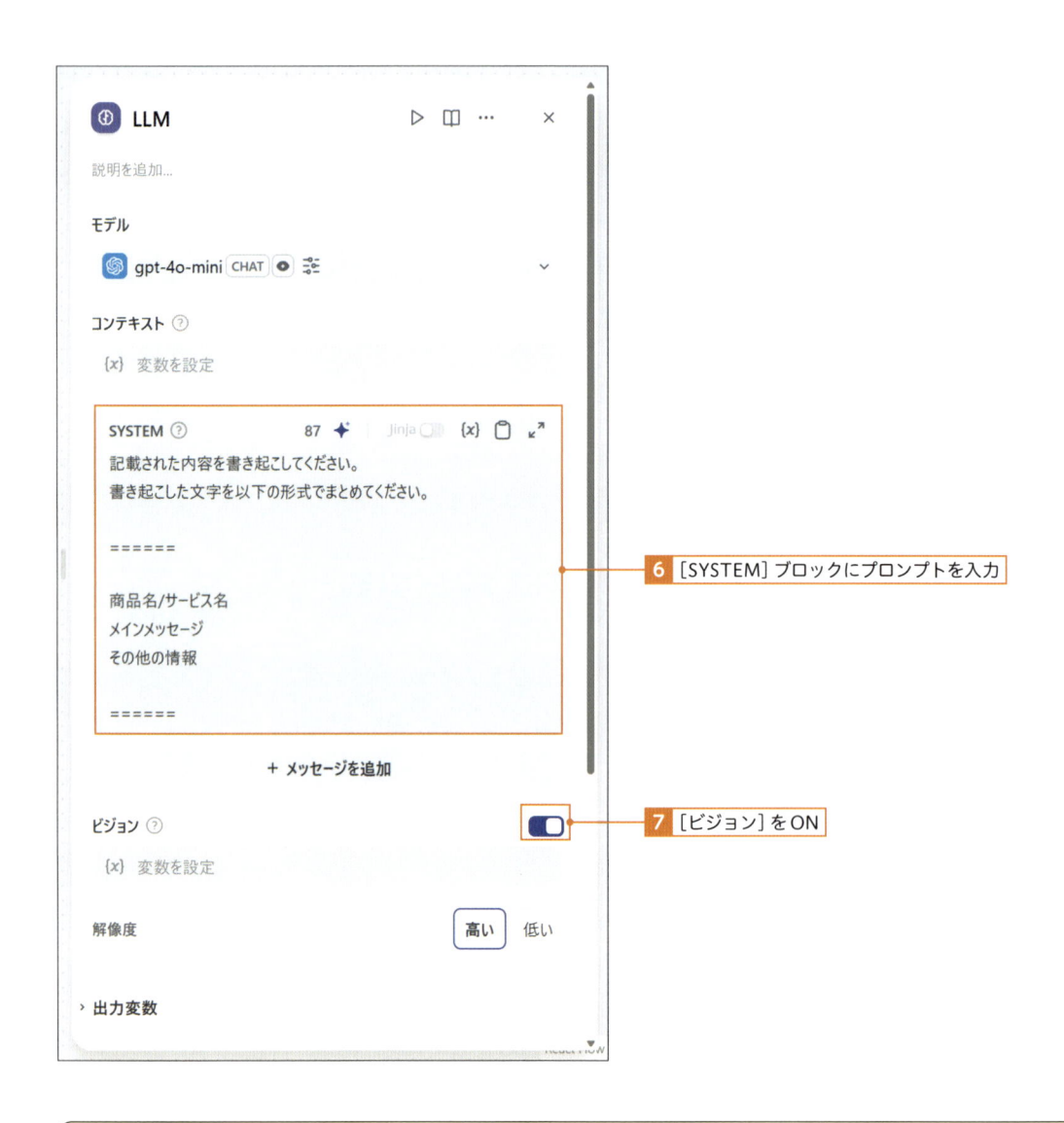

6 [SYSTEM] ブロックにプロンプトを入力

7 [ビジョン] をON

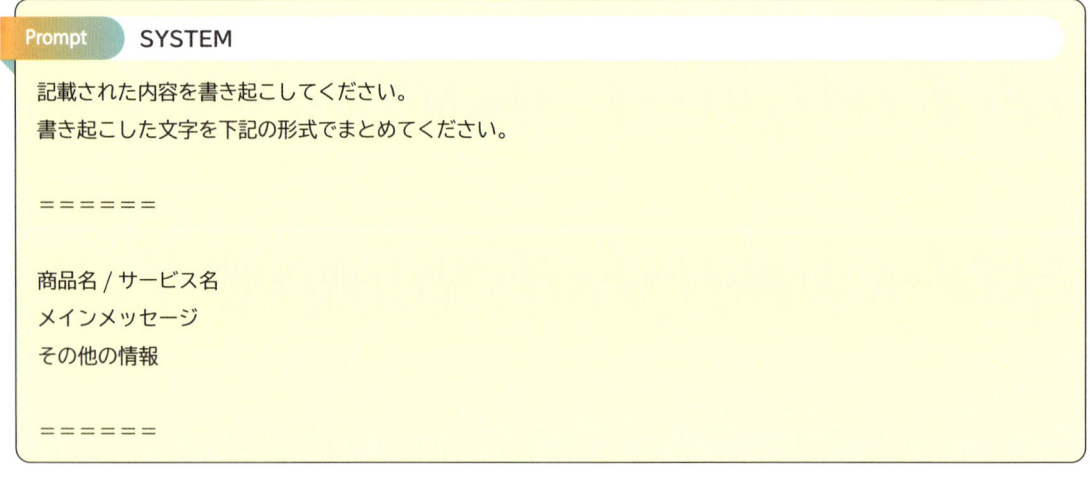

Prompt SYSTEM

記載された内容を書き起こしてください。
書き起こした文字を下記の形式でまとめてください。

＝＝＝＝＝＝

商品名 / サービス名
メインメッセージ
その他の情報

＝＝＝＝＝＝

［ビジョン］を使う場合には画像データが格納されている変数を指定する必要があります。今回は変数［画像アップロード / file］を利用します。

8 ［変数を設定］をクリック

9 ［画像アップロード / file］をクリック

［ビジョン］機能を利用する際には、［USER］ブロックではなく［ビジョン］ブロックの設定で、入力したファイルが格納されている変数を指定する必要があります。

10 変数［画像アップロード / file］が追加される

11 ノード名を［画像認識］に変更

▶ 終了ノードを追加・設定する

LLM で処理したデータをユーザーへ出力するには［終了］ノードを利用します。今回は［画像認識］ノードの出力のみを利用するため非常にシンプルな設定になりました。

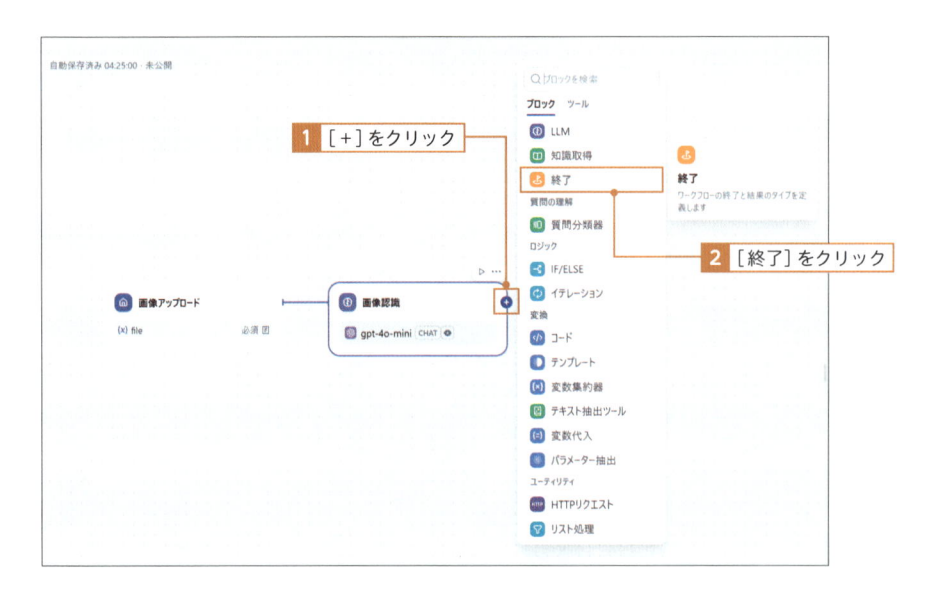

ユーザーへ出力する内容は、［終了］ノードの［出力変数］ブロックで設定します。

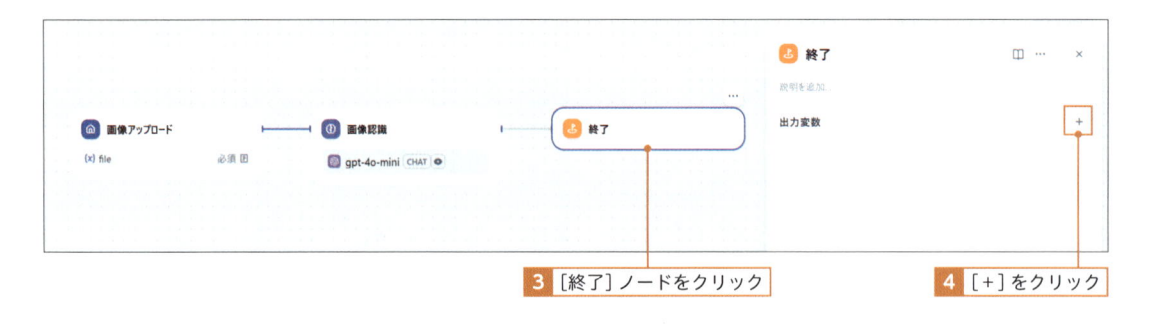

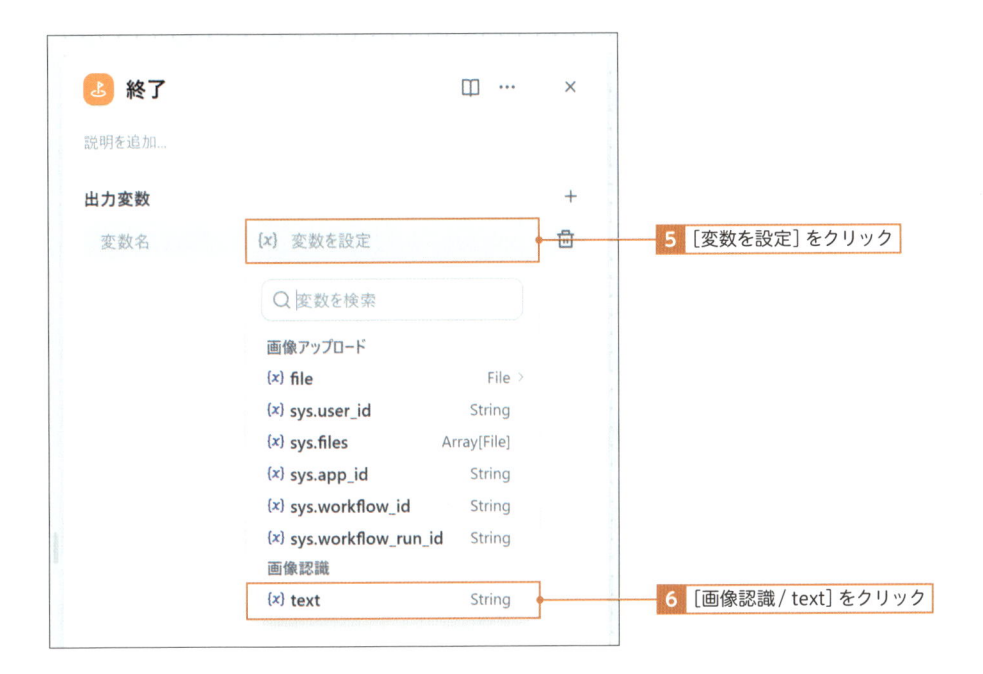

5 [変数を設定]をクリック

6 [画像認識 / text]をクリック

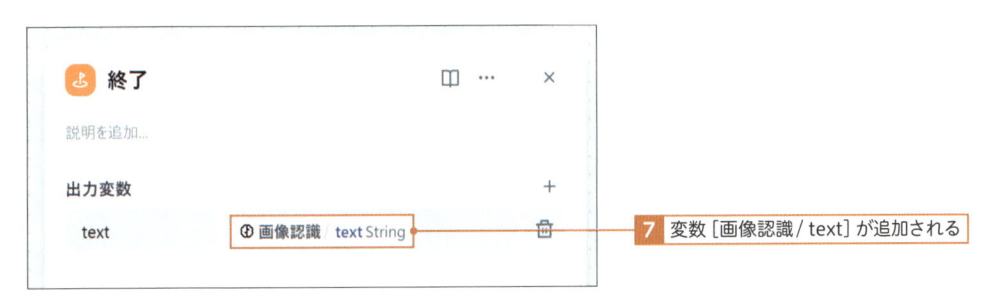

7 変数[画像認識 / text]が追加される

🔵 アプリをプレビュー・公開する

　ワークフローが最後までできたら[実行]画面で動作確認をしましょう。アップロードする
画像は、まずはダウンロードファイルの中にある画像で試してみましょう。今回は以下のバ
ナー画像を使用してみましょう。

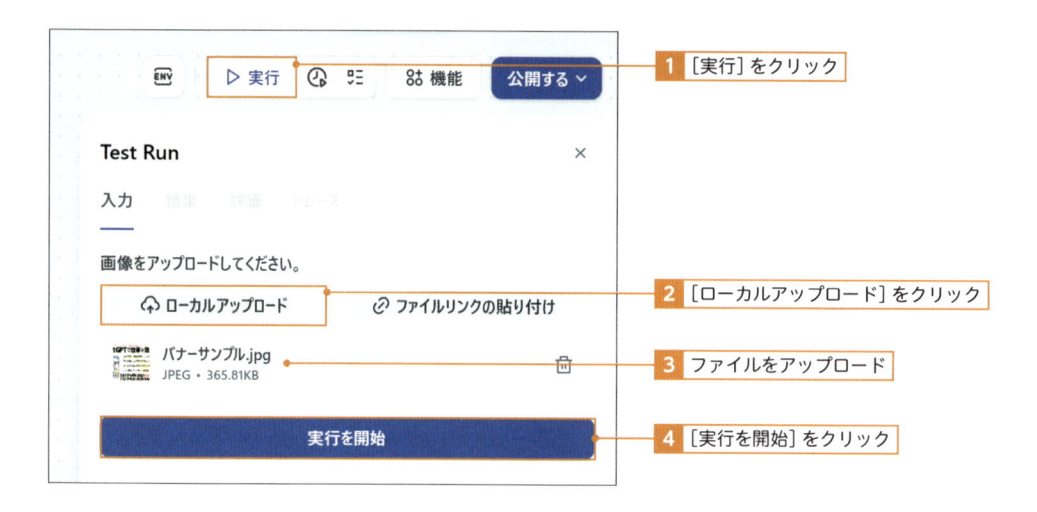

1 [実行] をクリック

2 [ローカルアップロード] をクリック

3 ファイルをアップロード

4 [実行を開始] をクリック

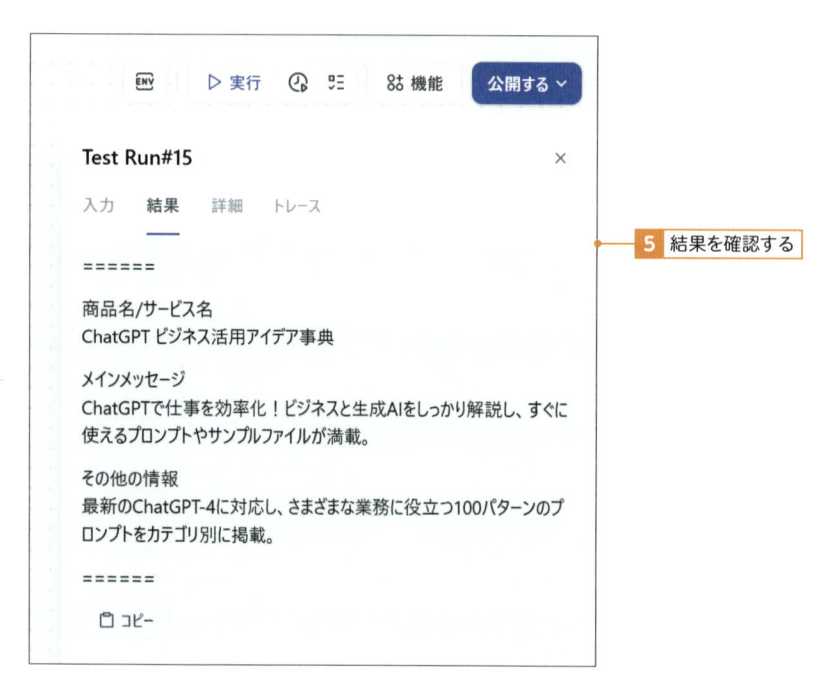

5 結果を確認する

======

商品名/サービス名
ChatGPT ビジネス活用アイデア事典

メインメッセージ
ChatGPTで仕事を効率化！ビジネスと生成AIをしっかり解説し、すぐに
使えるプロンプトやサンプルファイルが満載。

その他の情報
最新のChatGPT-4に対応し、さまざまな業務に役立つ100パターンのプ
ロンプトをカテゴリ別に掲載。

======

 コピー

　［画像認識］ノードの［SYSTEM］ブロックで記載した、プロンプト通りの形式でバナー画像のテキストの内容が出力できれば成功です。動作に問題がなければ、これまで同様に画面右上の［公開する］をクリックし、その後［アプリを実行］をクリックしましょう。これでバナー画像からテキストを抽出するワークフローの完成です。

7-3 音声データから議事録を作成する ワークフロー

▶ アプリケーションの作成

　ここ数年でビデオ会議が当たり前のように普及しましたが、会議後に急いで議事録を作成している方も多いのではないでしょうか。既に AI による議事録の書き起こしは様々なサービスとして提供され始めていますが、どれも月額の追加有料サービスであったり、自分の会社のフォーマットと異なるため転記が必要など、まだまだ課題が多くあります。

　今回は Dify のワークフローで音声を取り扱える LLM を活用し、実際に録音した ZOOM ビデオ会議の音声データを用いて議事録を生成するワークフローを作成していきます。さらに、希望の出力フォーマットにも対応できるように、[LLM] の SYSTEM プロンプトで制御を行います。アプリケーションの全体像は以下の通りです。

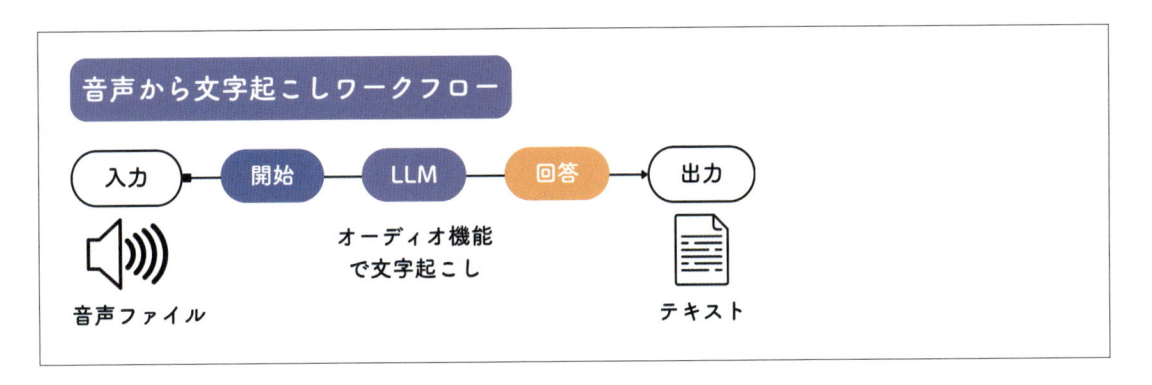

　今回は 2 人の人物が書籍の販売戦略についての打ち合わせを行っている音声データのサンプルを扱います。この音声データ中には、「あー」や「えー」などの繋ぎ言葉も含まれており、実際のミーティングに近い音声サンプルです。ダウンロードファイルにはテキストの全文文字起こしも含まれているため、アプリによる出力と比較してみてください。

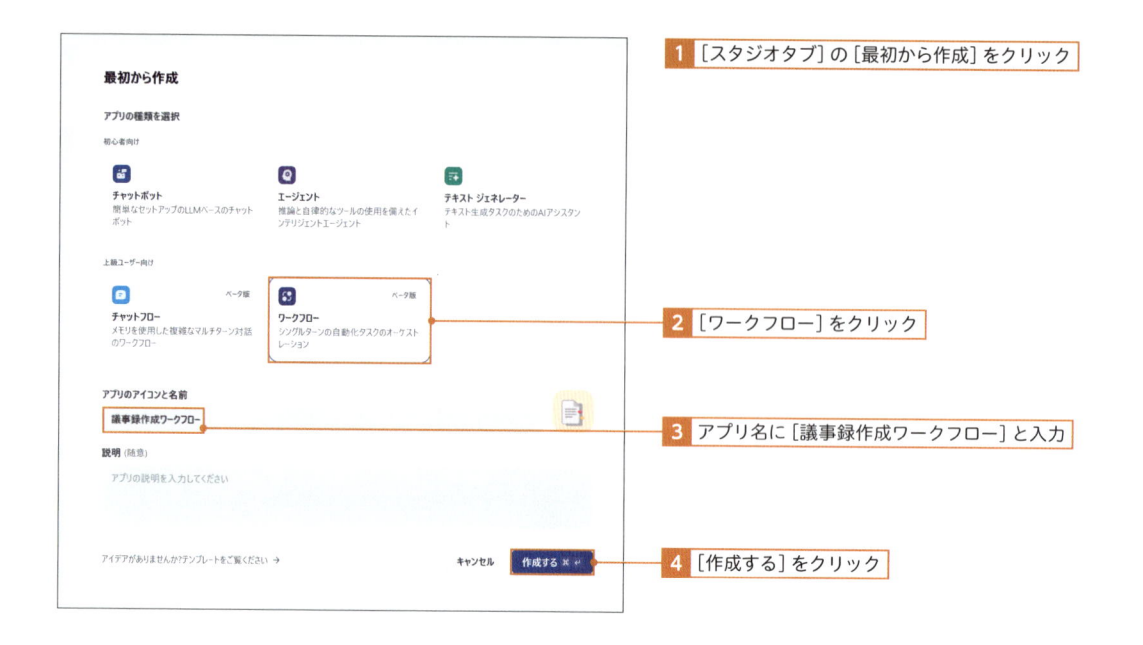

1 [スタジオタブ] の [最初から作成] をクリック

2 [ワークフロー] をクリック

3 アプリ名に [議事録作成ワークフロー] と入力

4 [作成する] をクリック

▶ 開始ノードを編集する

まずはユーザーからの入力を受けとる [開始] ノードの設定を行います。今回は音声ファイルを入力として受け取る必要があるため、それに合わせた [入力フィールド] の設定をしていきましょう。

1 [開始] ノードをクリック

2 [+] をクリック

[入力フィールドを追加] で、ユーザーが音声ファイルをアップロードできるように設定し
ていきます。[フィールドタイプ] を [単一ファイル] とし、[サポートされたファイルタイプ]
は [音声] のみとして誤ったファイルをアップロードできないようにしておきます。

3 [単一ファイル] をクリック

4 [変数名] に [file] と入力

5 [ラベル名] を入力

6 [音声] のみを ON

7 [必須] を ON

8 [保存] をクリック

9 変数 [file] が追加される

▶ [LLM] ノードを追加・設定する

次に音声ファイルを受け取り、文字起こしの役割を担当する [LLM] ノードを追加します。今回は音声ファイルに対応している LLM を組み込む必要があるため注意が必要です。

1 [+] をクリック

2 [LLM] をクリック

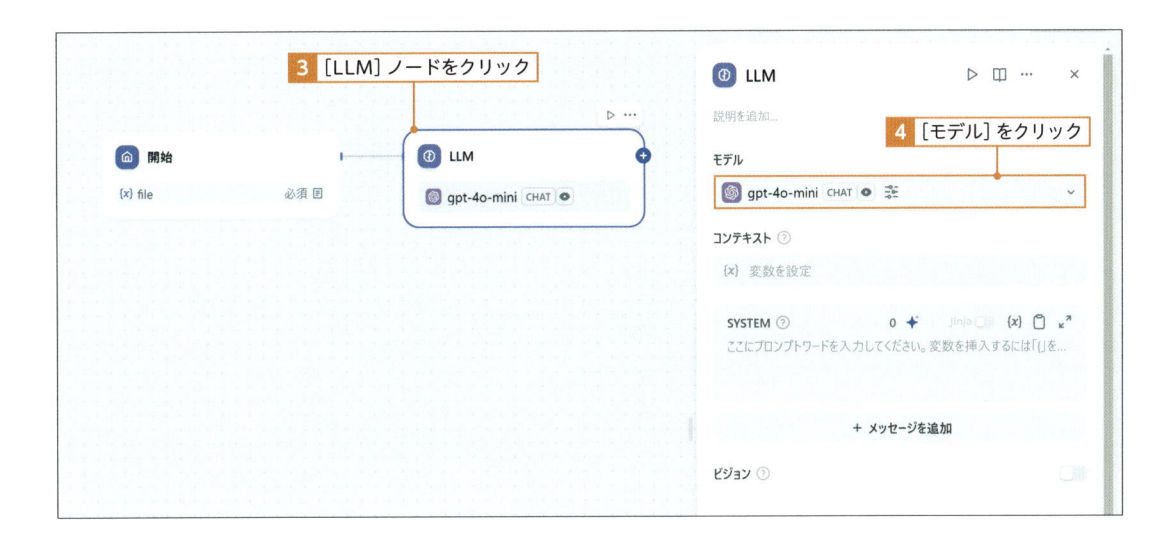

今回は音声ファイルを処理できる LLM として [Gemini 2.0 Flash] を利用してみます。はじめて利用する場合はモデルプロバイダーへの登録から始めましょう。

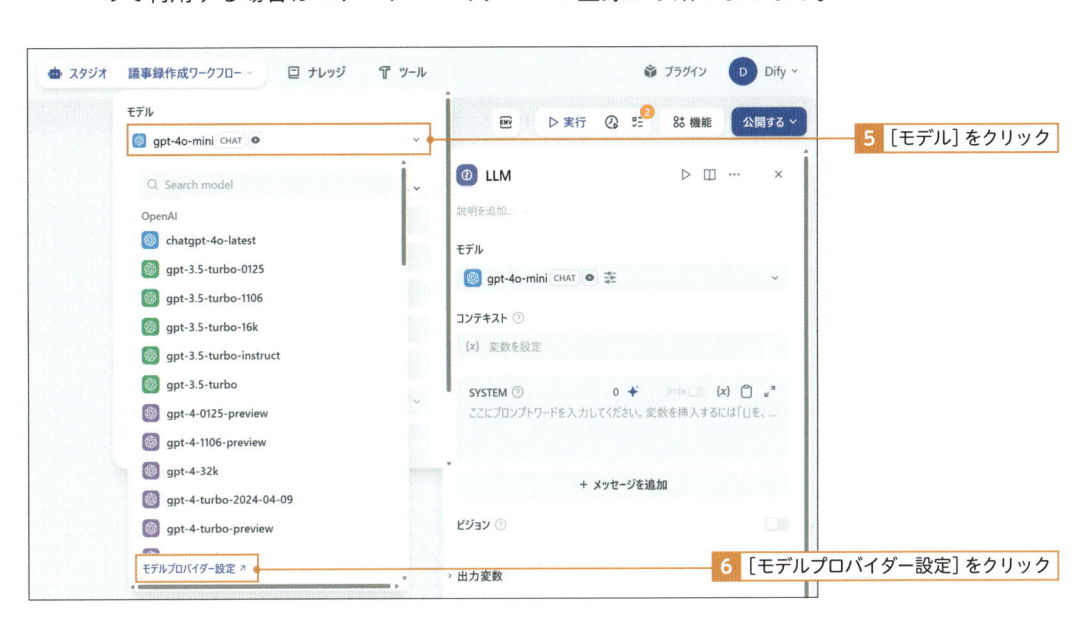

9 [インストール] をクリック

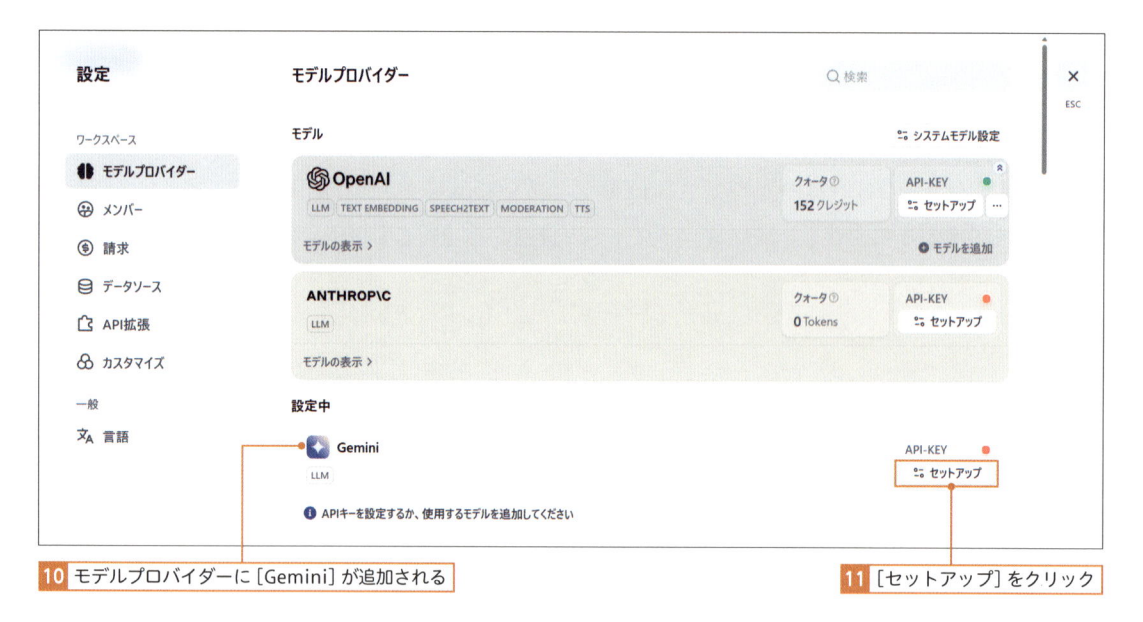

10 モデルプロバイダーに [Gemini] が追加される

11 [セットアップ] をクリック

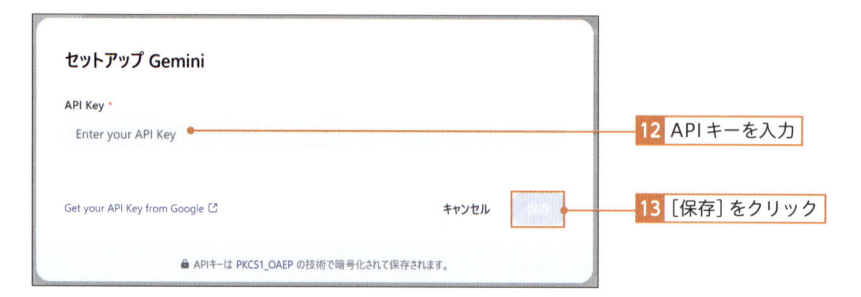

12 API キーを入力

13 [保存] をクリック

▶ Gemini APIを取得する

Geminiの API は Google AI for Developers に登録することで利用できます。Google アカウントにログインした状態で [https://ai.google.dev/] を開きます。

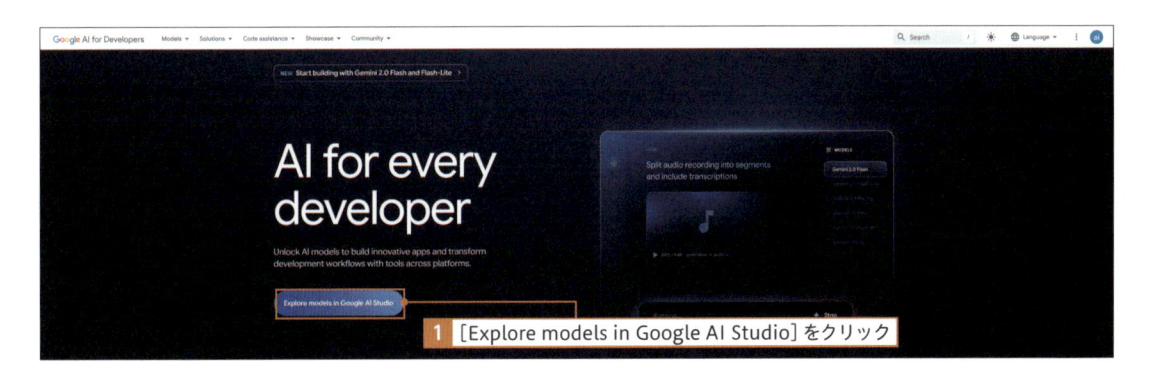

1 [Explore models in Google AI Studio] をクリック

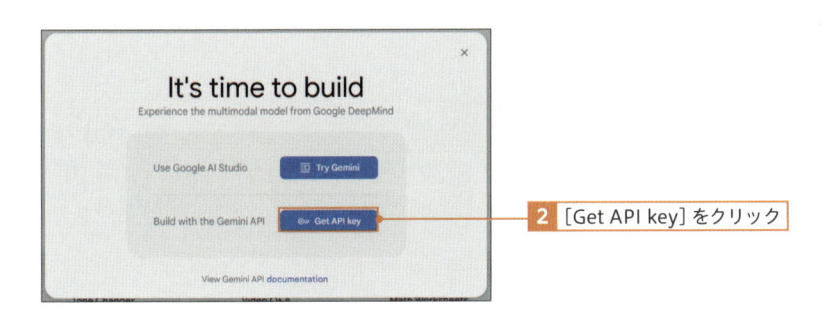

2 [Get API key] をクリック

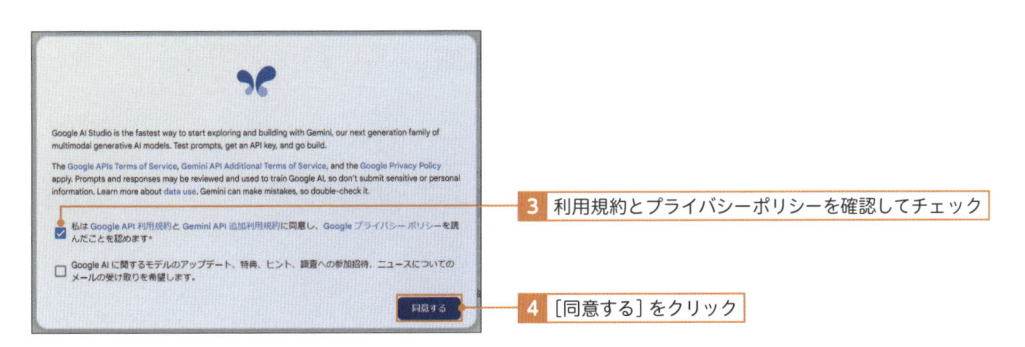

3 利用規約とプライバシーポリシーを確認してチェック

4 [同意する] をクリック

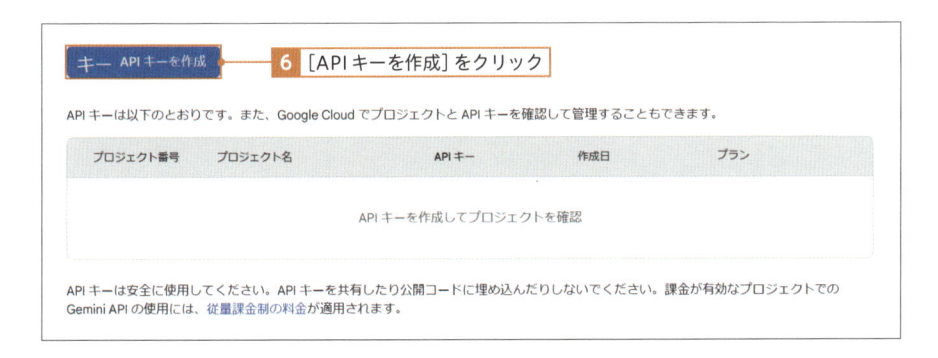

6 [API キーを作成] をクリック

API キーは以下のとおりです。また、Google Cloud でプロジェクトと API キーを確認して管理することもできます。

プロジェクト番号	プロジェクト名	API キー	作成日	プラン
		API キーを作成してプロジェクトを確認		

API キーは安全に使用してください。API キーを共有したり公開コードに埋め込んだりしないでください。課金が有効なプロジェクトでの Gemini API の使用には、従量課金制の料金が適用されます。

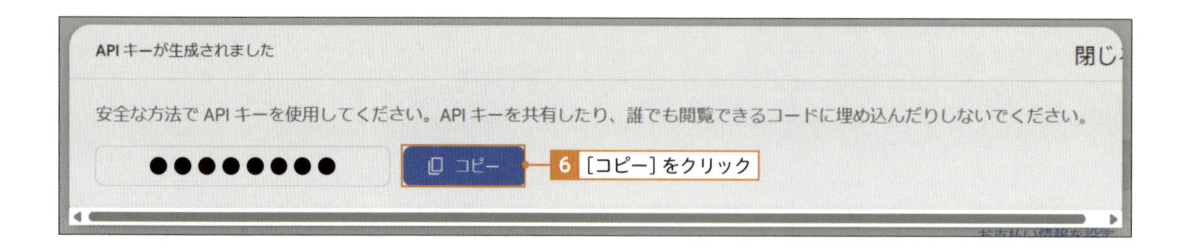

API キーが発行出来たら Dify のモデルプロバイダーに戻り、API キーの認証を行います。セットアップが完了すると、[API-KEY] の表示が緑に変わります。同様の方法で、OpenAI や ANTHEROPIC などの他のシリーズのモデルも追加することができます。

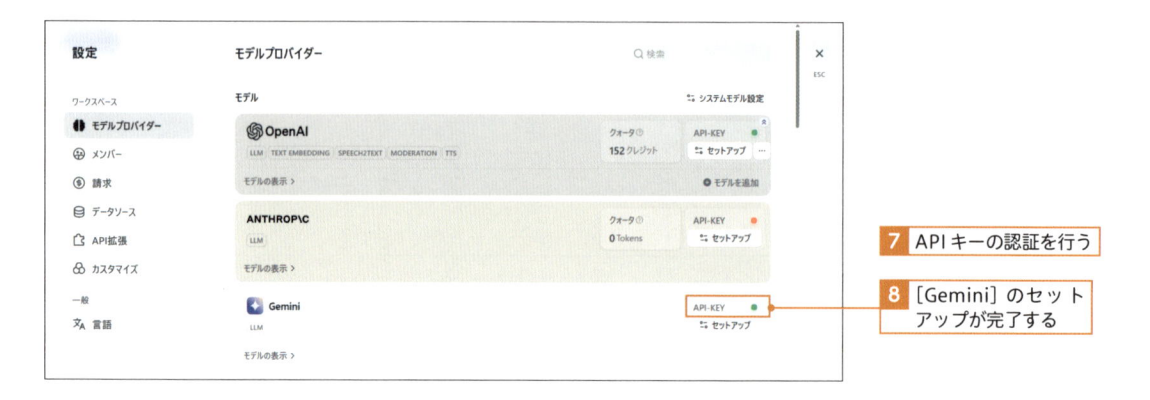

7 API キーの認証を行う

8 [Gemini] のセットアップが完了する

モデルプロバイダーへの Gemini のセットアップが完了したら、アプリの [スタジオ] 画面に戻り、今回利用する [Gemini 2.0 Flash] モデルを選択して切り替えます。

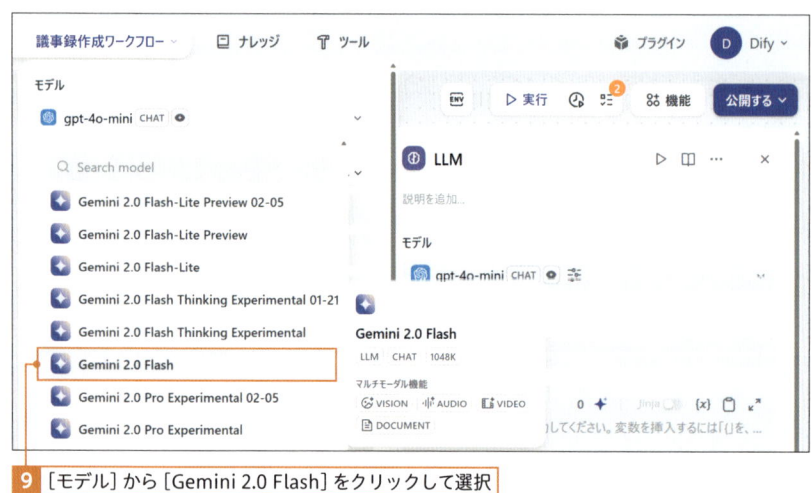

9 [モデル] から [Gemini 2.0 Flash] をクリックして選択

モデルにカーソルを合わせると、そのモデルの詳細が表示されて特徴や対応しているマルチモーダル機能が確認できます。

続いて［SYSTEM］ブロックへ出力フォーマットを指定するプロンプトを入力します。

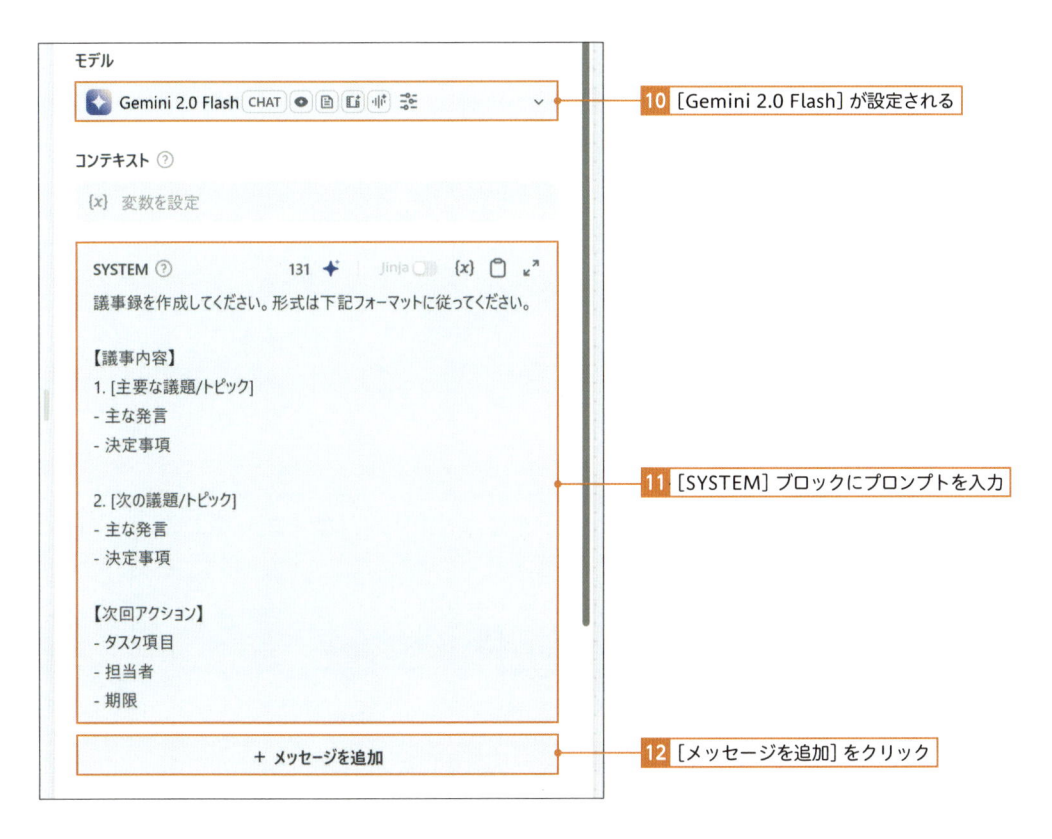

10 ［Gemini 2.0 Flash］が設定される

11 ［SYSTEM］ブロックにプロンプトを入力

12 ［メッセージを追加］をクリック

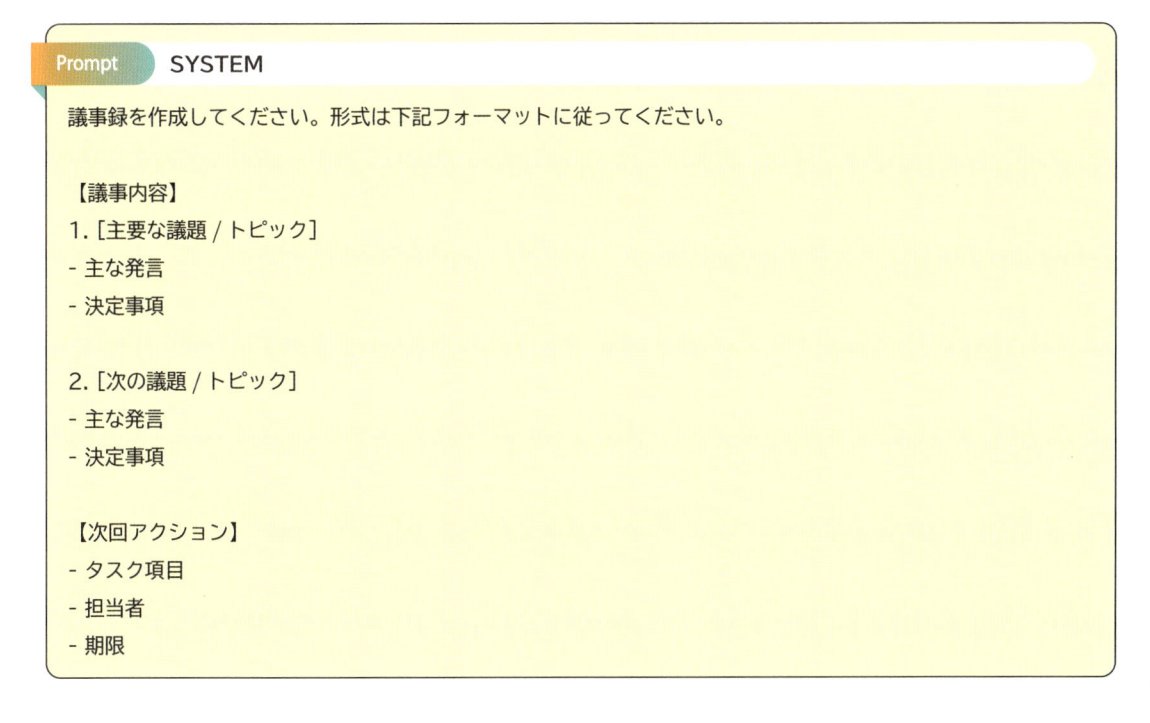

Prompt　　**SYSTEM**

議事録を作成してください。形式は下記フォーマットに従ってください。

【議事内容】
1. ［主要な議題 / トピック］
- 主な発言
- 決定事項

2. ［次の議題 / トピック］
- 主な発言
- 決定事項

【次回アクション】
- タスク項目
- 担当者
- 期限

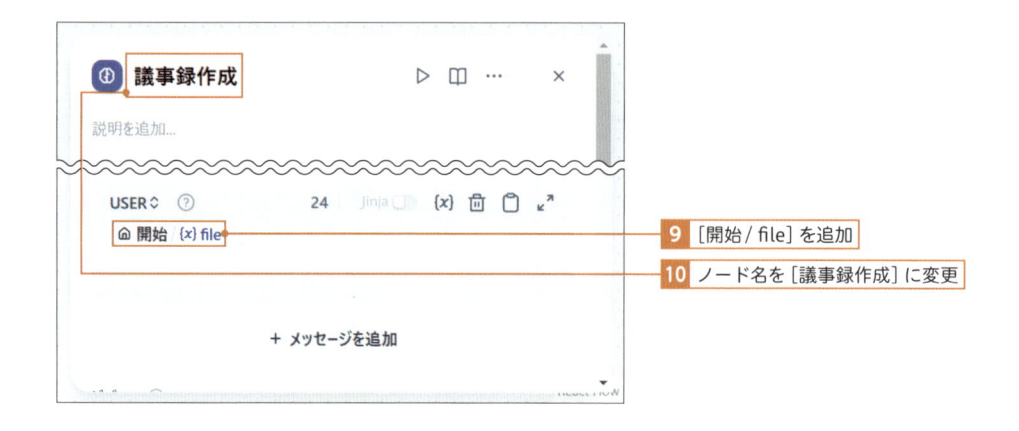

9 [開始 / file] を追加

10 ノード名を [議事録作成] に変更

▶ 回答ノードを追加・設定する

最後に [LLM] ノードの後ろに [終了] ノードを追加して完成となります。LLM ノードにて整理した議事録を出力させます。

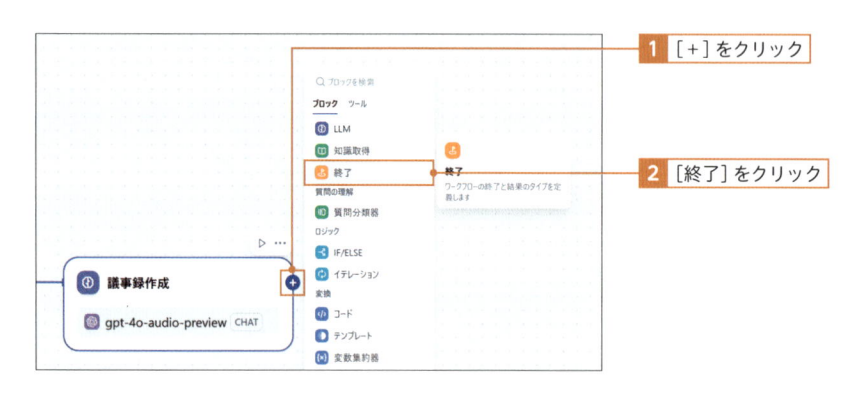

1 [+]をクリック

2 [終了]をクリック

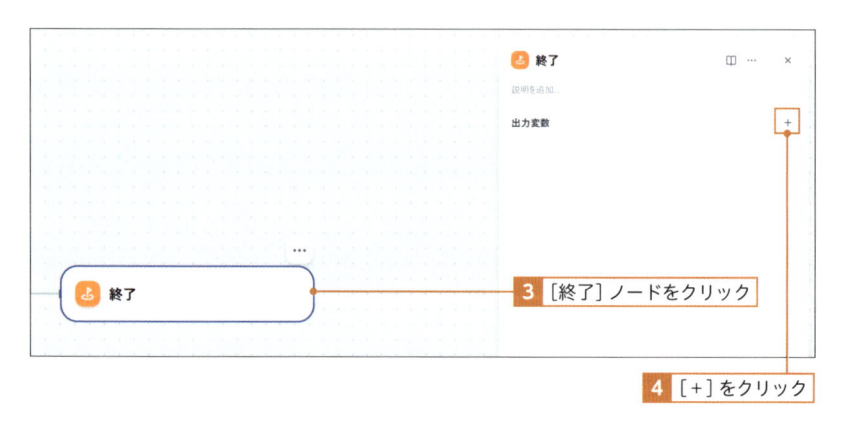

3 [終了]ノードをクリック

4 [+]をクリック

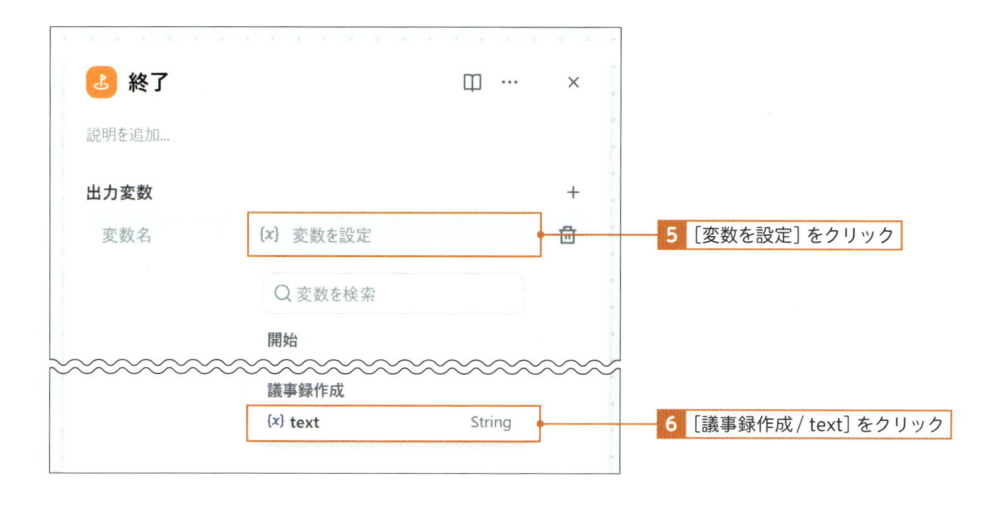

[5] [変数を設定] をクリック

[6] [議事録作成 / text] をクリック

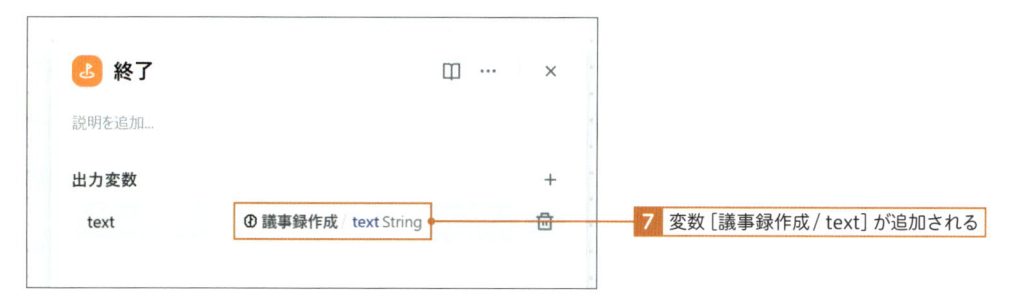

[7] 変数 [議事録作成 / text] が追加される

▶ アプリをプレビュー・公開する

ワークフローが最後までできたら [実行] 画面で動作確認をしましょう。

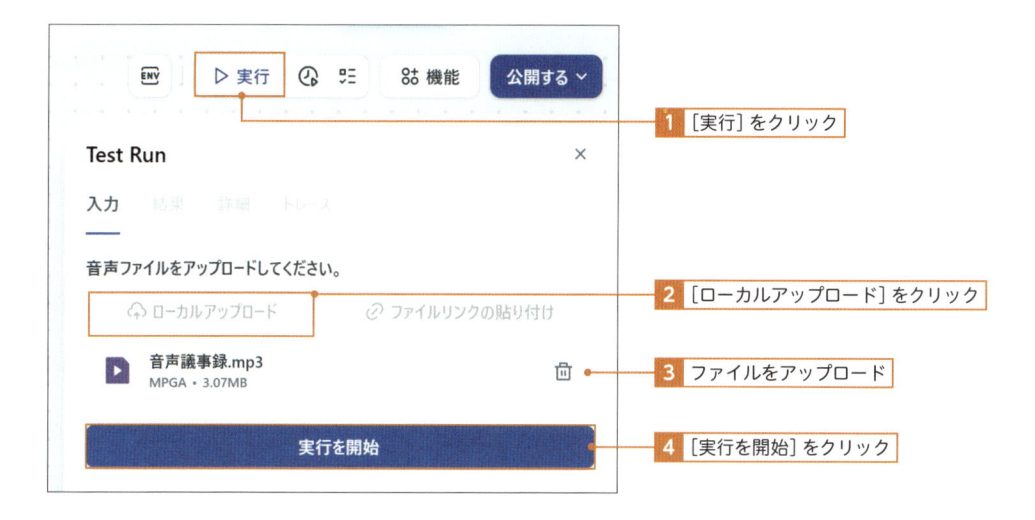

[1] [実行] をクリック

[2] [ローカルアップロード] をクリック

[3] ファイルをアップロード

[4] [実行を開始] をクリック

Test Run#1 ×

入力　**結果**　詳細　トレース

【議事内容】●────────────────── 5 結果を確認する

1. 昨年販売したChatGPTの本の販売状況

- 売上は目標に対して85%を達成し、オンラインでの評判も好評。
- 改善点として、プロモーション活動の強化や販売チャネルの拡大が必要とされる。

2. 広告キャンペーンの評価

- オンライン広告のクリック率やコンバージョン率は良好。
- 課題として、ターゲット層の細分化や地域ごとの市場動向に合わせた広告戦略が挙げられる。

【次回アクション】

- プロモーション案と新たな販売チャネルの候補リストの作成
- 広告キャンペーンの詳細な効果分析と市場動向レポートの作成
- 佐藤さんが週次レポートで各施策の進捗状況を報告
- 期限：次回のミーティングまで

　［画像認識］ノードの［SYSTEM］ブロックで記載した、プロンプト通りの形式で議事録が出力できれば成功です。動作に問題がなければ、これまで同様に画面右上の［公開する］をクリックし、その後［アプリを実行］をクリックしましょう。これで音声ファイルから議事録を抽出するワークフローの完成です。

Column　**ワークフローをツールとして利用する**

　ここまで解説してきたワークフロー作成は LLM の特性を活かした非常にシンプルなフローでした。Dify のフローは沢山の機能を追加して複雑に作成することもできますが、本書のように1つの機能に絞りシンプルに作成することをおすすめします。この考え方は、ワークフローをツールとして利用する際に非常に役立ちます。

　ワークフローのツール化は、アプリの［公開する］のメニューから［ツールとしてのワークフロー］をクリックして、ツールの［名前］や呼び出すための［ツールコールの名前］などを設定して保存します。すると、ツールを追加の選択肢に追加され他のツール同様に利用できるようになります。

Chapter 8

応用的なアプリケーション作成に挑戦しよう

これまで Dify を使ったさまざまなアプリを作成してきましたが、さらに実用的な AI アプリを作るには、外部サービスとの連携が欠かせません。本章では Dify と Google Apps Script（GAS）を組み合わせて、スプレッドシートと連携する方法を例に外部機能を利用した、領収書管理アプリとチャット型家計簿アプリの作成を通じて、より高度なアプリ開発に挑戦します。

GASを利用した 本格生成AIアプリ開発に挑戦しよう

▶ HTTPリクエストで生成AIアプリの拡張性を高める

ここまでDifyの基本的な機能を利用することで、LLMやAPIツールを組み込んだアプリ開発について解説してきました。ここからは一歩踏み込み、［HTTPリクエスト］ノードとGoogle Apps Script（GAS）を組み合わせることで、より実用的なAIアプリケーションを作る手法を解説していきます。

GASを使う最大のメリットは、Googleスプレッドシートなどの Googleが提供するサービスとの連携が可能になる点です。Difyのワークフローやエージェントが取得・生成したデータを、自動的にスプレッドシートに書き込んだり、逆にスプレッドシートの内容をDify側に読み込ませたりすることで、定型的な管理作業の自動化に挑戦していきましょう。

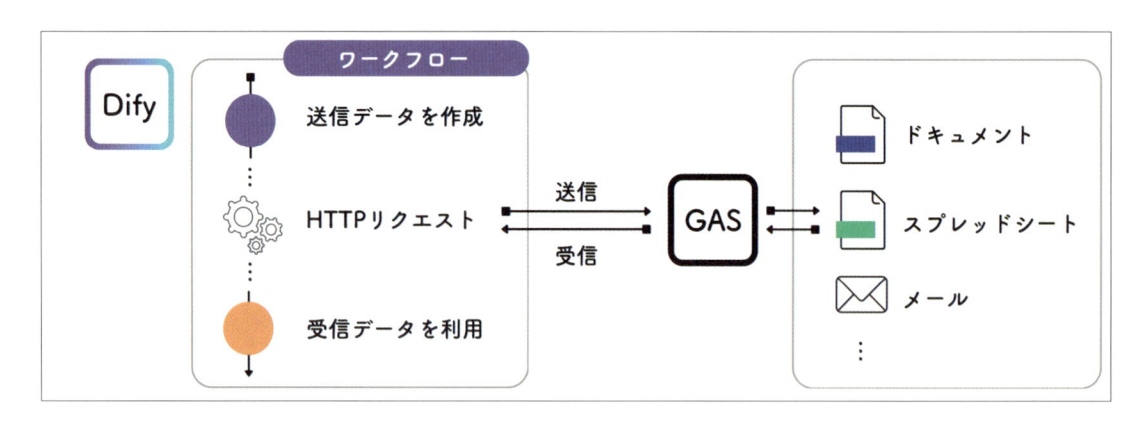

また、スクリプトには抵抗があるかもしれませんが、これらも基本的に生成AIを使って生成できます。今回は全て生成AIで作成・修正したコードを利用しており、ダウンロードファイルのサンプルをコピー＆ペーストすることでも利用できるようにしています。さらに、コード生成のコツも解説しているので、興味がある方は自分でスクリプトを生成・調整することにもチャレンジしてみましょう。

▶ 利用するツールの特徴を把握しよう

実際にアプリケーションを作る前に、今回利用するDifyが外部アプリケーションと通信を行う仕組みについて解説していきます。今回キーとなる要素は3つあり、その全体像は次のようになっています。

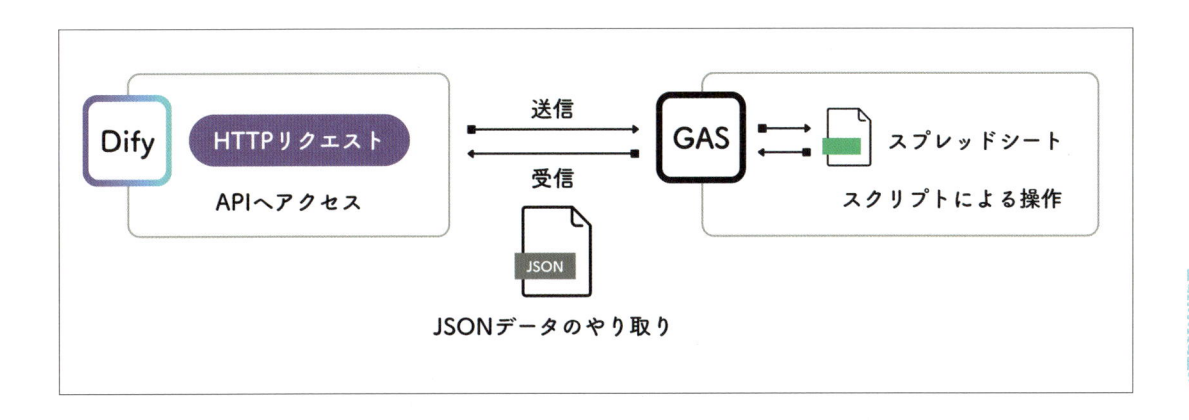

🔲 HTTP リクエストノード

　外部サービスを利用する方法として、これまで既に Dify に組み込まれている API 連携を利用してきましたが、今回は自分で API のリクエストを作成する［HTTP リクエスト］ノードを利用します。このノードを使うことで、Dify は様々な Web アプリケーションとのデータの送受信が可能になります。［HTTP リクエスト］ノードの詳細は P.272 で解説しています。

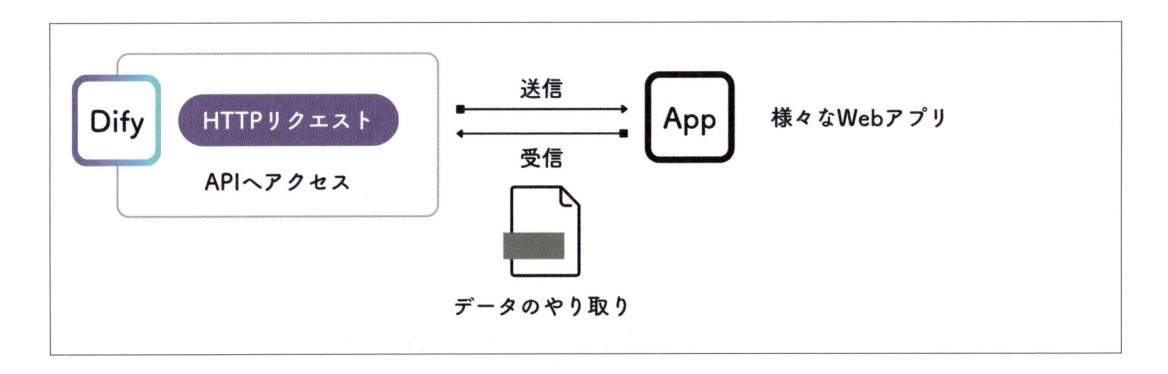

🔲 Google Apps Script（GAS）

　Google Apps Script（GAS）は、Google が提供するスクリプト言語です。Google ドキュメントやスプレッドシートといった Google が提供するサービスで私たちが普段行う操作を、自動化することができます。特にスプレッドシートとの親和性が高く、データの読み書きや加工を簡単に行うことができます。

　GAS は JavaScript を基盤としたシンプルな構文を採用しており、プログラミング初心者の方でも比較的習得しやすいのが特徴です。また、Google のクラウド環境上で動作するため、専用のソフトウェアをパソコンにインストールする必要はなく、Google アカウントがあればすぐに無料で利用できます。

今回は作成したGASスクリプトをウェブアプリとして公開することで利用します。本来はウェブアプリを動かすにはサーバーを準備して、そこにスクリプトと実行環境を準備する必要がありますが、GASの場合はGoogleがその環境を全て提供してくれるので簡単な手順で利用できます。これを利用して、Difyのアプリで処理した出力をスプレッドシートへ書き込んでいきます。

▶ JSON

DifyとGASの間でデータをやり取りする際、JSON（JavaScript Object Notation）と呼ばれるデータ形式を使用します。JSONは、JavaScriptのオブジェクト表記に由来するデータ形式で、人間が見ても読みやすく、機械でも扱いやすいという特徴があるため、さまざまな開発言語やサービスで標準的に使われています。このJSONにデータを格納して送ることで、異なるアプリケーション間でもデータの送受信ができるようになっています。

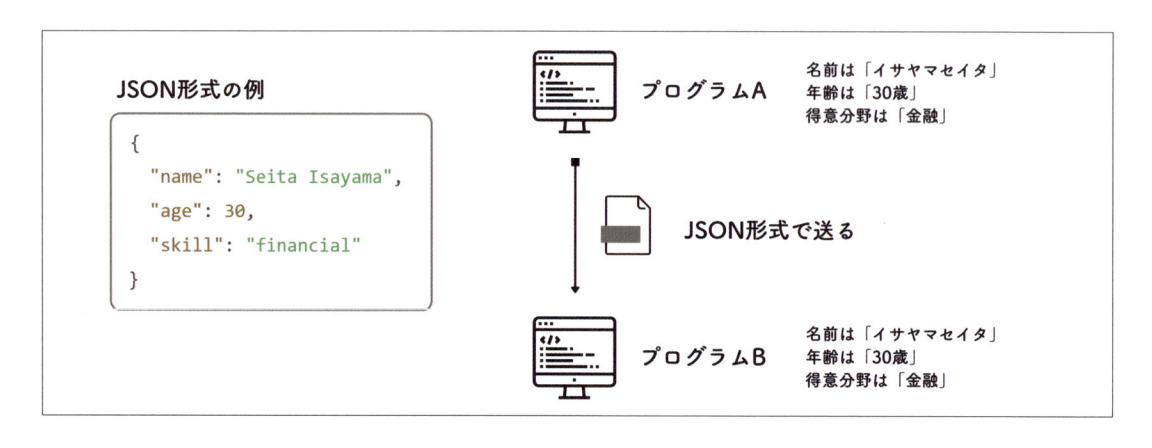

これらの基礎を押さえておけば、DifyからGASへJSONデータを送信してスプレッドシートを更新するフローが理解しやすくなります。まずは簡単な実践例をこなしてからアプリ開発に入っていきましょう。

8-2 GASスクリプトの作成と HTTPリクエストを試そう

▶ GASでスクリプトを作成する

本格的なアプリケーション開発の前に、GASでのWebアプリ作成とHTTPリクエストの基本動作を確認していきます。今回はDifyのワークフローからGASへ単純なリクエストを送り、その応答を確認する演習を行います。テストの全体像は以下の通りです。

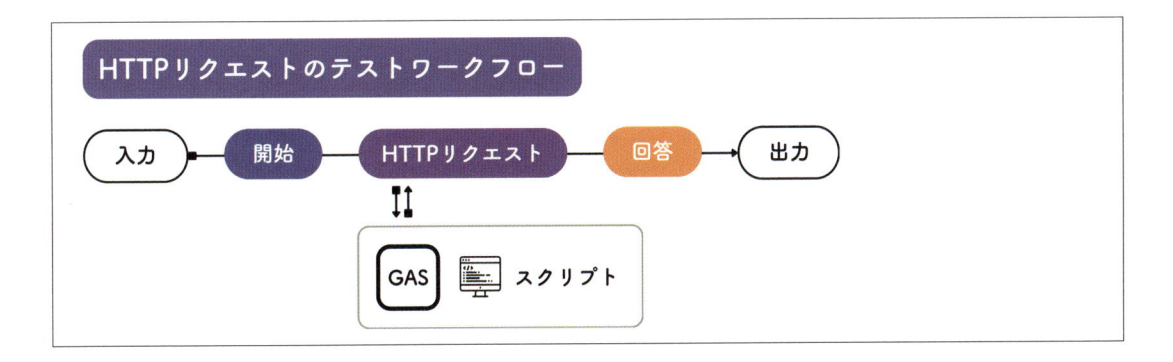

今回はGoogleスプレッドシートにスクリプトを作成して、それをDifyから操作できるようにします。まずはブラウザで別のタブを開き、そこで新しいスプレッドシートを作成します。

1 [Google] を開く
2 [スプレッドシート] を開く

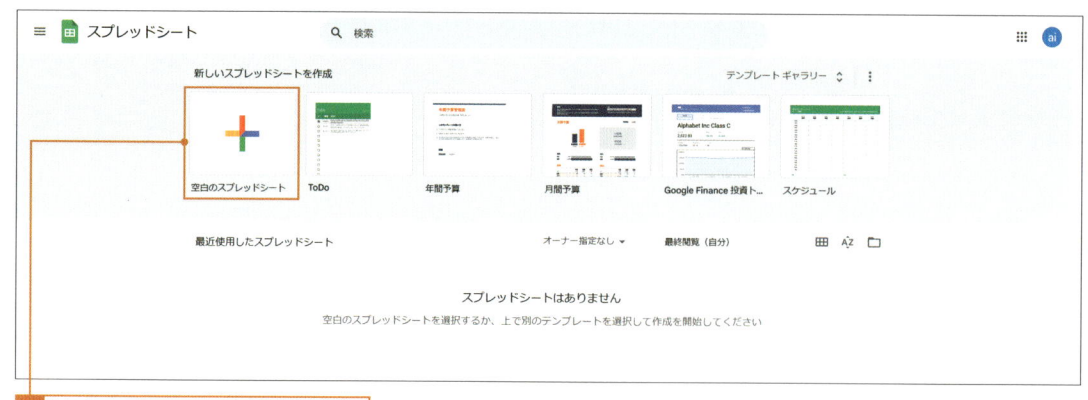

3 ［空白のスプレッドシート］をクリック

スプレッドシートに拡張機能である［Apps Script］を作成します。

4 ［無題のスプレッドシート］が開く

5 ［拡張機能］をクリック

6 ［App Script］をクリック

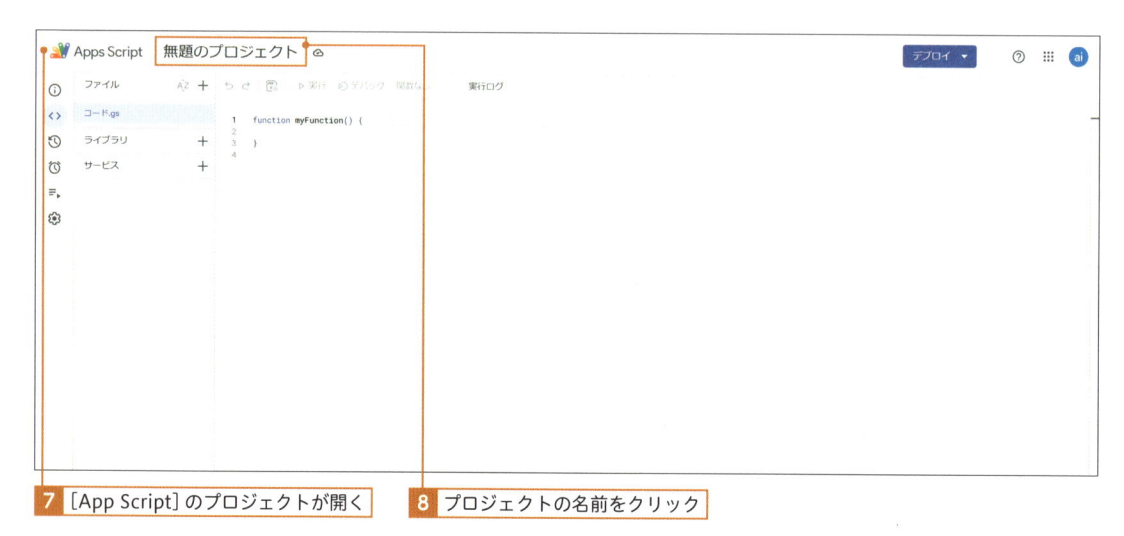

7 ［App Script］のプロジェクトが開く

8 プロジェクトの名前をクリック

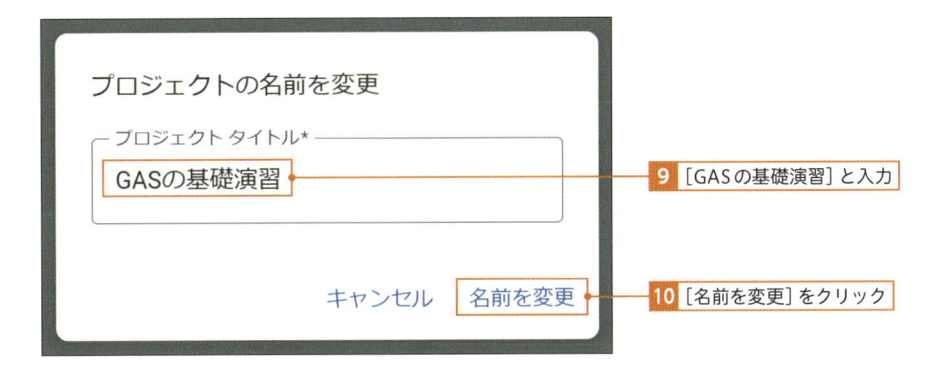

9 ［GASの基礎演習］と入力

10 ［名前を変更］をクリック

　ではいよいよ、GAS のスクリプトコードを入力していきましょう。今回は関数 [function doPost (e) {…}] と [function doGet (e) {…}] を定義し、HTTP リクエストが実行されると、文字列を返すという内容になっています。

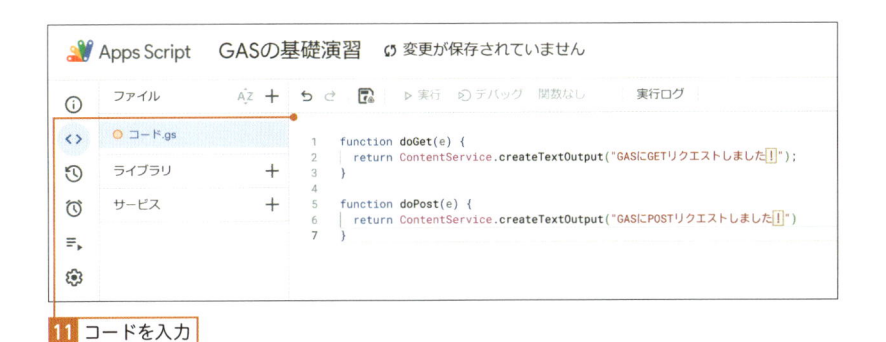

11 コードを入力

▶ Code　GAS の基礎演習

```
function doGet (e) {
  return ContentService.createTextOutput ("GAS に GET リクエストしました！");
}

function doPost (e) {
  return ContentService.createTextOutput ("GAS に POST リクエストしました！");
}
```

> 生成 AI を利用して GAS スクリプトを作成したい場合は、目的を正確に伝える必要があります。例えば今回の場合は「HTTP リクエストの Get と Post メソッドを受けた際に、文字列を返す GAS のテストに使うスクリプト」であることを指示することで生成しています。

GAS プロジェクトをデプロイする

スクリプトが作成できたら、今度は外部からアクセスできるようにする必要があります。今回は Web アプリとしてデプロイしていきましょう。

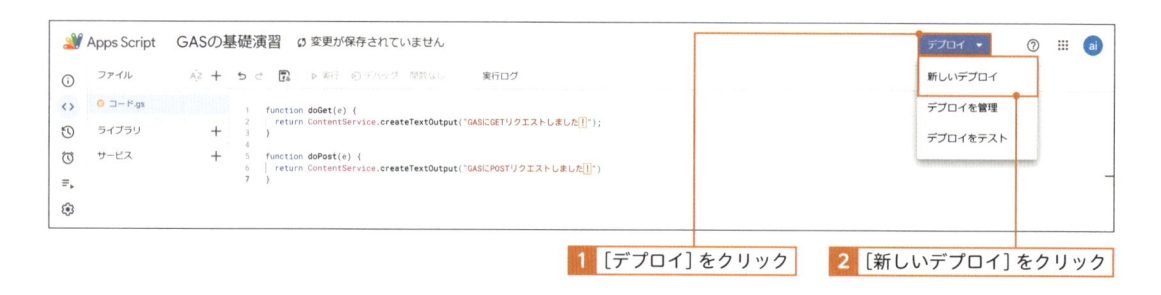

1 [デプロイ] をクリック　　2 [新しいデプロイ] をクリック

3 [新しいデプロイ] が開く
4 [設定] をクリック

5 [ウェブアプリ] をクリック

デプロイタイプ（スクリプトをどのような形式で公開するか）を設定したら、次はアクセス権限の設定を行います。今回は Dify から操作を行いたいため、アクセスできるユーザーの制限はしないようにします。

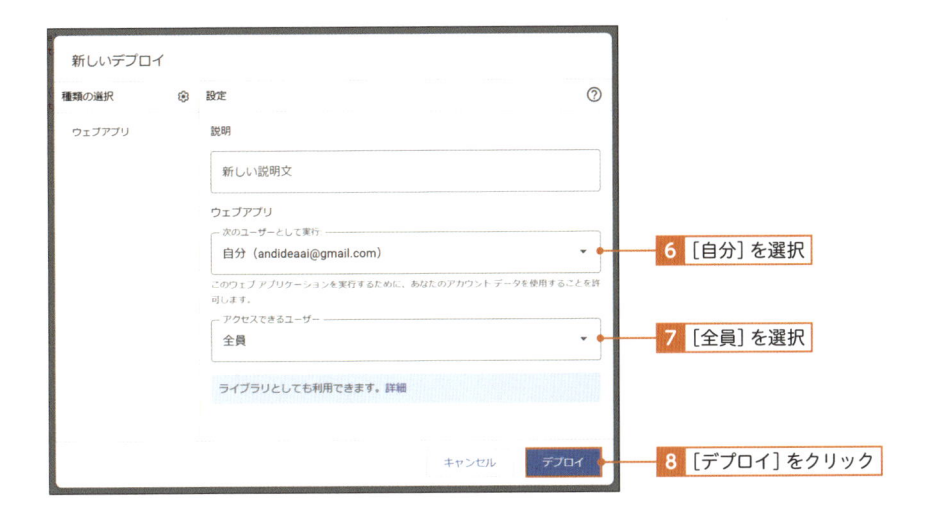

6 [自分] を選択

7 [全員] を選択

8 [デプロイ] をクリック

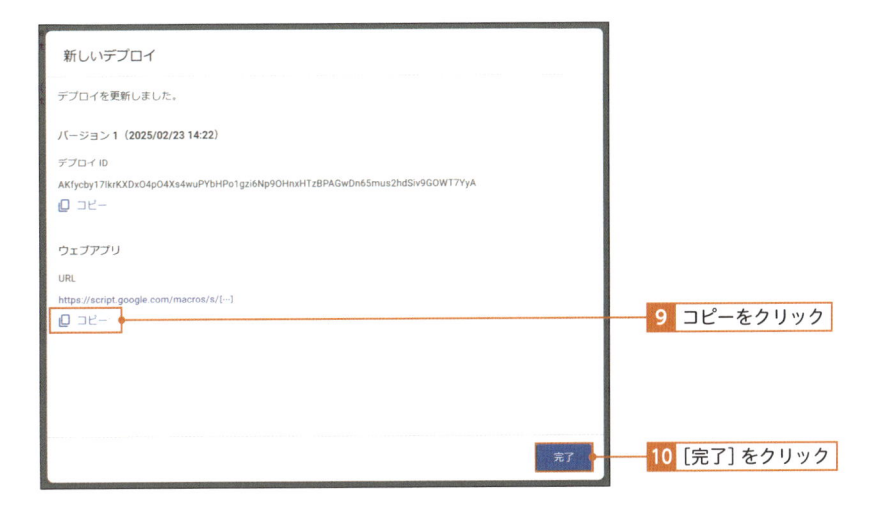

9 コピーをクリック

10 [完了] をクリック

ウェブアプリの URL の再取得やデプロイの削除などは、当該スクリプトのプロジェクト画面で [デプロイ] メニューを開き、その中にある [デプロイを管理] から行うことができます。

▶ Difyでテスト用のアプリを作成する

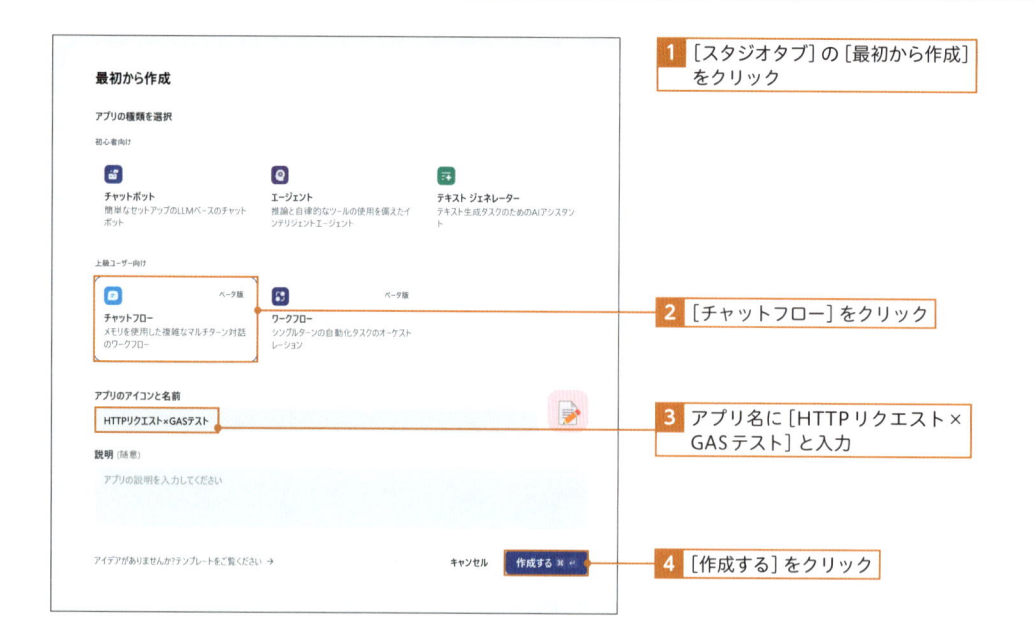

1 ［スタジオタブ］の［最初から作成］をクリック

2 ［チャットフロー］をクリック

3 アプリ名に［HTTPリクエスト×GASテスト］と入力

4 ［作成する］をクリック

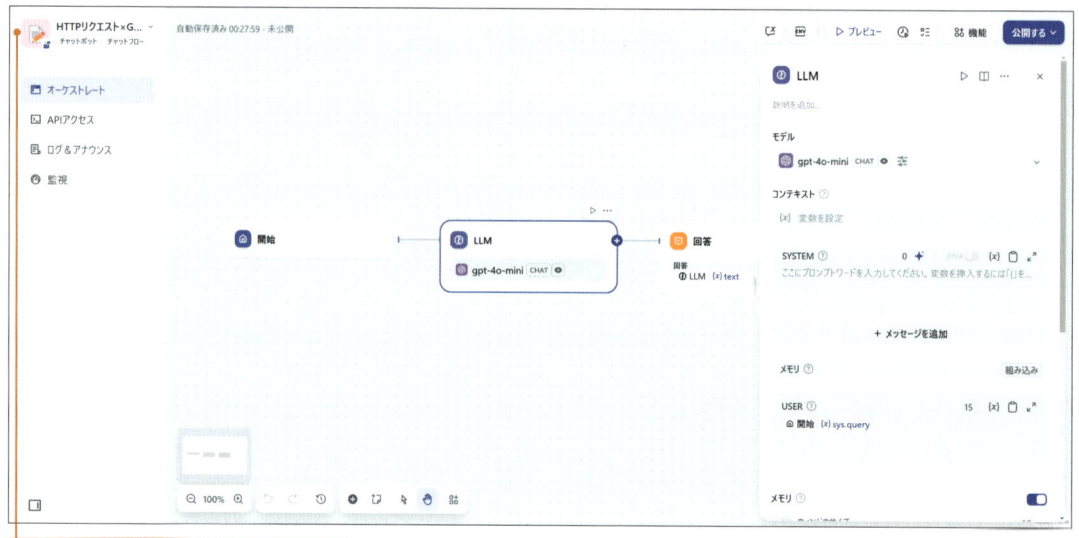

5 ［オーケストレーション］画面が表示

▶ DifyでHTTPリクエストノードを追加・設定する

今回は［HTTPリクエスト］ノードを使うテストのため、［LLM］ノードは利用しません。［開始］と［回答］ノードの間に［HTTPリクエスト］ノードを追加して、先程作成したGASスクリプトを動かすための設定を行います。

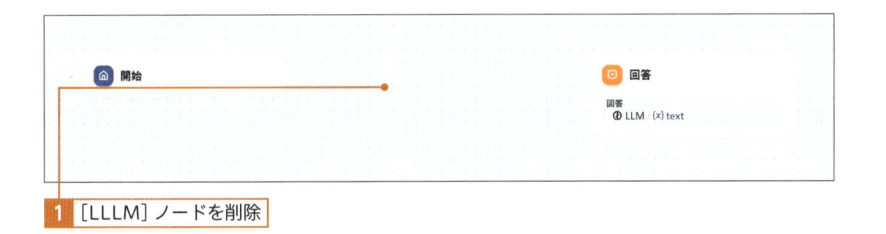

1 ［LLLM］ノードを削除

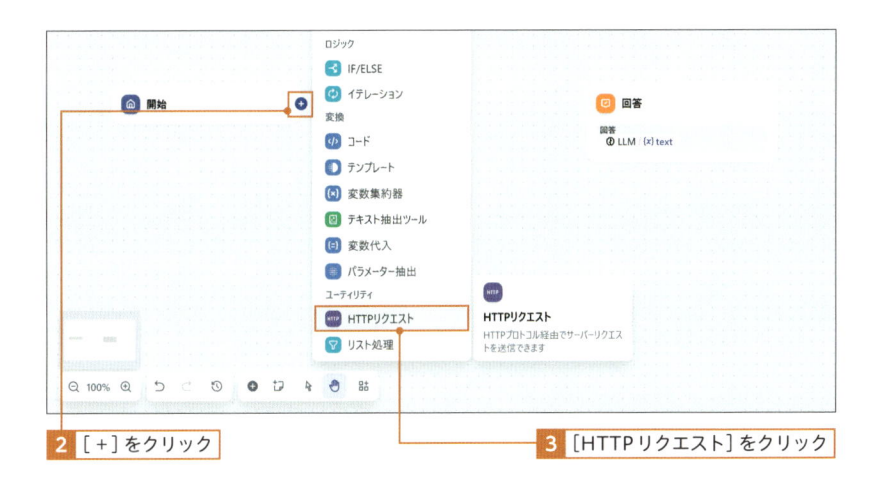

2 ［＋］をクリック

3 ［HTTPリクエスト］をクリック

4 ［HTTPリクエスト］ノードをクリック

[回答] ノードを設定する

最後にテスト結果を確認するために回答ノードと [HTTP リクエスト] ノードを接続します。今回、[回答] ブロックを使ってユーザーに表示する変数は、[HTTP リクエスト / body] を追加します。ここには HTTP リクエストが成功すると先程作成したスクリプトからの応答が格納されるようになっています。

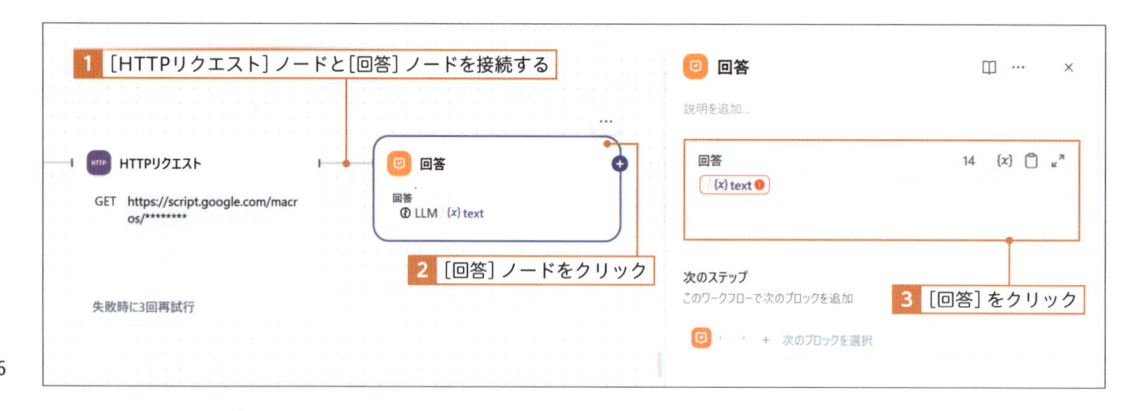

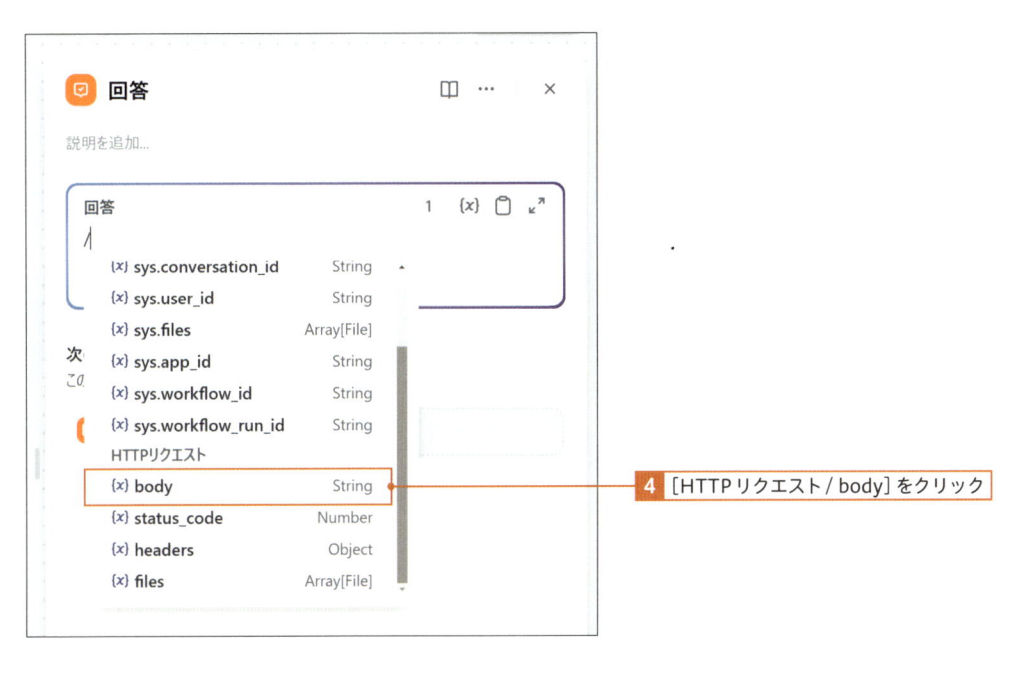

4 ［HTTP リクエスト / body］をクリック

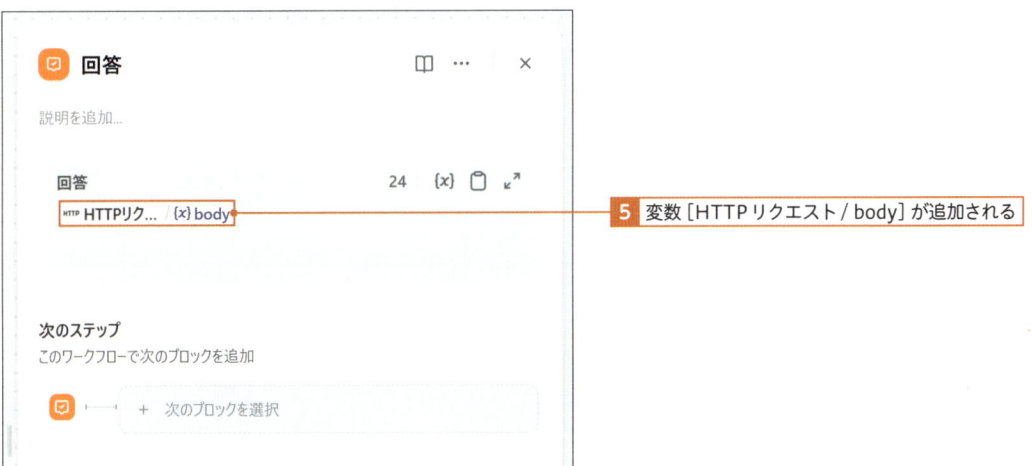

5 変数 ［HTTP リクエスト / body］が追加される

▶ [GET] リクエストをプレビューで実行する

ワークフローが完成したので、[プレビュー]で実行して HTTP リクエストを実行してみましょう。無事にフローが進行し、チャットの回答で[GAS に GET リクエストしました！]と表示されれば作成した GAS は正常に通信がおこなわれて機能しています。

1 [プレビュー]をクリック

2 [テキスト]を入力

3 [送信]をクリック

4 回答を確認する

▶ ［POST］をプレビューで実行する

先ほどは GET リクエストの確認でした。続いて同様の方法で POST リクエストも動作確認をしましょう。［HTTP リクエスト］メソッドを［POST］に設定して［プレビュー］で通信を確認します。

1 ［POST］を選択

2 ［プレビュー］を実行して回答を確認

ここまでの動作確認ができたら、いよいよ実践的なアプリケーション開発に進みましょう。

8-3　領収書管理アプリ

▶ アプリケーションの作成

　紙の領収書やレシートを管理する際、手作業で金額や日付をスプレッドシートに打ち込んでいると、入力ミスや作業時間のロスが発生しがちです。そこで、領収書データを LLM で分析し、その内容を抽出してスプレッドシートに記録させてみましょう。アプリケーションの全体像は以下の通りです。

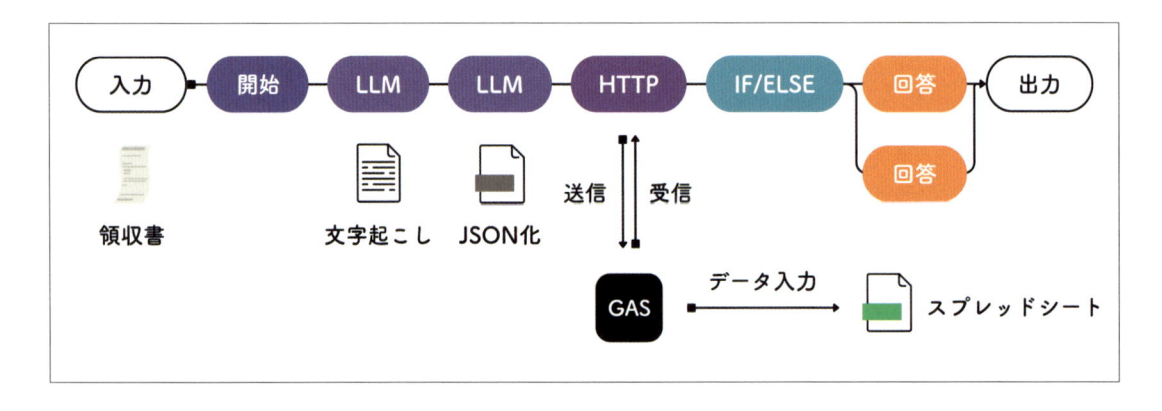

1 [スタジオタブ]の[最初から作成]をクリック

2 [ワークフロー]をクリック

3 アプリ名に[領収書管理ワークフロー]と入力

4 [作成する]をクリック

5 [オーケストレーション]画面が表示

▶ 開始ノードを編集する

まずはユーザーからの入力を受けとる[開始]ノードの設定を行います。[入力フィールド]には、領収書ファイルの形式として考えられる[画像]と[ドキュメント]形式のファイルに対応できる設定を追加します。

1 [開始]ノードをクリック

2 [+]をクリック

212

▶ ［LLM］ノードを追加・設定する

　入力された領収書ファイルを受け取り、テキストを読み出す役割を担当する1つ目の［LLM］ノードを追加します。Chapter7 の時同様に、画像認識が可能なモデル［gpt-4o-mini］を利用しましょう。今回のポイントとしては、全体像であったようにタスクを細かく分けて実行する点です。

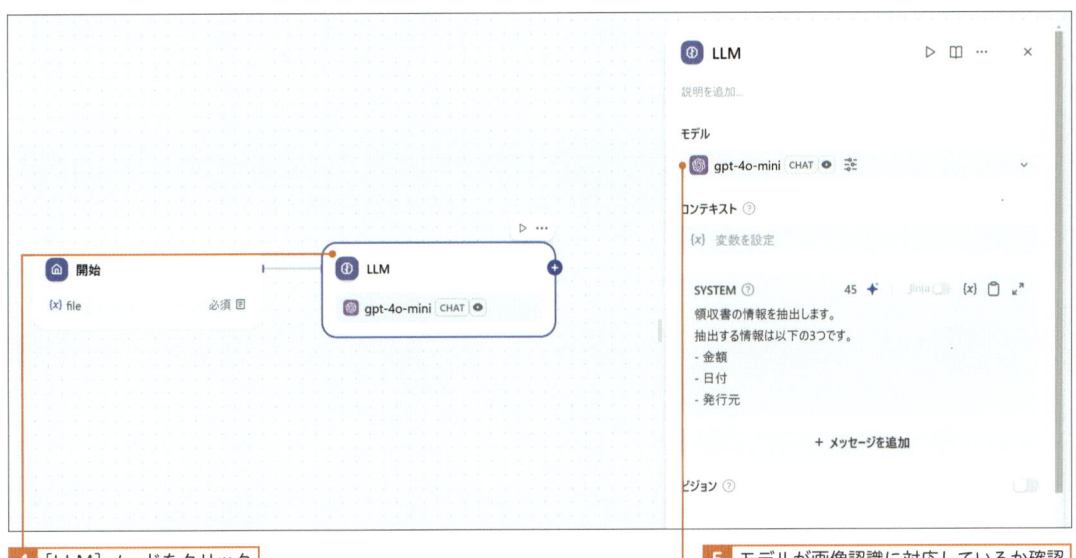

入力された画像を利用するので、［ビジョン］ブロックを有効にしておきます。対象となる変数は先程設定した［開始 / file］を設定します。

▶ JSONデータ生成用の［LLM］ノードを追加・設定する

続いて2つ目の［LLM］ノードを追加します。このノードでは1つ前の［領収書読み取り］ノードで抽出した情報を JSON 形式に変換する役割を与えます。

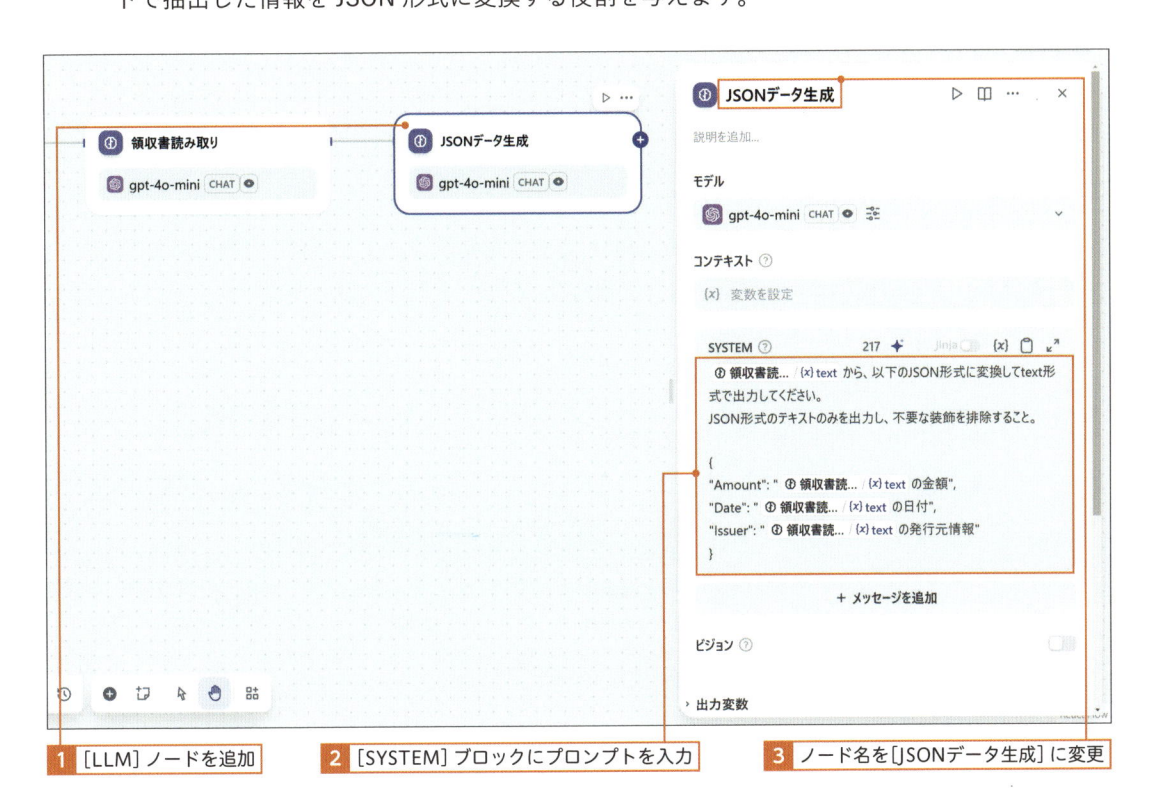

1 ［LLM］ノードを追加
2 ［SYSTEM］ブロックにプロンプトを入力
3 ノード名を［JSONデータ生成］に変更

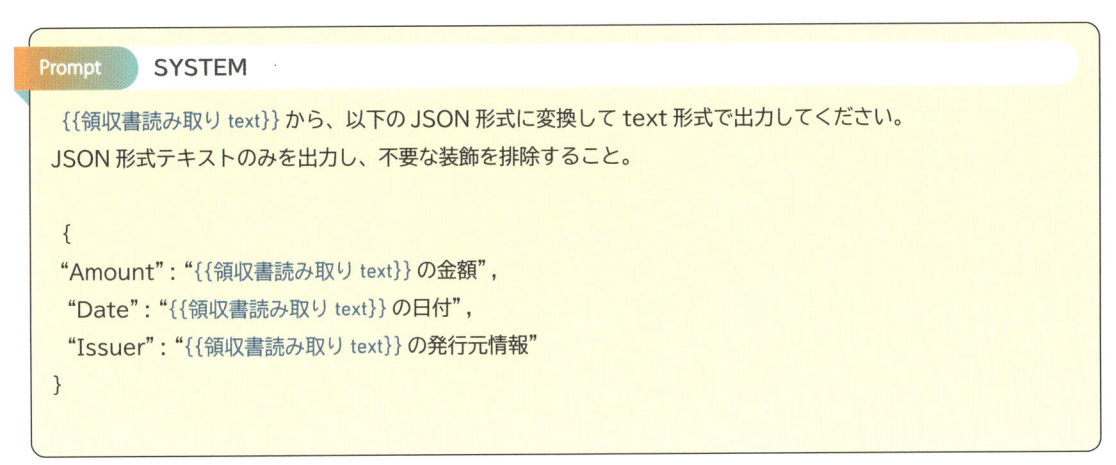

Prompt　　SYSTEM

{{領収書読み取り text}} から、以下の JSON 形式に変換して text 形式で出力してください。
JSON 形式テキストのみを出力し、不要な装飾を排除すること。

```
{
"Amount" : "{{領収書読み取り text}} の金額",
"Date" : "{{領収書読み取り text}} の日付",
"Issuer" : "{{領収書読み取り text}} の発行元情報"
}
```

> LLM のモデルで Gemini などを利用している場合は JSON 形式の生成が上手くいかない場合があるので注意が必要です。できるだけ [gpt-4o-mini] を利用するようにしてください。

上記のプロンプトでは［JSON 形式テキストのみを出力し、不要な装飾を排除すること］という文章をあえていれています。これはとても重要で、LLM は「JSON データを生成しました」などの説明文を追加する傾向があります。この余分な説明文が入ると、出力が正しい JSON の構造ではなくなり、以降のフローでエラーが発生します。そのため純粋な JSON データのみを出力するようプロンプトで指示しています。

▶ GASプロジェクトを作成する

領収書から抽出した情報を転記する Google スプレッドシートを準備します。今回利用するスプレッドシートのシート名は［領収書管理］に変更しておき、最上段にヘッダー行を作成しておきます。

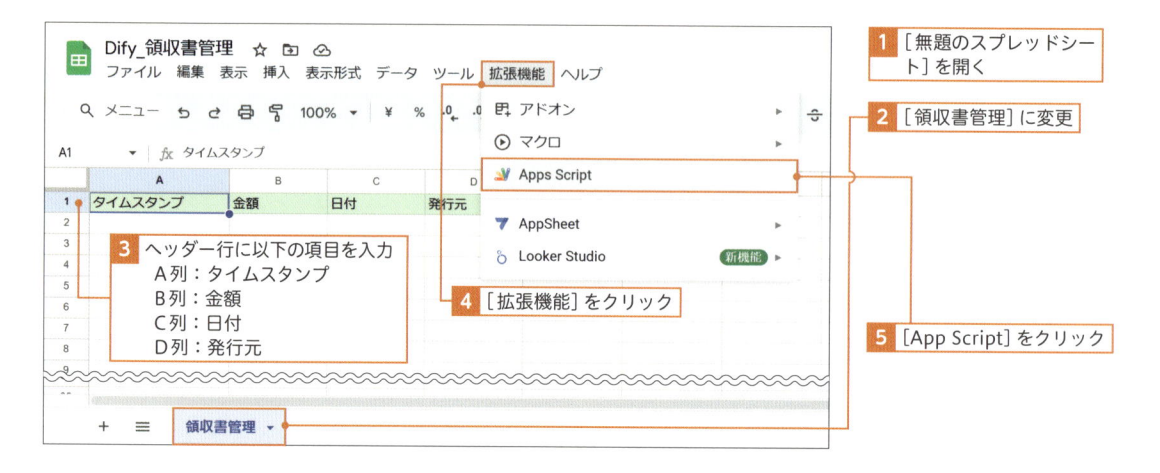

今回のスクリプトは HTTP リクエストが実行されると、与えられる JSON データから情報をスプレッドシートに転記し、その可否によってレスポンスのボディ部分である JSON にキー［status］を作成して、その中に［success］または［error］の文字列を格納して応答を返すという内容になっています。この［status］を参照することで、スクリプトが成功したかが判断できる仕組みです。

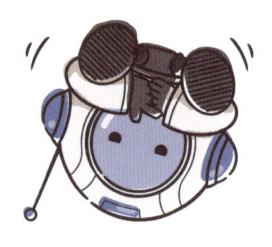

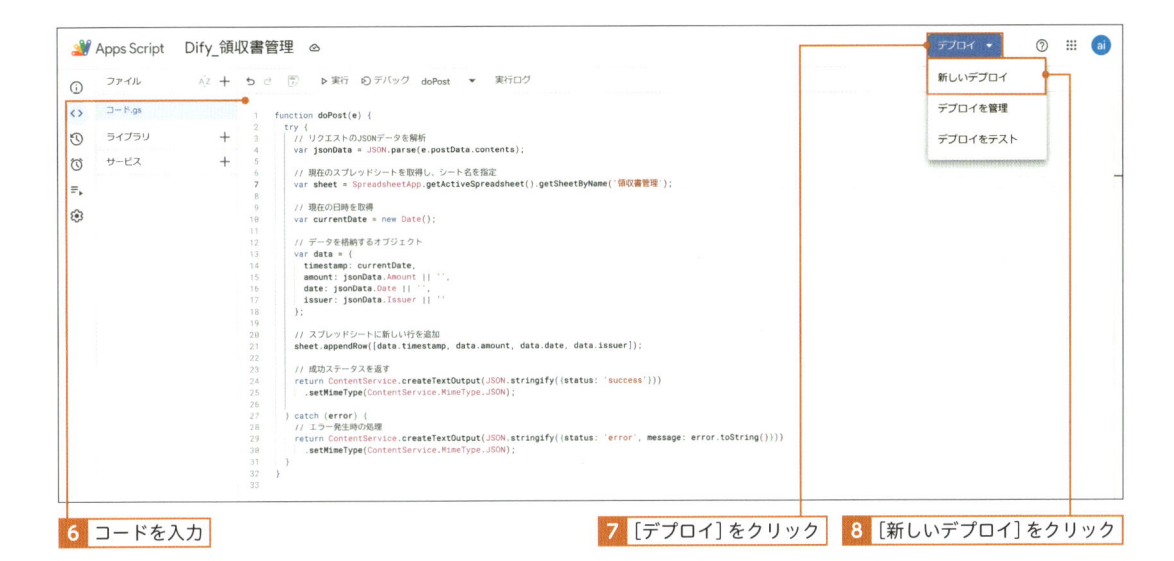

6 コードを入力 **7** ［デプロイ］をクリック **8** ［新しいデプロイ］をクリック

▶ **Code　Dify_領収書管理**

```javascript
function doPost (e) {
  try {
    // リクエストの JSON データを解析
    var jsonData = JSON.parse (e.postData.contents);

    // 現在のスプレッドシートを取得し、シート名を指定
    var sheet = SpreadsheetApp.getActiveSpreadsheet().getSheetByName('領収書管理');

    // 現在の日時を取得
    var currentDate = new Date ();

    // データを格納するオブジェクト
    var data = {
      timestamp: currentDate,
      amount: jsonData.Amount || '',
      date: jsonData.Date || '',
      issuer: jsonData.Issuer || ''
    };

    // スプレッドシートに新しい行を追加
    sheet.appendRow ([data.timestamp, data.amount, data.date, data.issuer]);

    // 成功ステータスを返す
    return ContentService.createTextOutput (JSON.stringify ({status: 'success'}))
      .setMimeType (ContentService.MimeType.JSON);
```

成功したらキー［status］には、
［success］の文字列が格納される

```
  } catch (error) {
    // エラー発生時の処理
    return ContentService.createTextOutput(JSON.stringify({status: 'error',
message: error.toString()}))
      .setMimeType(ContentService.MimeType.JSON);
  }
}
```

失敗したらキー［status］には、
［error］の文字列が格納される

▶ GASプロジェクトをデプロイする

今回もテスト時と同様に外部からアクセスできるようにする必要があります。ウェブアプリ
としてデプロイしましょう。なお、今回はスプレッドシートの中身を編集するため、追加の認
証を行う必要があります。

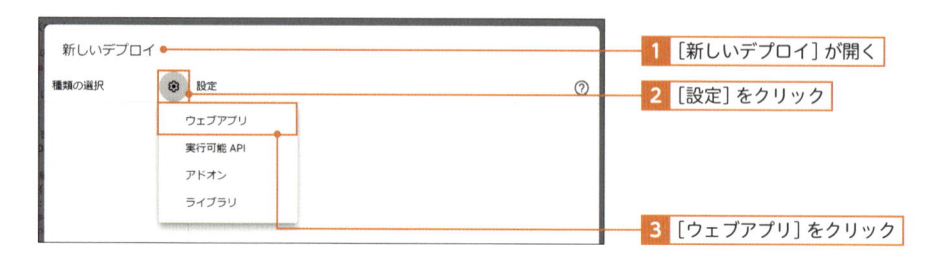

1 ［新しいデプロイ］が開く

2 ［設定］をクリック

3 ［ウェブアプリ］をクリック

4 ［自分］を選択

5 ［全員］を選択

6 ［デプロイ］をクリック

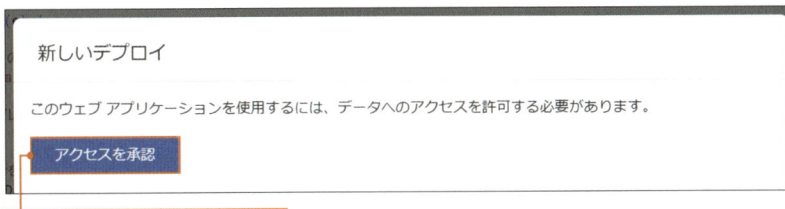

新しいデプロイ

このウェブ アプリケーションを使用するには、データへのアクセスを許可する必要があります。

アクセスを承認

7 ［アクセスを承認］をクリック

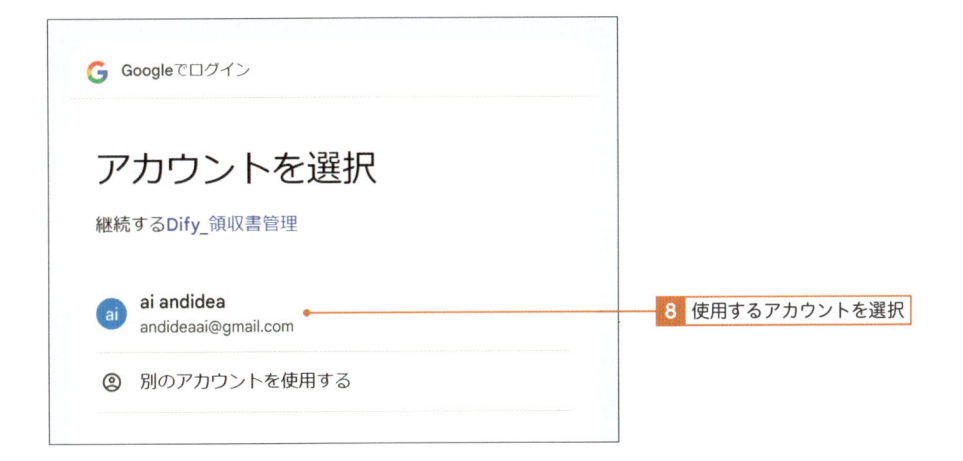

G Googleでログイン

アカウントを選択

継続する**Dify_領収書管理**

ai andidea
andideaai@gmail.com

8 使用するアカウントを選択

別のアカウントを使用する

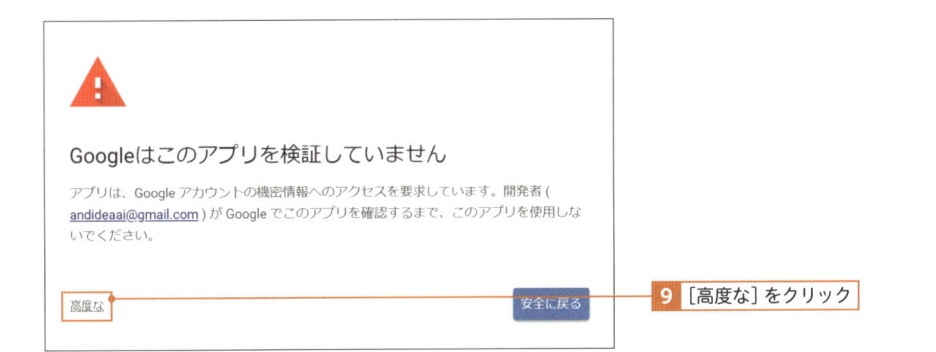

Googleはこのアプリを検証していません

アプリは、Google アカウントの機密情報へのアクセスを要求しています。開発者 (andideaai@gmail.com) が Google でこのアプリを確認するまで、このアプリを使用しないでください。

高度な   安全に戻る

9 ［高度な］をクリック

10 認証したいアプリ名をクリック

11 承認する内容を確認

12 [許可する]をクリック

新しいデプロイ

デプロイを更新しました。

バージョン 1 （2025/02/23 15:45）

デプロイ ID

AKfycbxq2_QUH-1AEnxXKc2dwqAWXzN4r0O2Z2ubqzOcoXUFtG49zEBrsFlinS3tj0qbmRIk

コピー

ウェブアプリ

URL

https://script.google.com/macros/s/[…]

コピー

完了

13 コピーをクリック

14 ［完了］をクリック

Dify で HTTP リクエストノードを追加・設定する

今回の［HTTP リクエスト］ノードは 2 つの［LLM］ノードの後に追加します。先程デプロイ
したウェブアプリの URL と HTTP リクエストの設定を入力していきます。

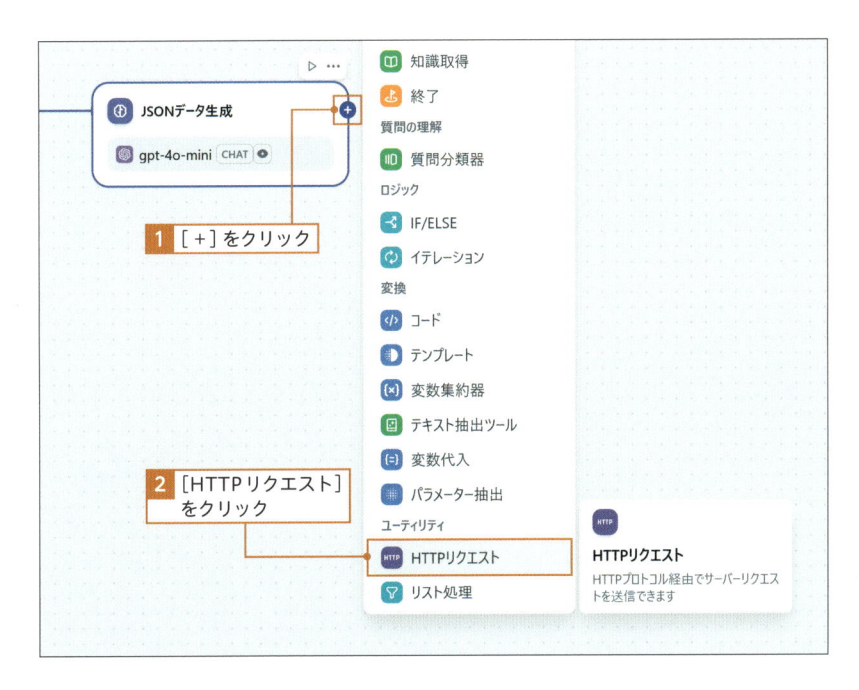

JSONデータ生成

gpt-4o-mini CHAT

1 ［＋］をクリック

知識取得

終了

質問の理解

質問分類器

ロジック

IF/ELSE

イテレーション

変換

コード

テンプレート

変数集約器

テキスト抽出ツール

変数代入

パラメーター抽出

ユーティリティ

HTTPリクエスト

リスト処理

HTTPリクエスト

HTTPプロトコル経由でサーバーリクエス
トを送信できます

2 ［HTTPリクエスト］
をクリック

3 ［HTTPリクエスト］
ノードが追加される

221

今回の［HTTP リクエスト］ノードは決まった形で情報をやり取りする必要があるので、［ボディ］ブロックに［JSON］を指定し、［JSON データ生成］ノードの出力である変数［JSON データ生成 / text］を設定しておきましょう。

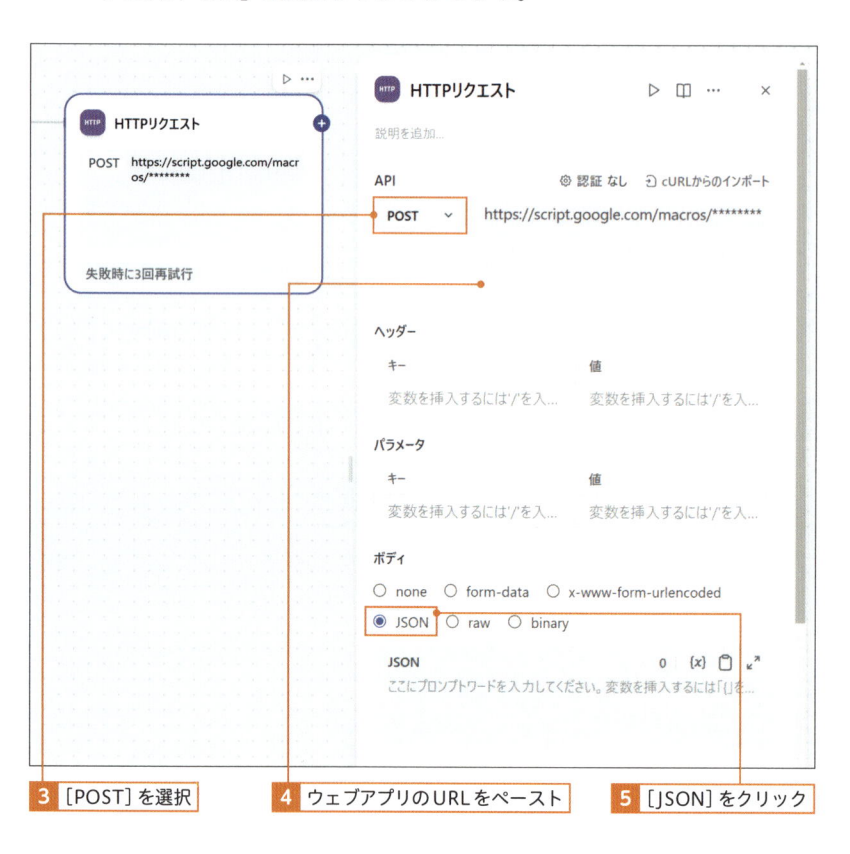

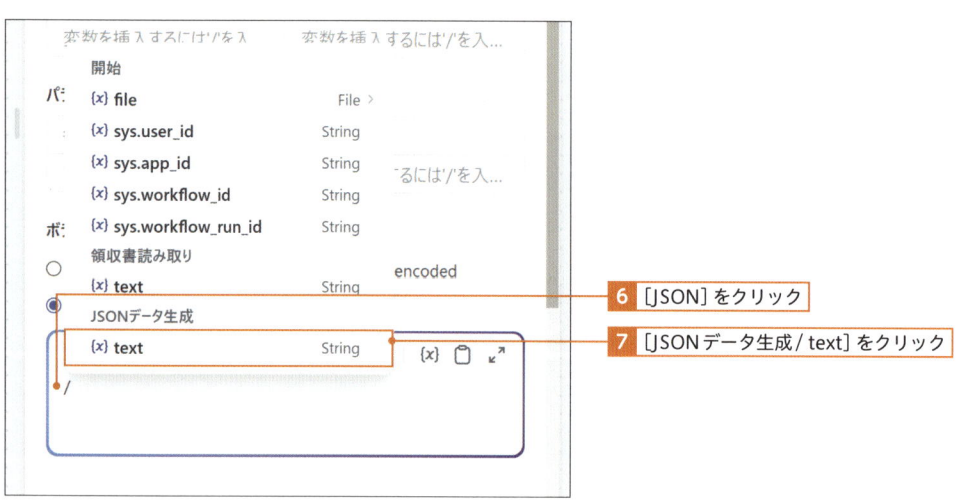

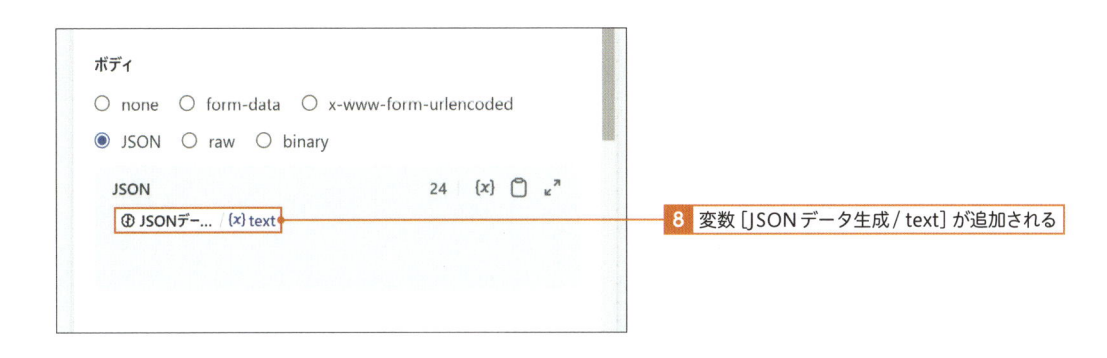

ボディ

○ none　○ form-data　○ x-www-form-urlencoded

● JSON　○ raw　○ binary

JSON　　　　　　　　　　　　24 ｜ {x} 🗋 ⤢

① JSONデー... {x} text ―――――――――― 8 変数［JSONデータ生成 / text］が追加される

▶ ［IF/ELSE］ノードを追加・設定する

　［HTTP リクエスト］ノードの後には［IF/ELSE］ノードを追加します。ここでは直前の［HTTP リクエスト］ノードに戻ってくる JSON ファイルの［body］に［success］というテキストが含まれているかをチェックさせましょう。そして、その結果によってユーザーへの出力を変更します。

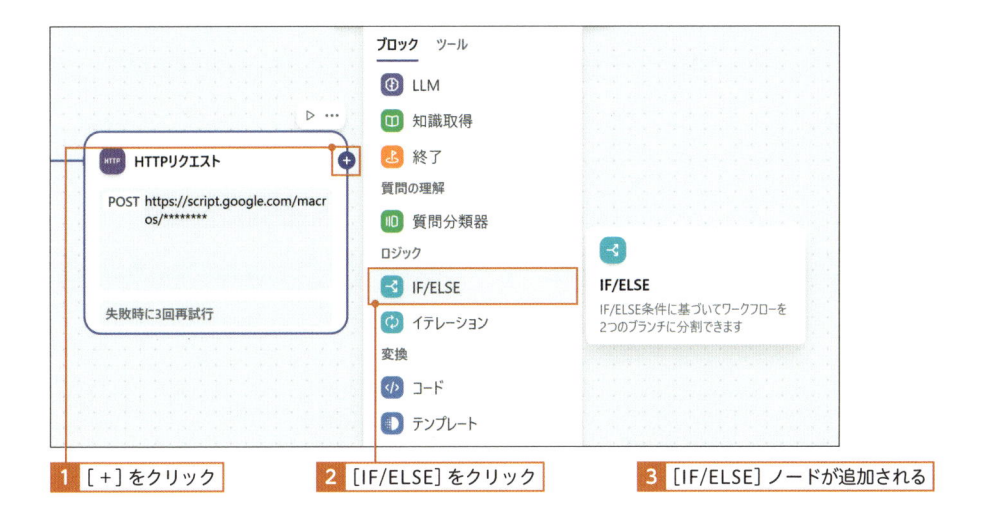

1 ［＋］をクリック　　2 ［IF/ELSE］をクリック　　3 ［IF/ELSE］ノードが追加される

　今回は IF 条件の対象に変数［HTTP リクエスト / body］を選択します。この中に［success］というテキストが含まれていることを設定しましょう。GAS から返された処理結果の通知はキー［status］の中に格納されています。これが［success］であればスプレッドシートへの転記が成功と判断できます。

4 ［IF/ELSE］ノードをクリック

5 ［条件を追加］をクリック

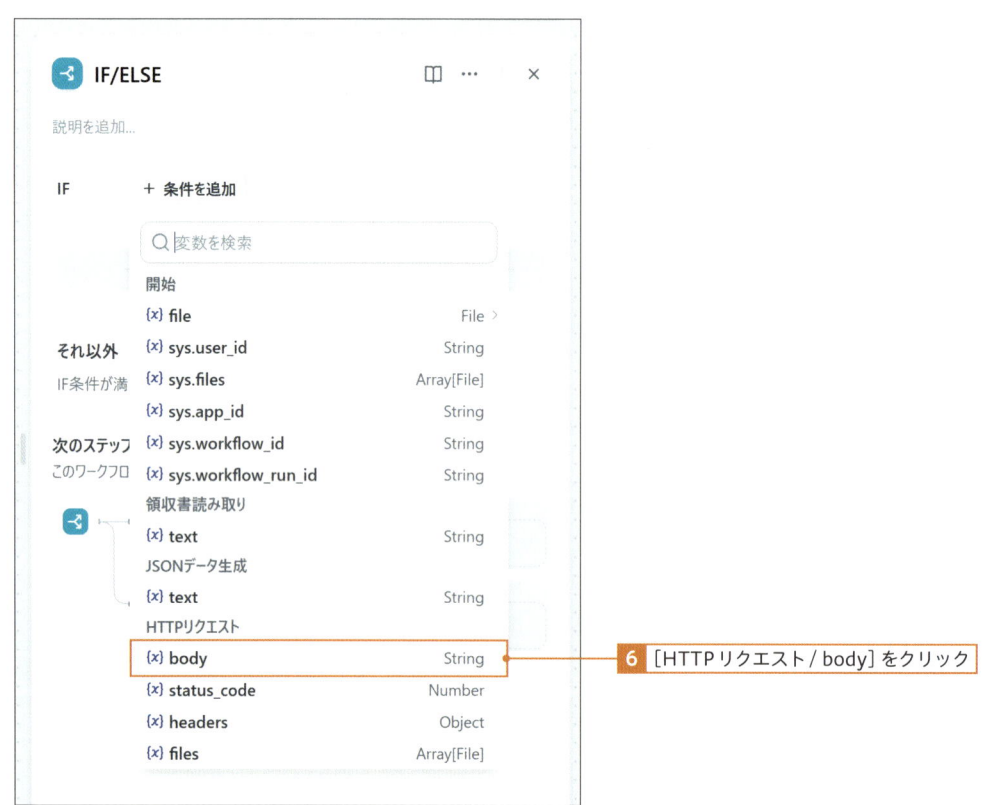

6 ［HTTPリクエスト / body］をクリック

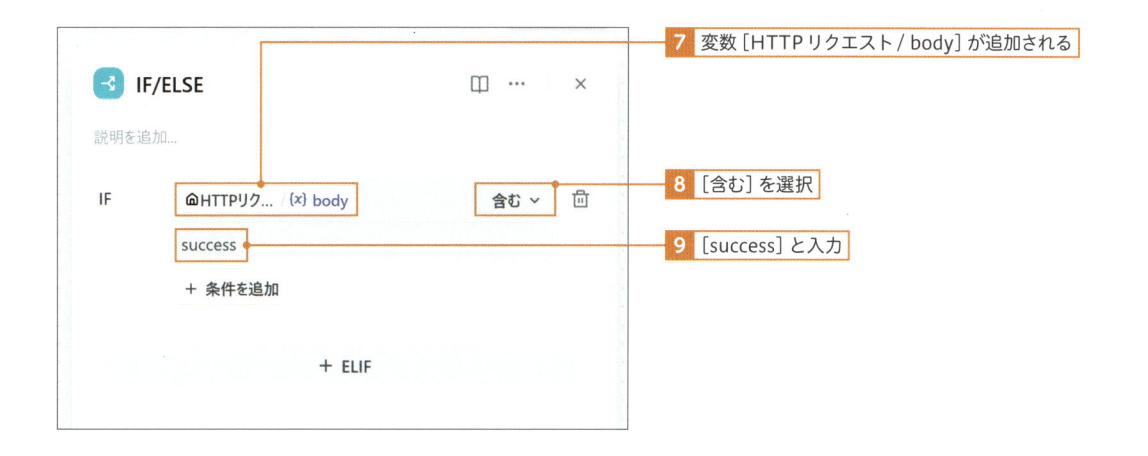

今回は［ELIF］ブロックの条件は設定しません。この時、［IF］ブロックの条件を満たさない場合は全て［ELSE］側に繋がっているノードへ進行することになります。

▶ ［終了］ノードを追加・設定する

最後に［IF/ELSE］ノードからの出力を受け取る［終了］ノードを追加しましょう。［IF］側を［スプシに格納完了］ノード、［ELSE］側を［スプシに格納失敗］ノードとしています。これらのノードの出力としては、領収書から読み取った内容である変数［領収書読み取り / text］と、実際に送信した JSON ファイル形式のテキストである変数［JSON データ生成 / text］の2つをユーザーに返します。これによりいちいちスプレッドシートを開かなくても、処理の内容を確認することができます。

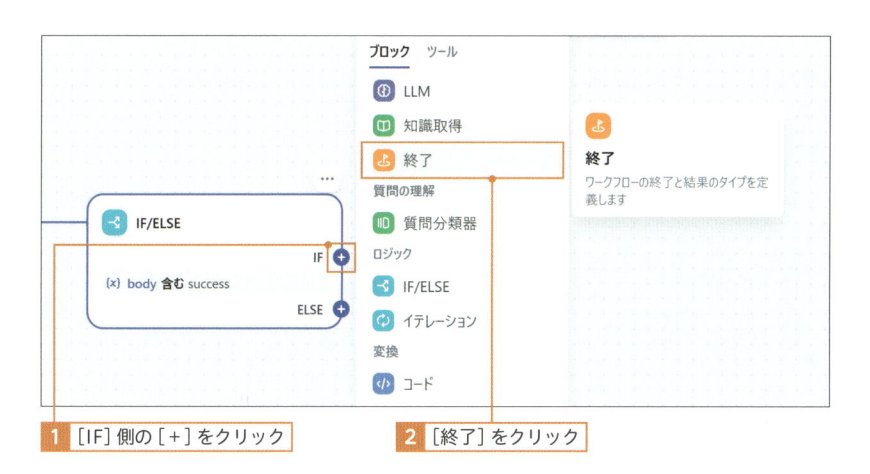

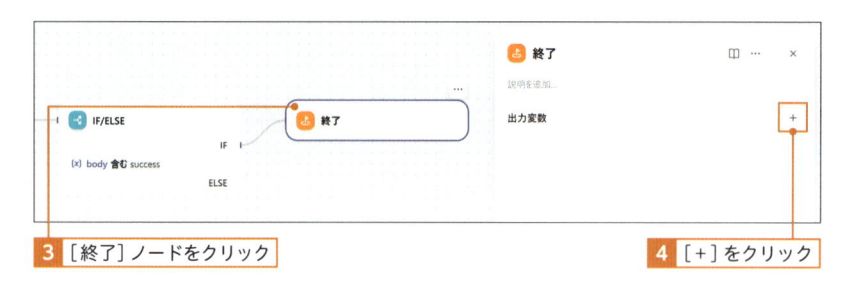

3 ［終了］ノードをクリック

4 ［＋］をクリック

5 ［変数を設定］をクリック

6 ［領収書読み取り / text］をクリック

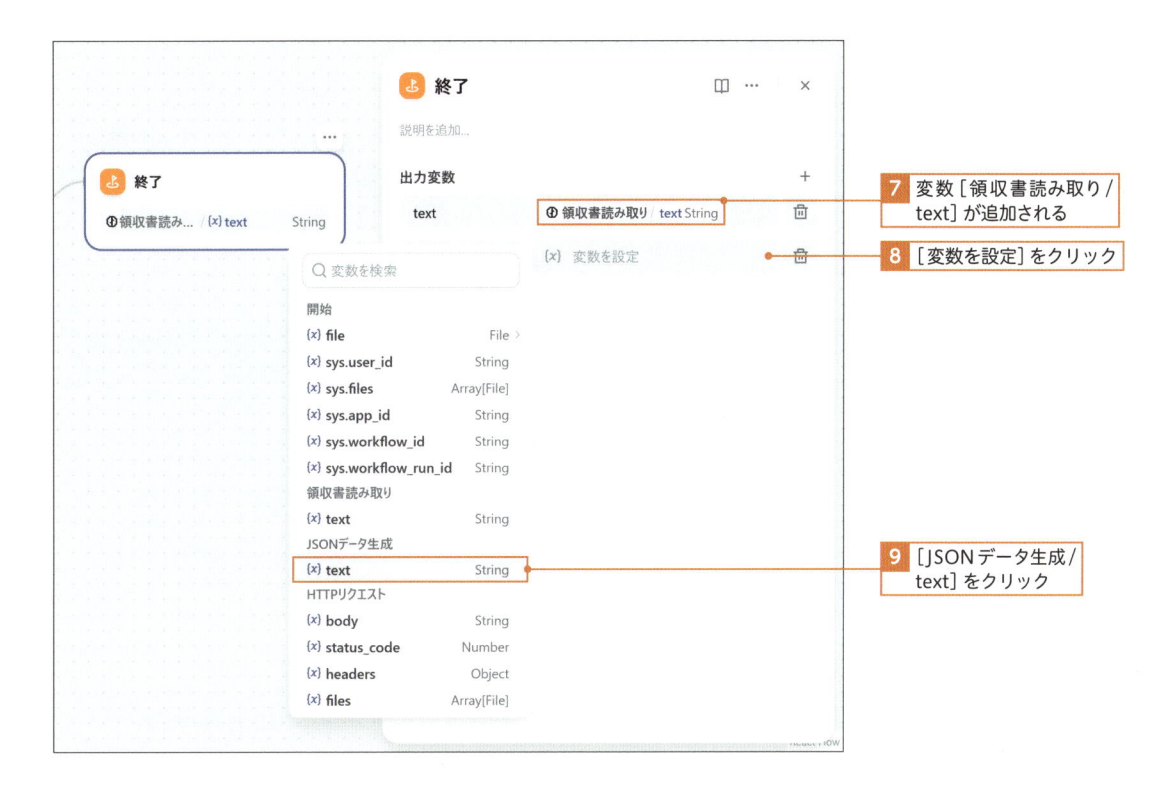

7 変数［領収書読み取り／text］が追加される

8 ［変数を設定］をクリック

9 ［JSONデータ生成／text］をクリック

10 ［JSONデータ生成／text］が追加される

11 ノード名を［スプレッドシートに格納完了］に変更

ノードの複製で［ELSE］側の［終了］ノードを追加しましょう。

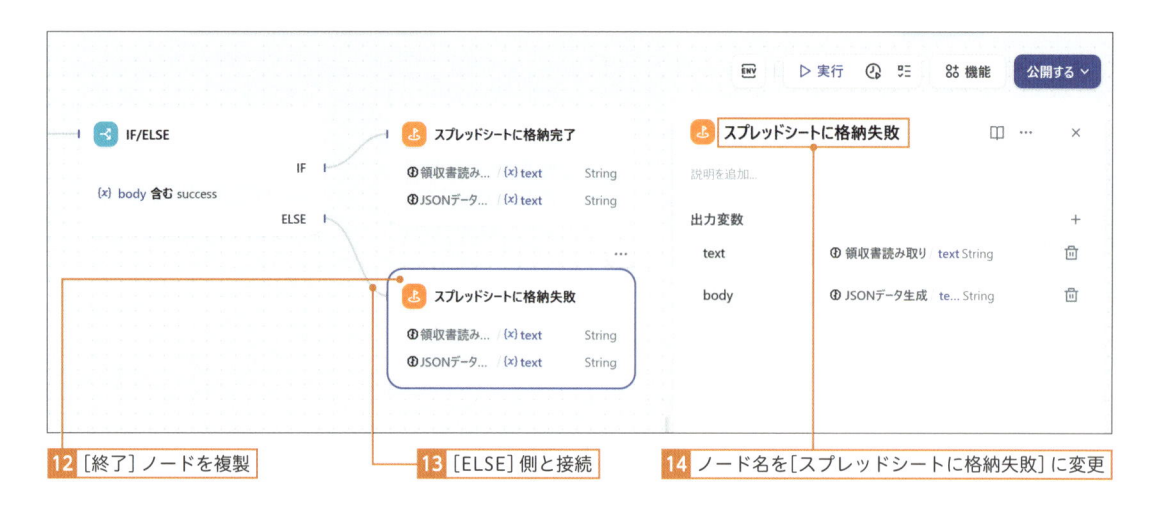

12 ［終了］ノードを複製　　13 ［ELSE］側と接続　　14 ノード名を［スプレッドシートに格納失敗］に変更

▶ アプリを実行・公開する

ワークフローが最後までできたら［実行］画面で動作確認をしましょう。アップロードする画像は、まずはダウンロードファイルの中にある画像で試してみましょう。決まったフォーマットの領収書ではなく、レストランを出た直後にスマートフォンで撮影した領収書の画像でも読み込ませることが可能です。

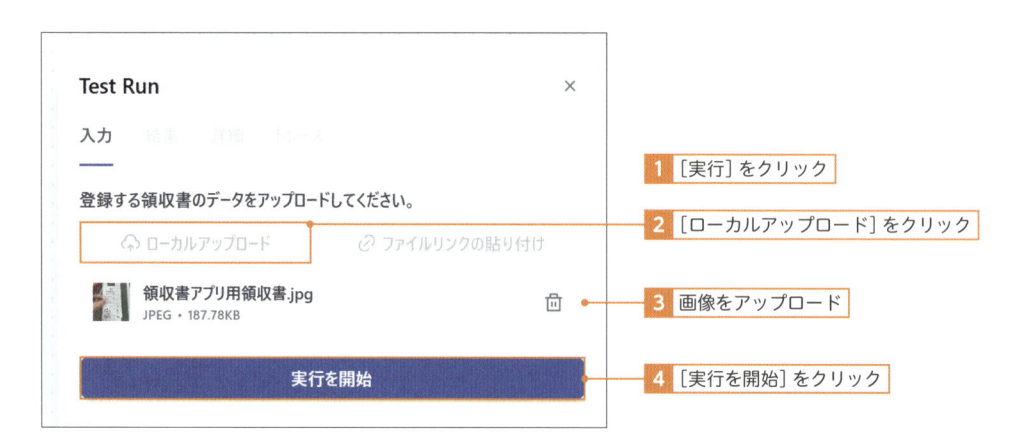

1 ［実行］をクリック

2 ［ローカルアップロード］をクリック

3 画像をアップロード

4 ［実行を開始］をクリック

5 フローの処理を確認

6 結果を確認

問題なくワークフローの処理が［スプレッドシートに格納完了］に進んだら、スプレッドシートを開いてそちらの状況も確認してみましょう。実行結果に加えて処理が行われた時間のタイムスタンプがシートに入力されていれば成功です。さらに追加の領収書を読み込ませて動作を確認していきましょう。

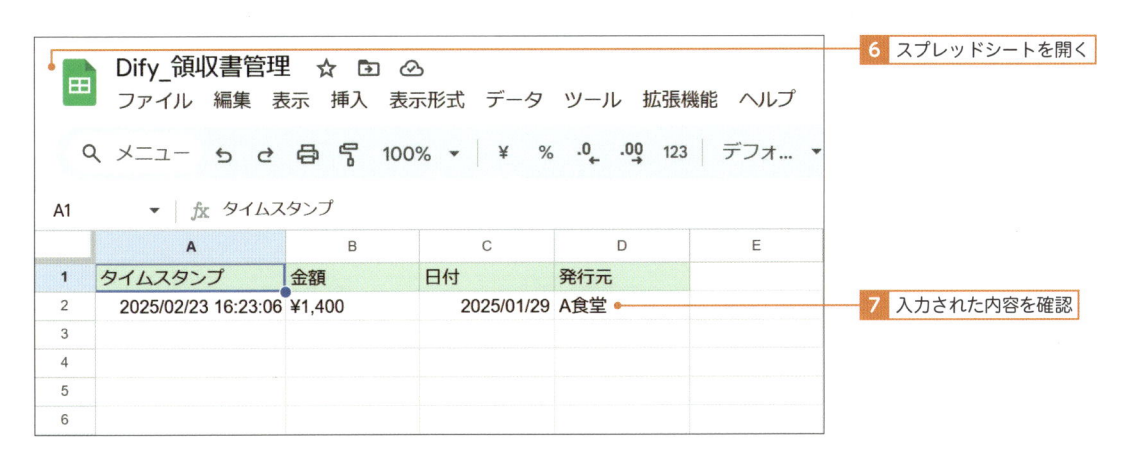

6 スプレッドシートを開く

7 入力された内容を確認

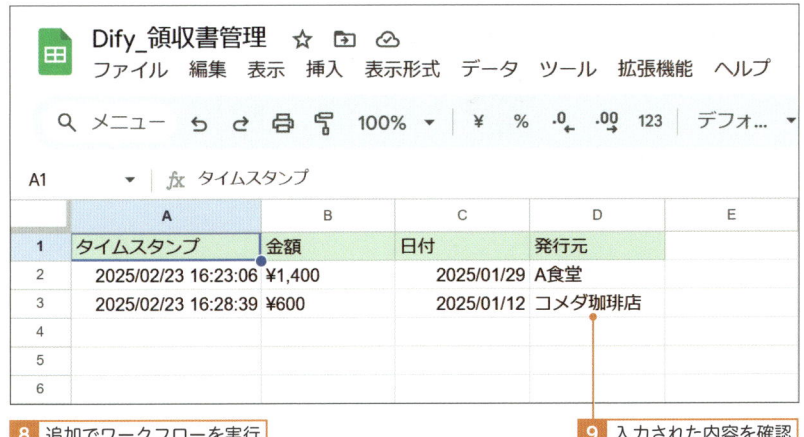

8 追加でワークフローを実行

9 入力された内容を確認

これで領収書管理アプリの基本機能が完成しました。実際に使用しながら自分のニーズに応じて機能の追加や改善を行っていけば、経費精算アプリや、自分の出費を勘定項目ごとに記録するアプリなどに発展させることもできるでしょう。このように HTTP リクエストと GAS スクリプトを活用することで、かなり人間の仕事に近い作業も行うことができます。

8-4 チャット型家計簿アプリを作ろう

▶ アプリケーションの作成

続いては、GAS スクリプトとスプレッドシートを使って実用的な家計簿アプリを作成していきましょう。利用シーンとしては、夫婦で出費を管理する際に、お金を使ったその場でスマートフォンに入力するという行動をイメージします。その場合、直接スプレッドシートに入力しようとすると不便なため、チャット形式の UI を通じて、自然言語で情報を送ったら LLM によって項目を整理してから転記させます。

今回は、「妻が電車で 600 円使いました」や「夫がコンビニで 500 円のお弁当を買いました」のような形式で、誰が何にいくら使ったのかをチャットすれば自動で転記するアプリを目指します。アプリの全体像は以下の通りです。

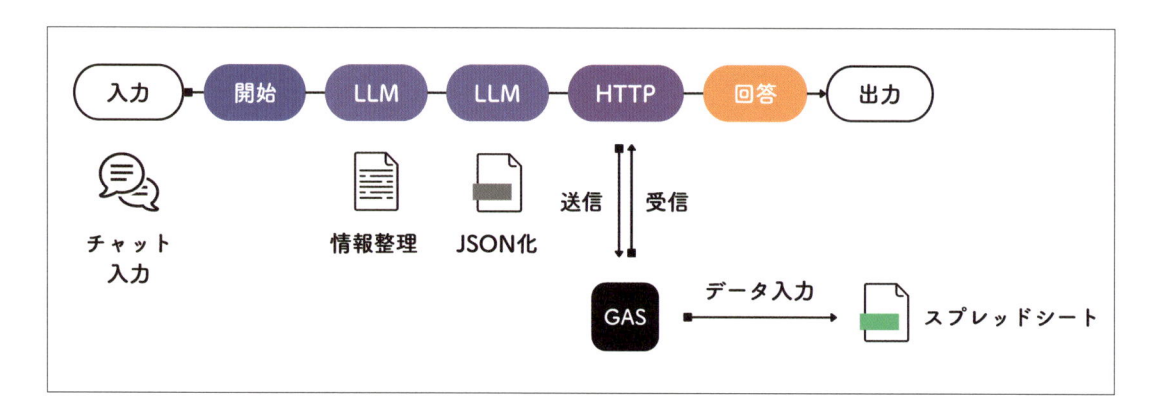

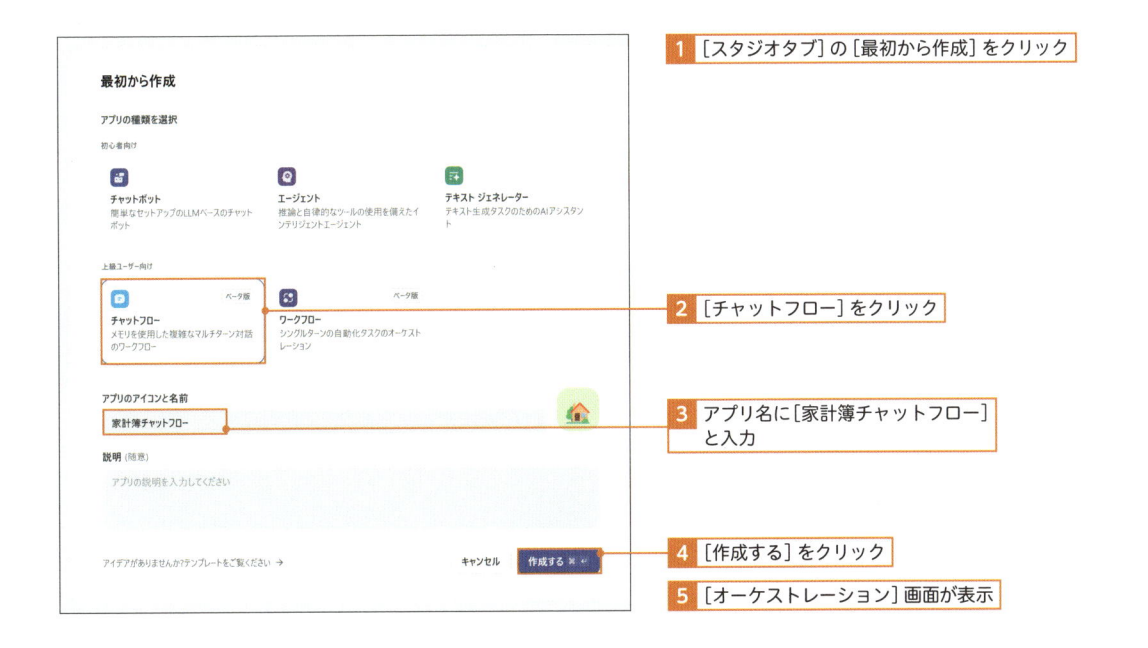

1 [スタジオタブ] の [最初から作成] をクリック

2 [チャットフロー] をクリック

3 アプリ名に [家計簿チャットフロー] と入力

4 [作成する] をクリック

5 [オーケストレーション] 画面が表示

▶ [LLM] ノードを設定する

今回は自然言語での入力を利用するため、[開始] ノードは特に編集せず、[LLM] ノードを編集していきます。今回は [SYSTEM] ブロックのプロンプトに様々な条件を記載していきます。

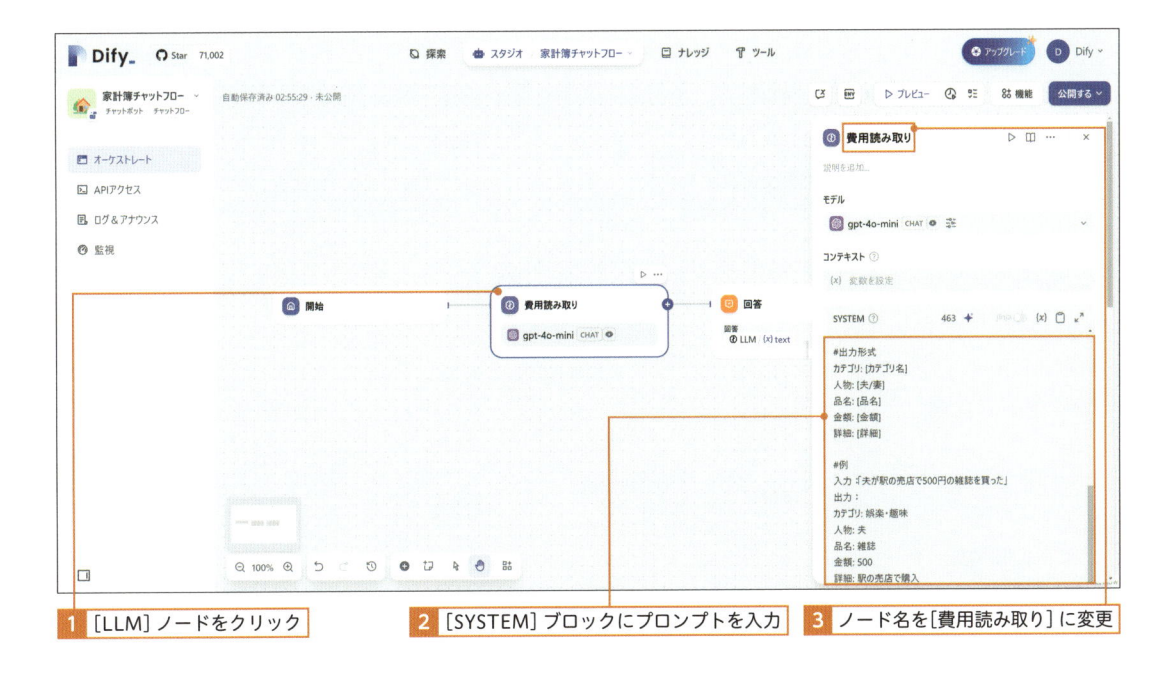

1 [LLM] ノードをクリック

2 [SYSTEM] ブロックにプロンプトを入力

3 ノード名を [費用読み取り] に変更

このタスクでは、入力された内容を分析し、以下のカテゴリのいずれかに分類して情報を抽出します。

【カテゴリ一覧】
・食費：食材、外食、飲料、お菓子など
・日用品：衛生用品、掃除用品、消耗品など
・交通費：ガソリン代、電車、バス、駐車場など
・光熱費：電気、ガス、水道など
・娯楽・趣味：映画、音楽、本、スポーツなど

以下の情報を抽出し、指定された形式で出力してください。
1. 上記カテゴリから最適なもの
2. 人物（夫 / 妻）
3. 品名
4. 金額（数値のみ）
5. 詳細情報

出力形式：
カテゴリ：[カテゴリ名]
人物：[夫 / 妻]
品名：[品名]
金額：[金額]
詳細：[詳細]

例：
入力：「夫が駅の売店で 500 円の雑誌を買った」
出力：
カテゴリ：娯楽・趣味
人物：夫
品名：雑誌
金額：500
詳細：駅の売店で購入

入力：「妻がスーパーでトイレットペーパーを 1200 円分買った」
出力：
カテゴリ：日用品
人物：妻
品名：トイレットペーパー
金額：1200
詳細：スーパーで購入

▶ ［LLM］ノードを追加・設定する

1つ目のLLMで抽出した情報から、GASスクリプトへ送るJSONデータの生成する役割を担当する、2つ目の［LLM］ノードを追加します。

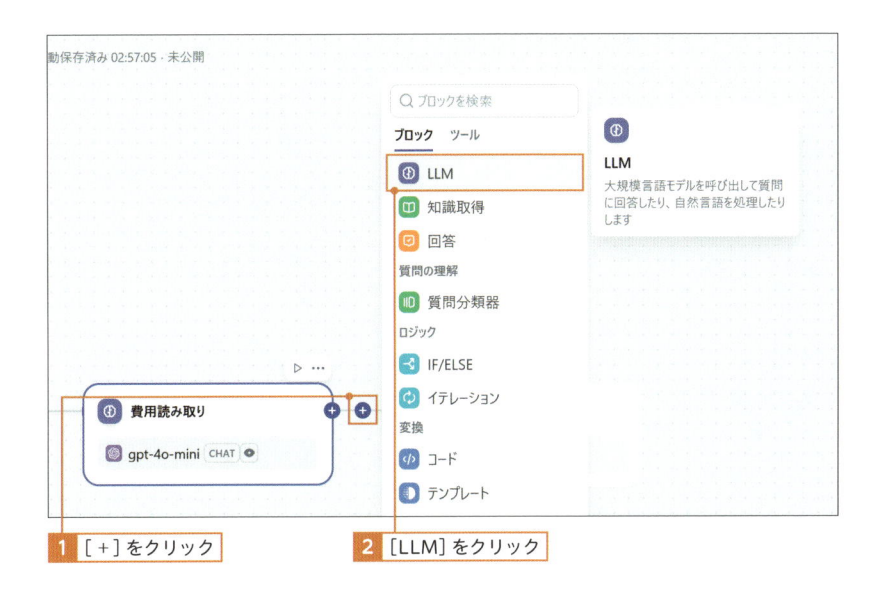

1 ［＋］をクリック　　2 ［LLM］をクリック

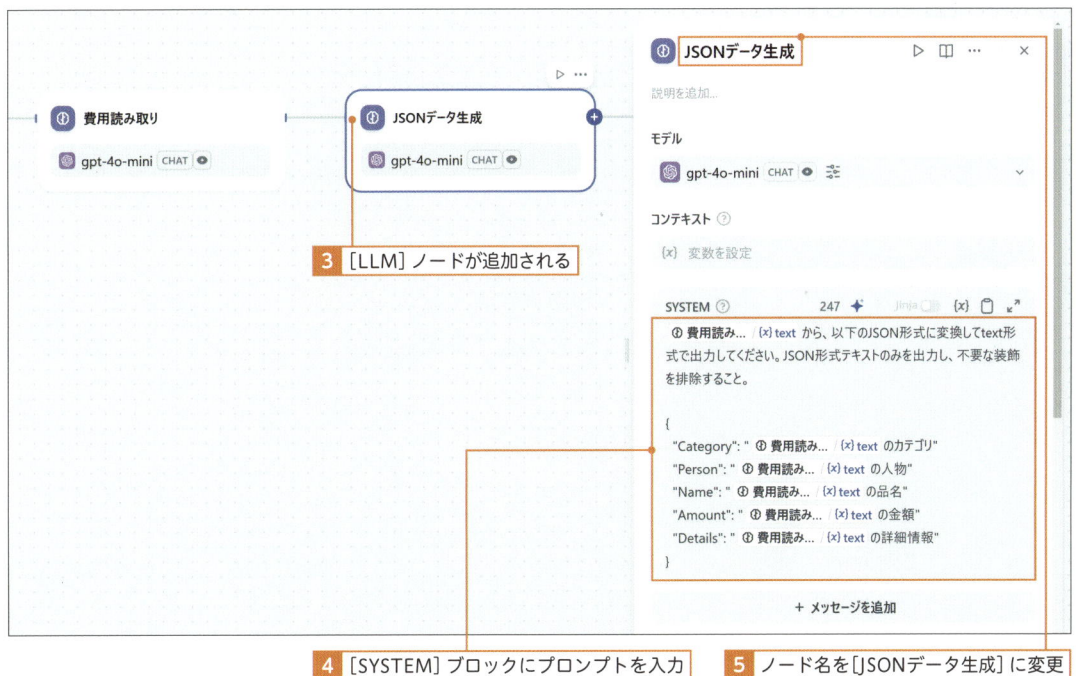

3 ［LLM］ノードが追加される

4 ［SYSTEM］ブロックにプロンプトを入力　　5 ノード名を［JSONデータ生成］に変更

▶ GAS プロジェクトを作成する

領収書から抽出した情報を転記する Google スプレッドシートを準備します。今回利用するスプレッドシートのシート名は［家計簿］に変更しておき、最上段にヘッダー行を作成しておきます。

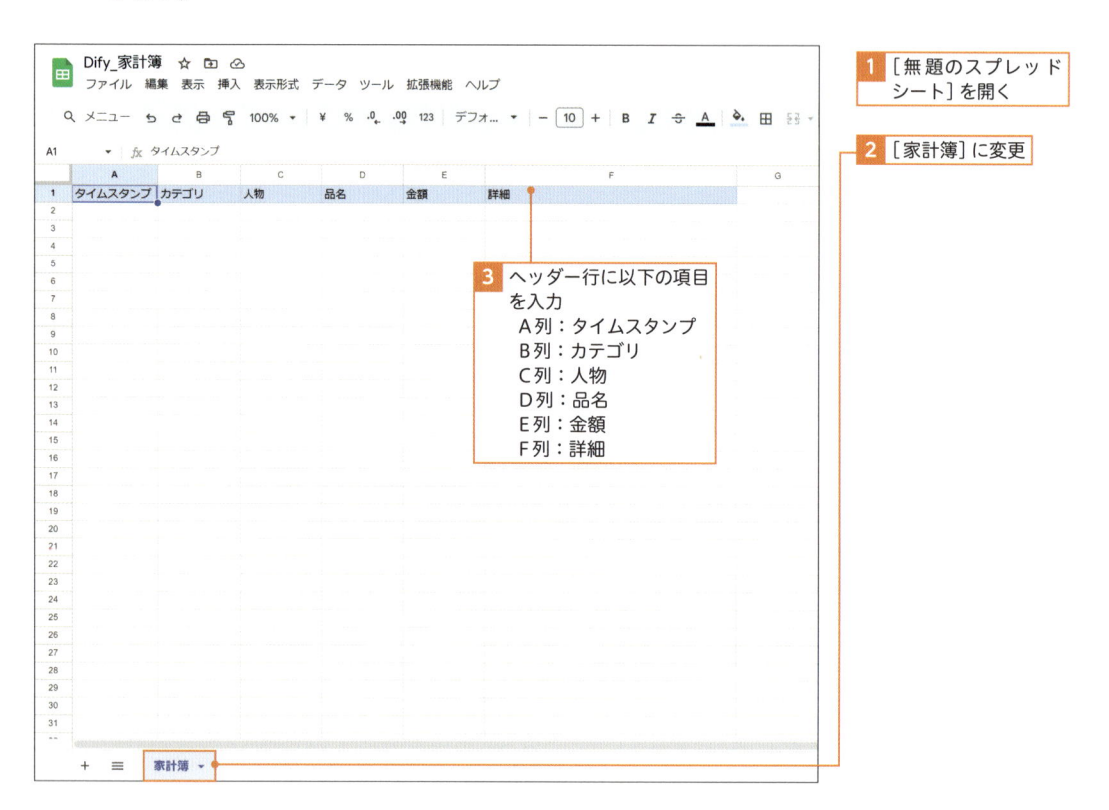

① ［無題のスプレッドシート］を開く

② ［家計簿］に変更

③ ヘッダー行に以下の項目を入力
A列：タイムスタンプ
B列：カテゴリ
C列：人物
D列：品名
E列：金額
F列：詳細

4 ［拡張機能］をクリック

5 ［App Script］をクリック

今回のスクリプトは HTTP リクエストが実行されると、与えられる JSON データから情報をスプレッドシートに転記し、その可否によってレスポンスのボディ部分である JSON にキー［status］を作成して、その中に［success］または［error］の文字列を格納して応答を返すという内容になっています。

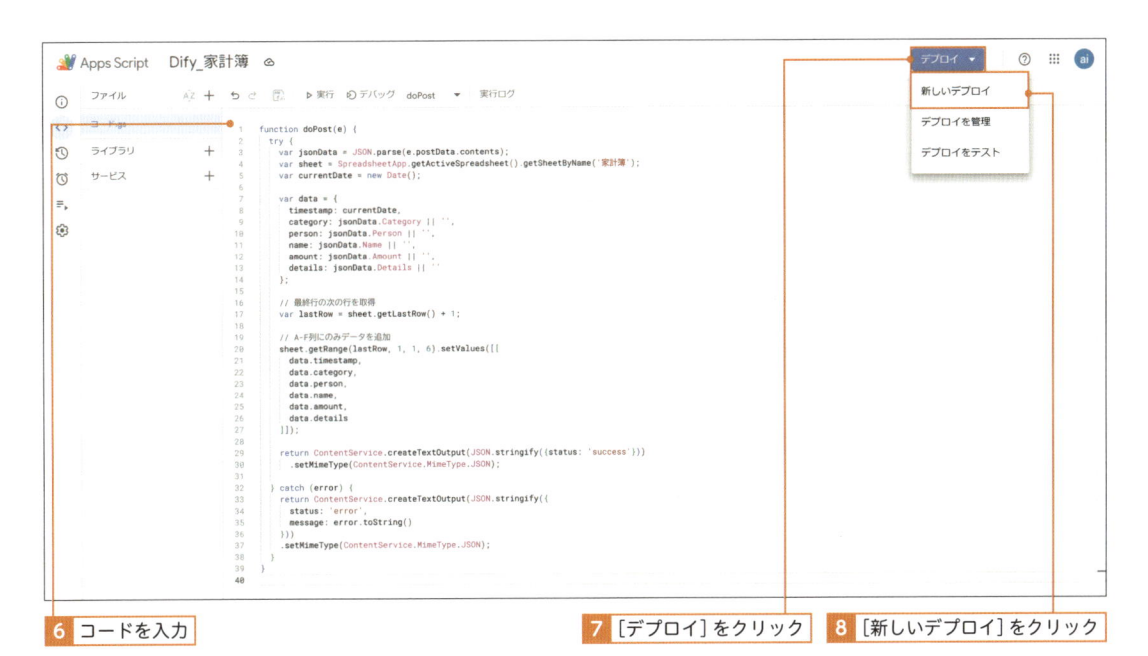

6 コードを入力

7 ［デプロイ］をクリック

8 ［新しいデプロイ］をクリック

```
function doPost(e) {
  try {
    var jsonData = JSON.parse(e.postData.contents);
    var sheet = SpreadsheetApp.getActiveSpreadsheet().getSheetByName('家計簿');
    var currentDate = new Date();

    var data = {
      timestamp: currentDate,
      category: jsonData.Category || '',
      person: jsonData.Person || '',
      name: jsonData.Name || '',
      amount: jsonData.Amount || '',
      details: jsonData.Details || ''
    };

    // 最終行の次の行を取得
    var lastRow = sheet.getLastRow() + 1;

    // A-F列にのみデータを追加
    sheet.getRange(lastRow, 1, 1, 6).setValues([[
      data.timestamp,
      data.category,
      data.person,
      data.name,
      data.amount,
      data.details
    ]]);

    return ContentService.createTextOutput(JSON.stringify({status: 'success'}))
      .setMimeType(ContentService.MimeType.JSON);

  } catch (error) {
    return ContentService.createTextOutput(JSON.stringify({
      status: 'error',
      message: error.toString()
    }))
    .setMimeType(ContentService.MimeType.JSON);
  }
}
```

> スクリプトでは HTTP レスポンスのボディ部分である JSON にキー [status] を作成して返す形となっていますが、今回解説しているフローではこれを利用するエラー判定は組み込んでいません。興味がある方は先ほどの [領収書管理アプリ] で解説した内容を参考に実装にチャレンジしてみてください。

▶ GAS プロジェクトをデプロイする

コードの入力が終わったらウェブアプリとしてデプロイしましょう。キャプチャは省略しますが、先程同様にスプレッドシートの中身を編集するため追加の認証を行います。

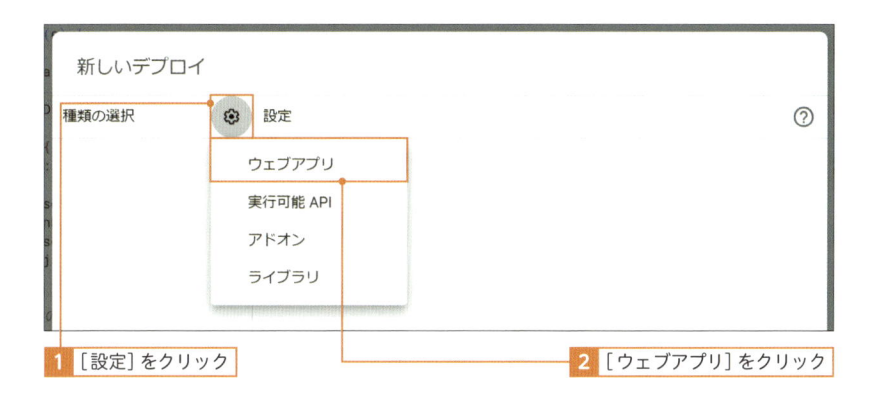

1 ［設定］をクリック

2 ［ウェブアプリ］をクリック

3 ［自分］を選択

4 ［全員］を選択

5 ［デプロイ］をクリック

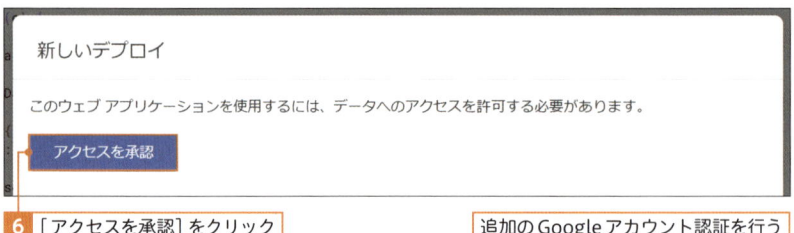

6 ［アクセスを承認］をクリック　　　追加のGoogleアカウント認証を行う

7 ［コピー］をクリック　　　　　　　**8** ［完了］をクリック

Dify で HTTP リクエストノードを追加・設定する

今回の［HTTP リクエスト］ノードは 2 つの［LLM］ノードの後に追加します。先程デプロイしたウェブアプリの URL と HTTP リクエストの設定を入力していきます。

　今回の［HTTP リクエスト］ノードは情報をやり取りする必要があるので、［ボディ］ブロックに［JSON］を指定し、［JSON データ生成］ノードの出力である変数［JSON データ生成 / text］を設定しておきましょう。

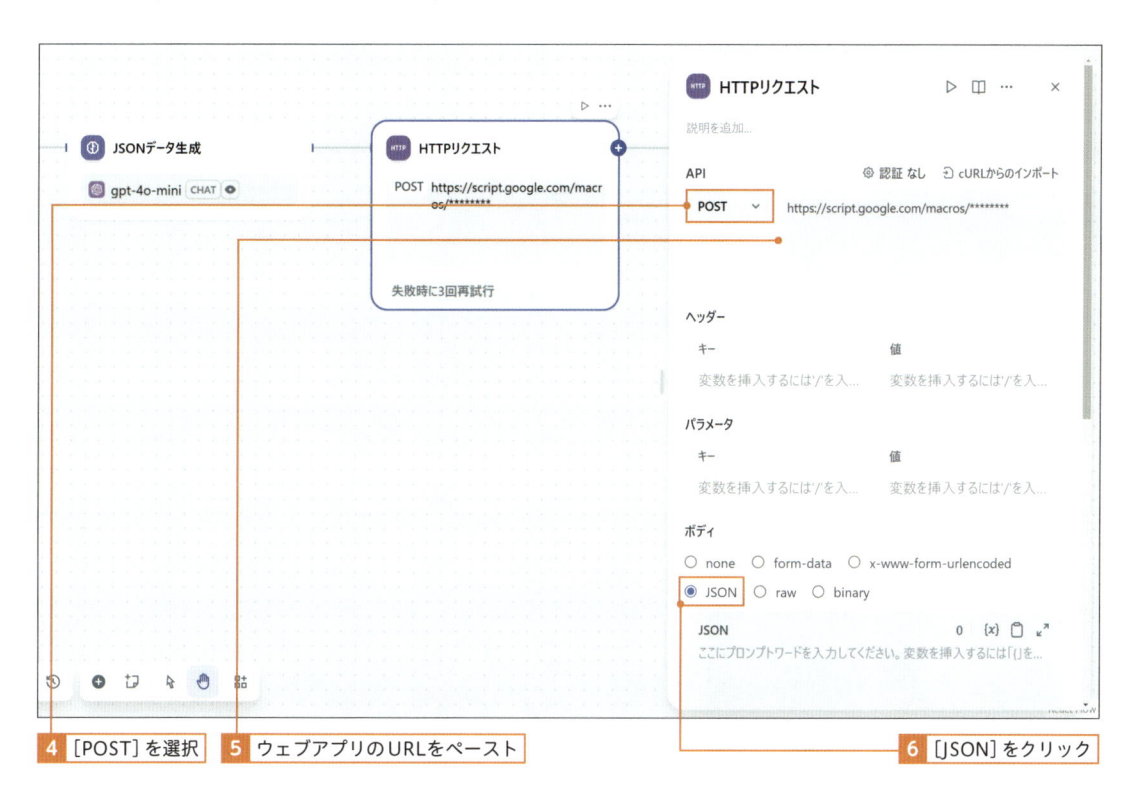

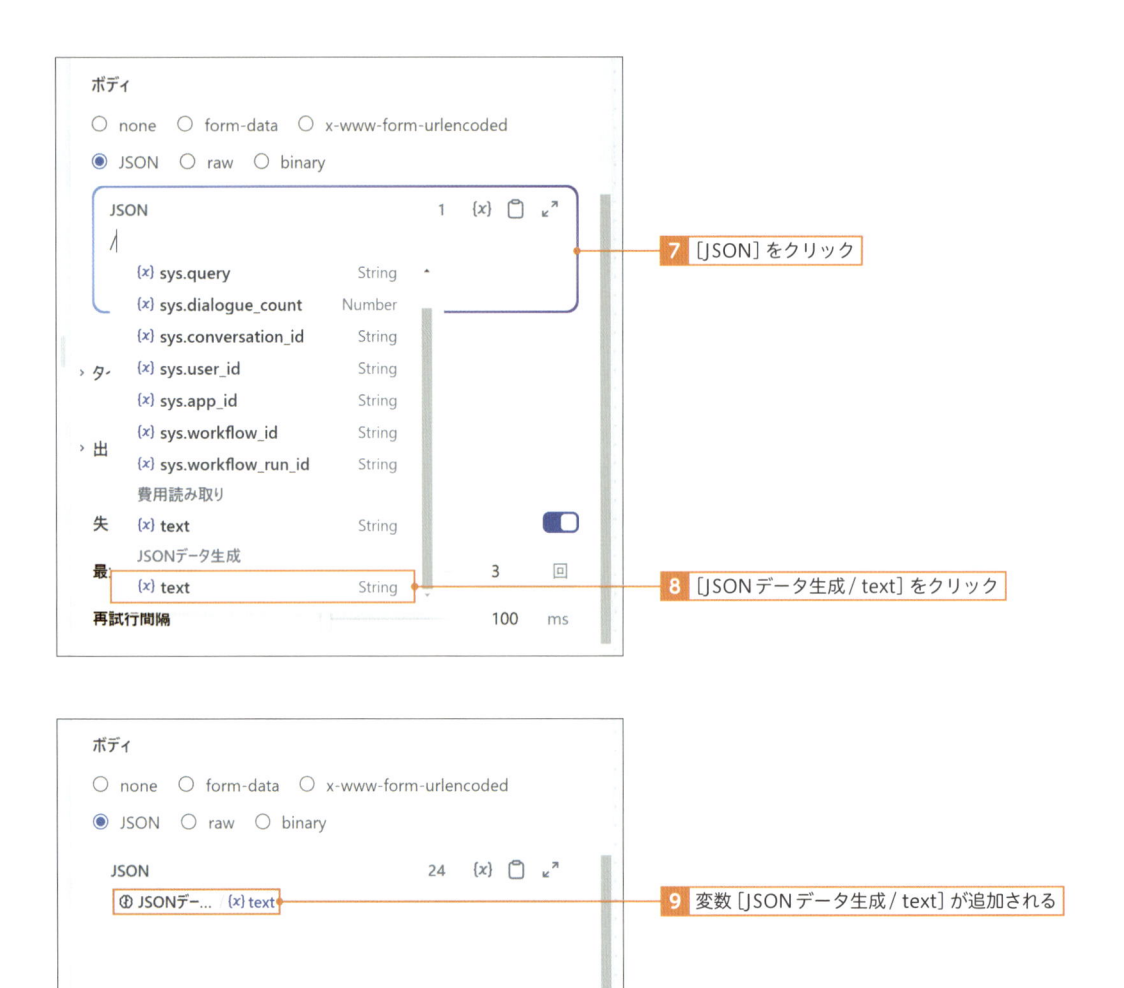

7 [JSON] をクリック

8 [JSONデータ生成 / text] をクリック

9 変数 [JSONデータ生成 / text] が追加される

▶ ［回答］ノードを追加・設定する

　最後に［回答］ノードを設定しましょう。［回答］ノードの出力としては、ユーザーからの入力を元に情報を整理した内容である変数［費用読み込み / text］と、実際に送信した JSON ファイル形式のテキストである変数［JSON データ生成 / text］の 2 つをユーザーに返します。これによりいちいちスプレッドシートを開かなくても、処理の内容を確認することができます。

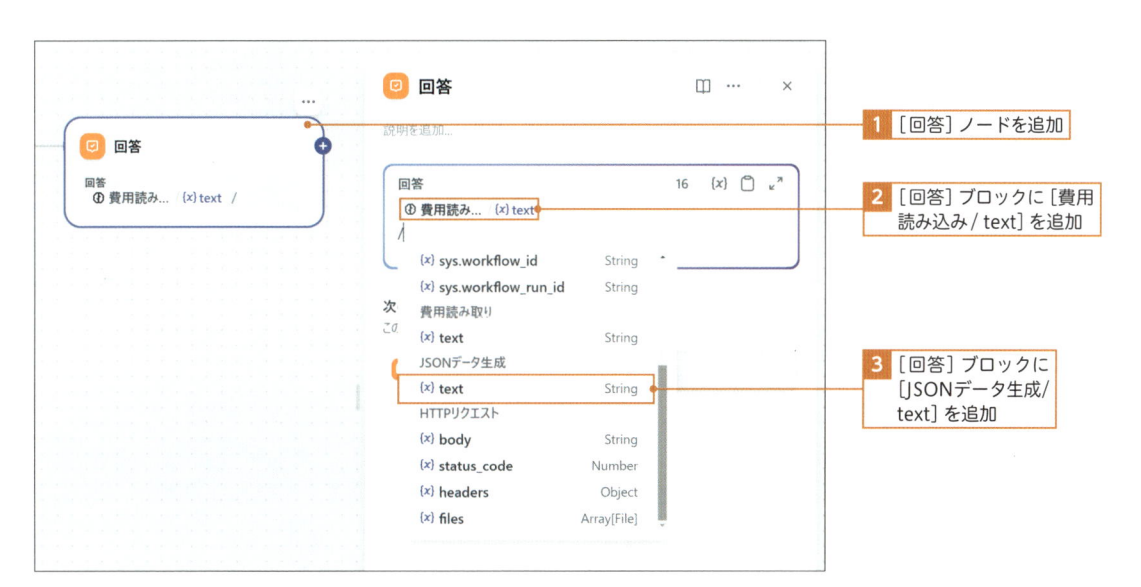

▶ アプリを実行・公開する

　ワークフローが最後までできたら［プレビュー］画面で動作確認をしましょう。Dify のアプリケーションは複数人で利用できるため、プレビューで動作に問題がなければこの URL をシェアして様々な端末から利用できるようにすると良いでしょう。

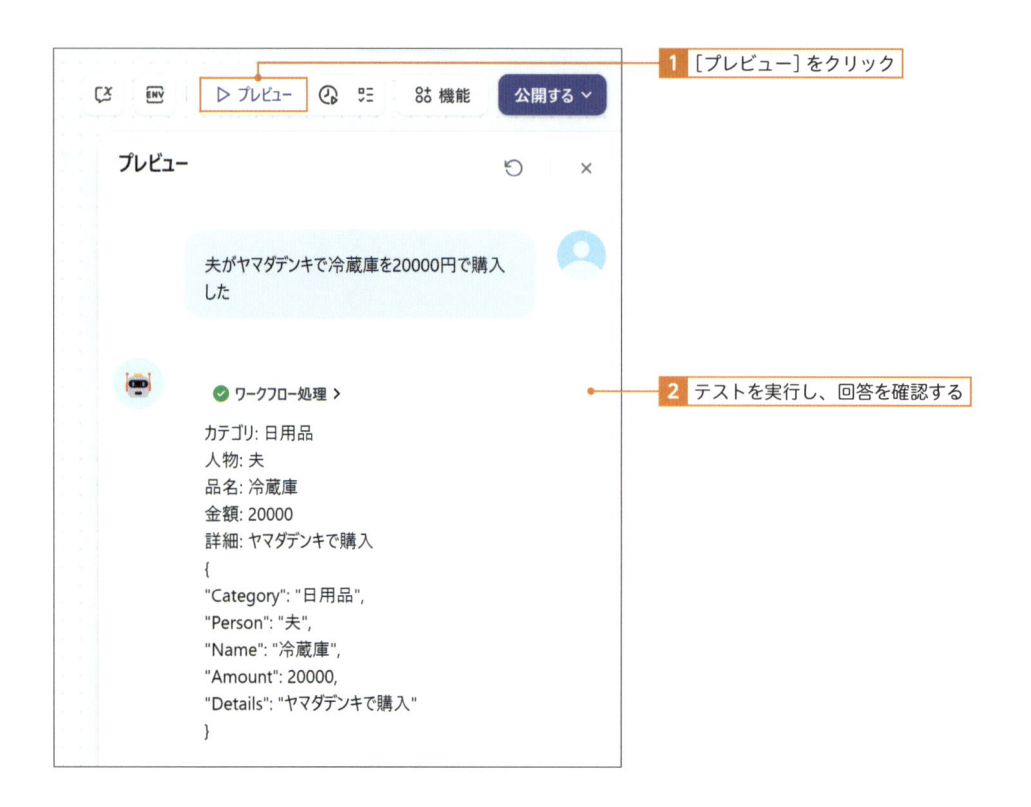

ワークフローの処理が正常に完了したら、スプレッドシートを開いてそちらの状況も確認してみましょう。実行結果に加えて処理が行われた時間のタイムスタンプがシートに入力されていれば成功です。今回は LLM を使って情報処理を行うことで入力された品名から、該当する事前設定カテゴリを自動で判断して情報を追加することができました。

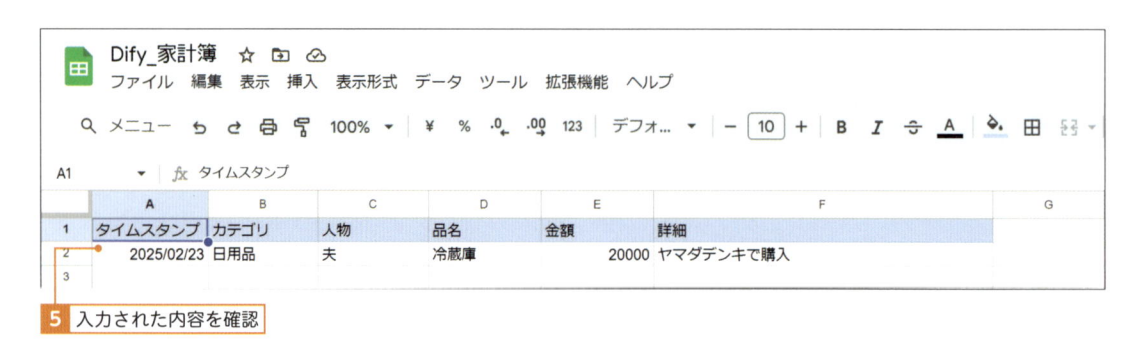

このように GAS と組み合わせることでかなり実践的なアプリが完成します。今回はセキュリティやエラーの発生時に関しては詳しく解説していませんが、まずは完璧なアプリを目指すよりも、さまざまなアイディアを形にすることを目指すことをおすすめします。

Chapter 9

業務をアプリケーションに
落とし込むコツ

業務の効率化を目指してアプリを作ろうとしても、
何から始めればよいのか分からないことが多いで
しょう。この本の最終章となる本章では、身近な
業務をどのようにアプリケーションに落とし込む
のかを解説します。「どの業務をアプリ化すべき
か？」から始まり、タスクの分解、ツールの選定、
設計、作成、改善までの流れを理解して、自分の
力でアプリケーション開発に挑戦しましょう。

9-1 自分のアイディアをアプリにしよう

▶ 身の回りの業務からアプリ化できそうなものを探そう

　アプリ開発を始める際、最初のステップは「どの業務をアプリ化するか？」を決めることです。なんとなく目に付いた業務を自動化しようと考えるのではなく、効果が高く、実現しやすい業務を選ぶことが非常に重要です。基本的に以下の 2 つの条件を満たす業務をアプリ化しましょう。

▢ 既にある業務から始める

　アプリ化する業務は、既に運用している業務の中から選びましょう。なぜなら、自分が業務の流れをよく理解しているため、どこを自動化すれば効果が出るかを把握しやすいからです。逆に、まだ業務フローが固まっていないものをいきなりアプリ化しようとすると、あとから仕様変更が頻繁に発生することになり、作成途中で挫折してしまう確率が高くなります。

▢ 繰り返し行う業務を対象にする

　アプリ開発は一度作れば継続的に価値を生み出せるものに対して行いましょう。間違っても年に数回しか行わない業務をアプリ化しようとしてはいけません。基本的にアプリ化することで生まれる時間よりも、アプリ作成にかかる時間の方が大きくならないようにするべきです。したがってまずは効果の大きな、毎日あるいは毎週繰り返す業務を対象にしていきましょう。

▶ 業務をタスク分解してみよう

　アプリ化する業務が決まったら、次に行うべきことはタスク分解です。業務をできるだけ細かいタスクに分解することで、どのような工程が必要なのかが明確になります。

　まず、業務全体の流れを整理し、タスクを言葉にしながらフロー図をスタートからゴールまで作成しましょう。Dify では、チャットフローやワークフローを作成する際にノードとして業務プロセスを組み立てるため、フロー図を事前に描いておくことで、アプリの設計がスムーズになります。

タスク分解の例　プレゼンの準備

テーマ決定 → 情報検索 → 構造化 → 画像作成／テキスト作成 → スライド作成／台本作成 → 内容確認

また、タスクを細かく分解すればするほど、各ステップで何をすべきかが明確になり、実装の成功率が高まります。もし細かすぎても、後から統合することができるので、できるだけ細かく自分の業務を振り返ってみましょう。

この時に、「どのようにタスク分解すればいいかわからない…」と感じたら、生成 AI を活用するのも有効な手段です。例えば、「この業務を自動化したいが、どのようなステップに分けるべきか？」と AI に質問すれば提案をもらうことができます。アプリに生成 AI を組み込むだけでなく、アプリ作成時にも積極的に生成 AI を壁打ちに使っていきましょう。

必要なツールやデータを検討しよう

タスク分解が終わったら、次にタスクの最小単位レベルで、それを実現するためにどのようなツールやデータが必要になるかを考えます。まずは Dify で利用できる基本的なツールの中から目的に近いものを選びましょう。

データやツールの検討例

情報検索	GoogleSearch	画像作成	DALL-E3	台本作成	LLM
	ナレッジ	テキスト作成	LLM	内容確認	LLM
構造化	LLM	スライド作成	未確定		

タスクによっては、Dify の基本機能だけでは実現できないこともあります。その場合、本書で取り扱った Google Apps Script（GAS）のような手段を活用することを検討しましょう。

また、自分が知らないだけで、既に便利なツールが存在する可能性もあります。ここでも AI を活用して、最適なツールを探してみるのも一つの方法です。

アプリケーションの全体像を作成しよう

ここまでのステップで、アプリ化すべき業務を選び、タスクを分解し、必要なツールを整理してきました。次は実際にそれらをどのように組み合わせて実装するかを考えます。

この段階の目的は、細部を詰めるのではなく、アプリ全体の「設計図」を作ることです。設計図がなければ、途中で仕様変更が発生したときに対応しづらくなり、修正に時間がかかることになります。そのため、まずは「どのような流れでアプリが動くのか」を整理し、Dify のどの機能を使うのかを決めましょう。

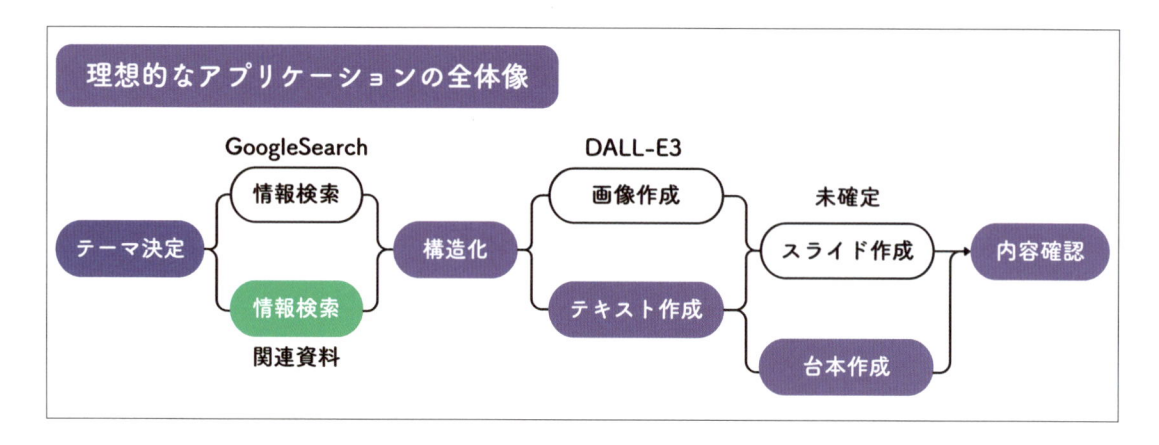

設計したアプリケーションを作成する

アプリの全体像が見えてきたら、いよいよ実際の開発に移ります。ただし、ここで注意したいのは、「最初から完璧なアプリを作ろうとしないこと」です。いきなり完成形を目指すと、複雑になりすぎて動作確認が難しくなります。そのため、「まずは最もシンプルな機能だけを作る」というアプローチを取るのがポイントです。

例えば、業務プロセスに複数のステップがある場合、まずは最も基本的な処理が完了するかを確認し、その後に分岐や追加機能を組み込んでいくとよいでしょう。これをスモールスタートと呼び、実際のアプリ開発でも行われている手法です。

実は、ここまでの各章で行ってきたアプリ作成のステップもこのスモールスタートの構造になっています。まずは最も単純な基本のアプリを作り、その後でナレッジと連携、ツールの追

加など徐々に機能を加えていくとスムーズに進められます。これにより、すぐに業務に活用でき、問題の対処が容易になるほか、無駄な開発を防ぐ効果もあります。

また、業務全体をアプリ化しようとせず、できる範囲でアプリ化することも大切です。業務の一部を自動化するだけで十分な効果を得られることも数多くあります。どうしてもうまくいかない部分を解決するために何時間も頭を悩ますのではなく、その部分は手動作業のまま残して、前後の処理だけをアプリ化しておき、段階的にそれらを統合することを目指します。

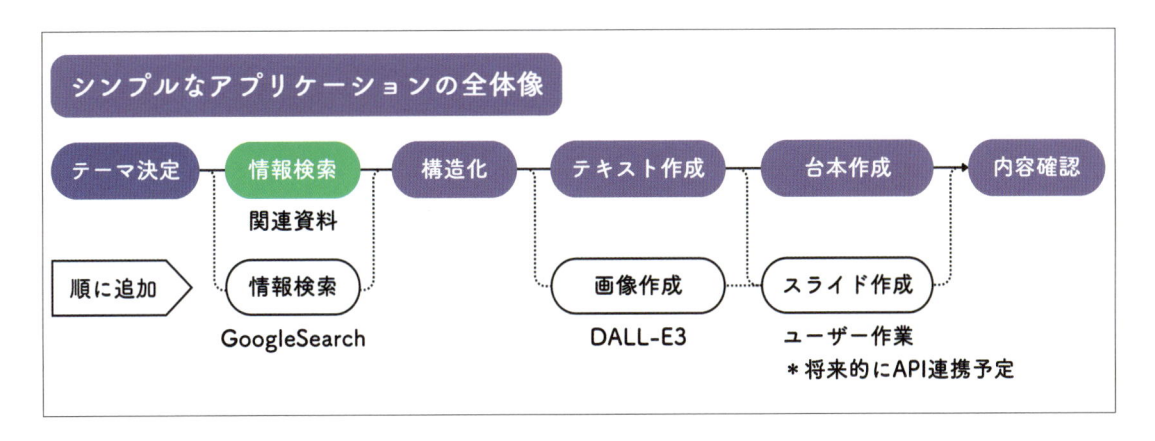

私たちが目指しているのは、完璧なアプリケーションの開発ではありません。あくまで自分の日常業務が楽になるようなアプリ化ですから、それくらい気軽な気持ちで取り組んでも全く問題ありません。

アプリケーションを使ってUI/UXを確かめよう

アプリが完成したら、最後のステップは実際に使ってみることです。開発段階では完璧に動作するように見えても、実際に使ってみると意外な問題が発生することがあります。

例えば、考えていたよりもプロンプトで対応できなかったり、もっと複数の入力フォーマットに対応する必要があったりなど、実際に使ってみないと明らかにならない課題は数多くあります。まずは自分で操作しながら、改善すべきポイントを探りましょう。以下の3つのポイントを参考にしてみてください。

▶ ユーザーが迷わず使えるインターフェースになっているか
▶ エラーが発生した際に、ユーザーに原因がわかりやすいメッセージが表示されるか
▶ 最小限の操作で目的が達成できるか

また、試しているうちに、「この機能を追加すればもっと便利になる」という発展的なアイディアが浮かぶこともあります。実際の業務で使いながら、改良を重ねていくことで、より実用的なアプリに成長させていきましょう。場合によっては、アプリを複数に分割し、それぞれ独立したツールとして活用する方が、利便性が向上することもあります。

アプリ開発は、完成して終わりではなく、継続的な改善が重要です。作ったらおしまいではなく、自分の業務をアプリ化することで生まれた時間を使って、改善に取り組んでいきましょう。自分がよく知っている、身近で単純な業務ほど効果があります。まずはそこから取り組んでみましょう。

Column　もっと知識や技術を深めたい！

私が生成 AI の最新情報を学んでいく上で、X 投稿をよく拝見している方々を下記に列挙してみました。より知識や技術について深く学びたい方はぜひご参考にしてみてはいかがでしょうか。

▶ みやっち | 生成 AI エバンジェリスト / AI プロデューサー (https://x.com/miyatti)
Dify の社内向け研修などに対応されており、AI 活用に対する自身の考え方や知見を積極的にシェアされています。

▶ 岸田崇史 | Omluc (https://x.com/omluc_ai)
DifyStudio という 1,000 名規模の無料コミュニティを運営。Dify の活用について具体的に説明されています。また法人向けにも Dify 導入サービスを提供されています。

▶ usutaku@AI 情報解説 (https://x.com/usutaku_channel)
AI 木曜会という AI 初心者でも幅広く学べるコミュニティを運営。AI とはなんぞやのところから実践まで幅広く解説されています。

▶ けいたろう @ 非エンジニア×生成 AI 活用 | satto 公式エバンジェリスト (https://x.com/keitaro_aigc)
非エンジニアでありながら、AI ツールの便利な利用方法や GAS を組み合わせた AI 活用などを紹介されており、AI を日常業務に落とし込みたい方にとって参考になります。

各種 API キーの取得

ここでは本書で利用する API キーの取得手順を解説します。どのサービスも簡単に API キーを発行できますが、利用条件や回数制限はしっかりと確認してから利用しましょう。また、発行した API キーの取り扱いには十分注意してください。

OpenAI API の Web ページ（https://openai.com/index/openai-api/）をブラウザの新しいタブで開きます。ここでデベロッパー登録を行い、API キーを発行していきましょう。

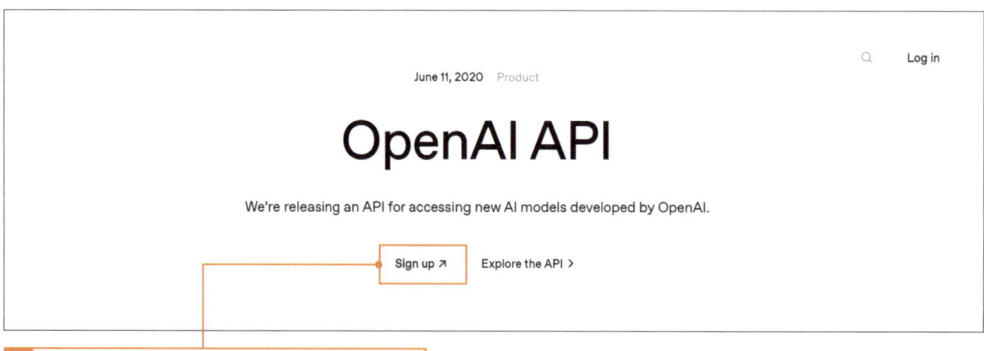

1 はじめて利用する場合は［Sign up］をクリック

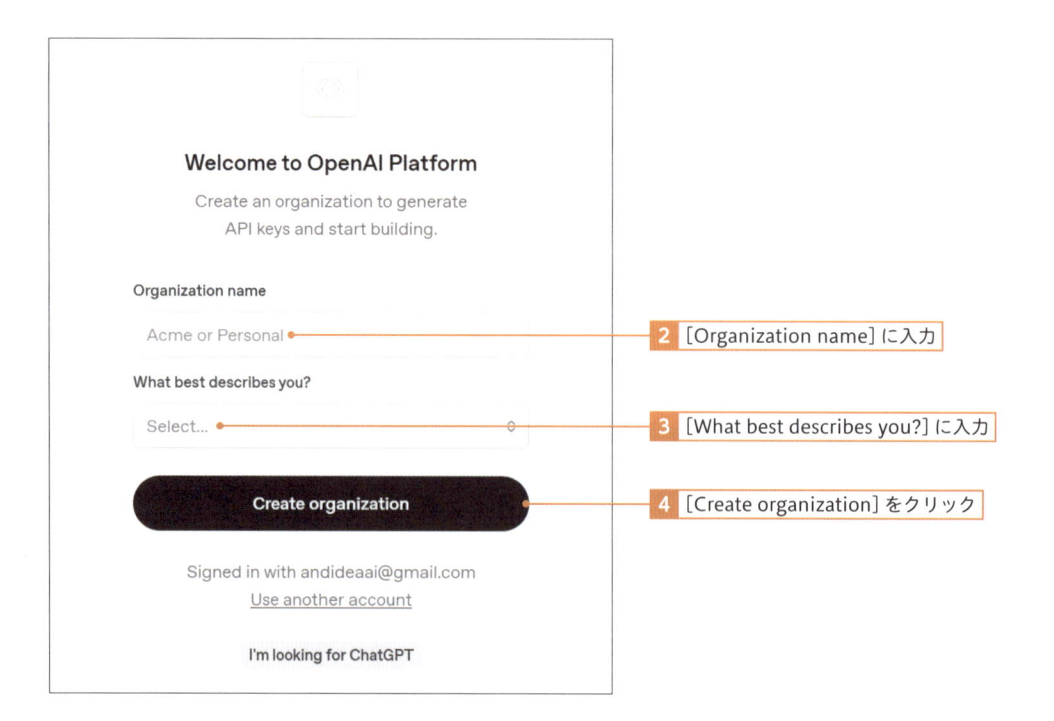

2 ［Organization name］に入力

3 ［What best describes you?］に入力

4 ［Create organization］をクリック

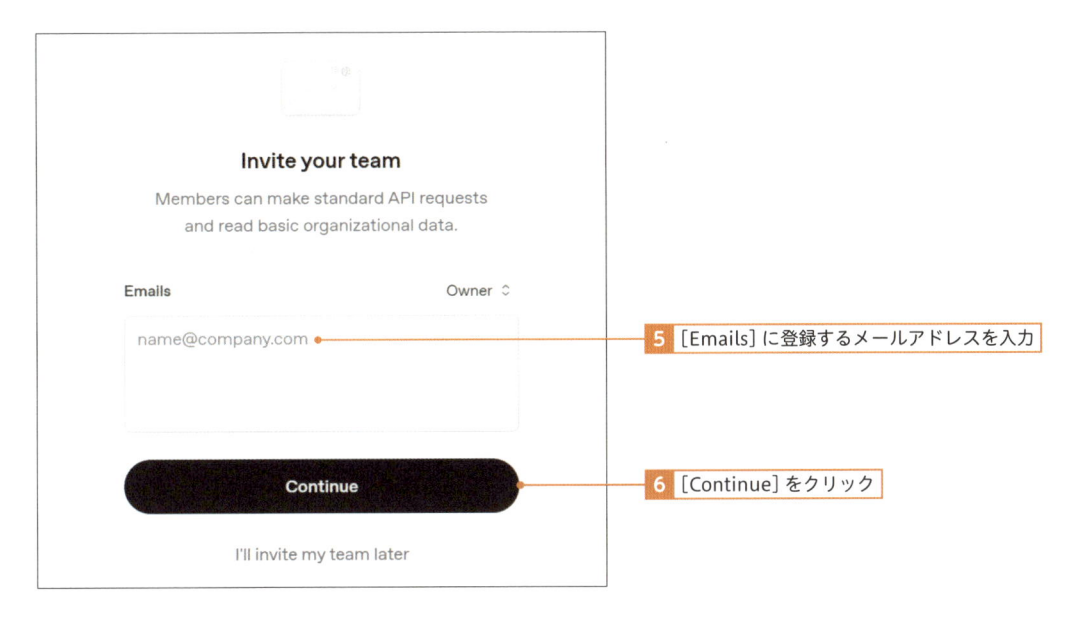

5　[Emails] に登録するメールアドレスを入力

6　[Continue] をクリック

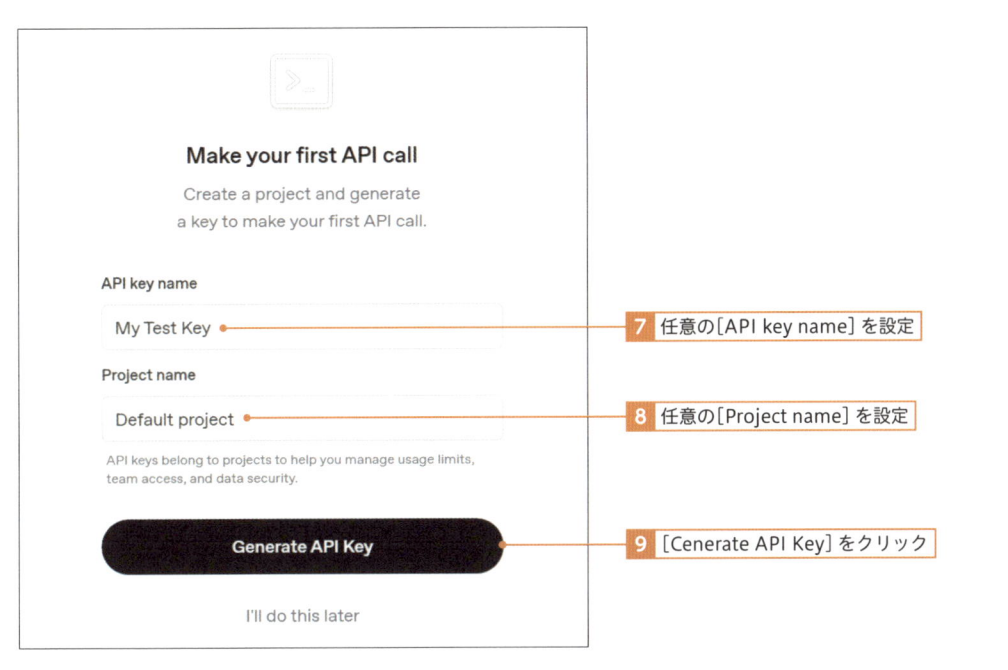

7　任意の[API key name] を設定

8　任意の[Project name] を設定

9　[Cenerate API Key] をクリック

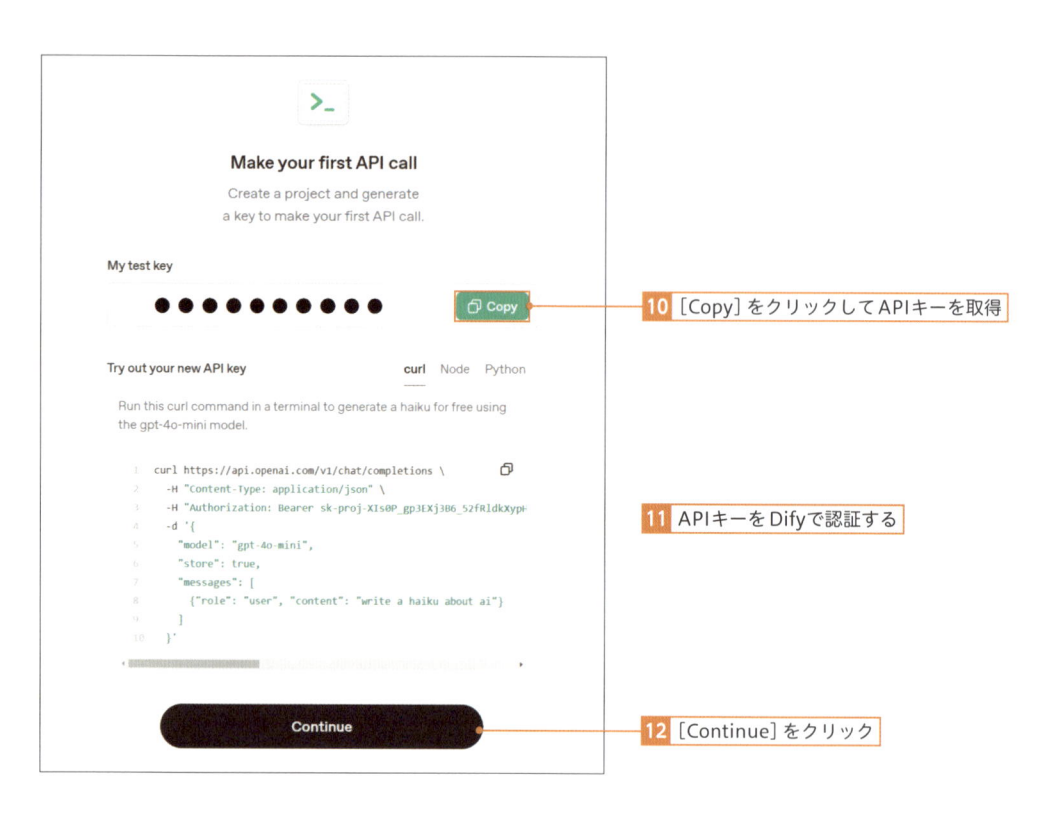

10 [Copy] をクリックして API キーを取得

11 API キーを Dify で認証する

12 [Continue] をクリック

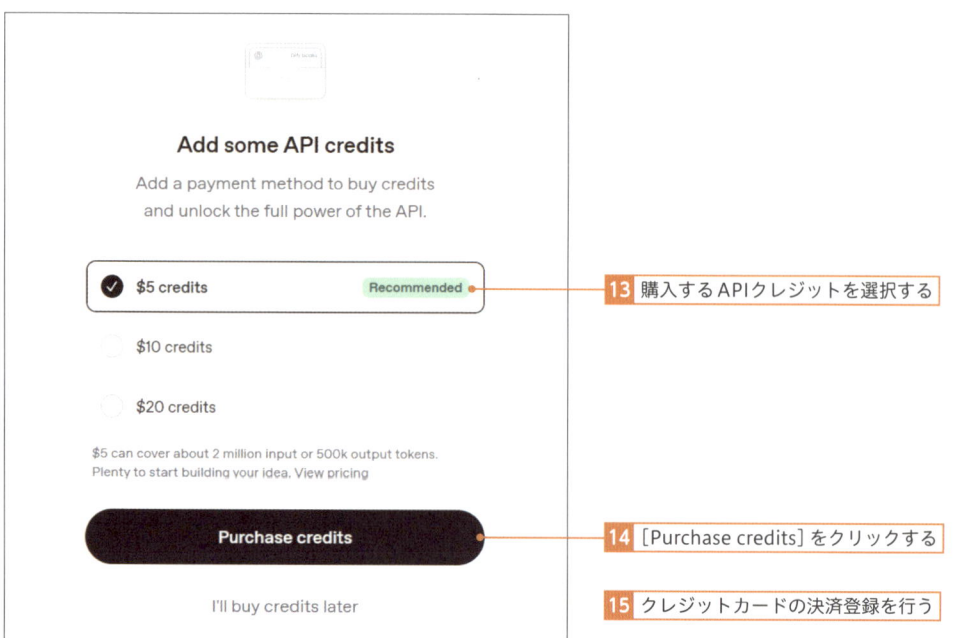

13 購入する API クレジットを選択する

14 [Purchase credits] をクリックする

15 クレジットカードの決済登録を行う

　問題なく決済が完了すれば、OpenAI API が利用できるようになります。本書の内容で利用する範囲では $5 分のクレジットがあれば十分です。また、API キーの管理は次の手順で行います。

16　デベロッパー画面の[設定]をクリック

17　[API keys]タブをクリック

18　新しく発行する場合は[Create new secret key]をクリック

19　削除する場合は[削除]をクリック

A1-2　Reader API キーの取得

Reader API の Web ページ（https://jina.ai/reader/）を新しいタブで開きます。ここで API キーを発行しましょう。

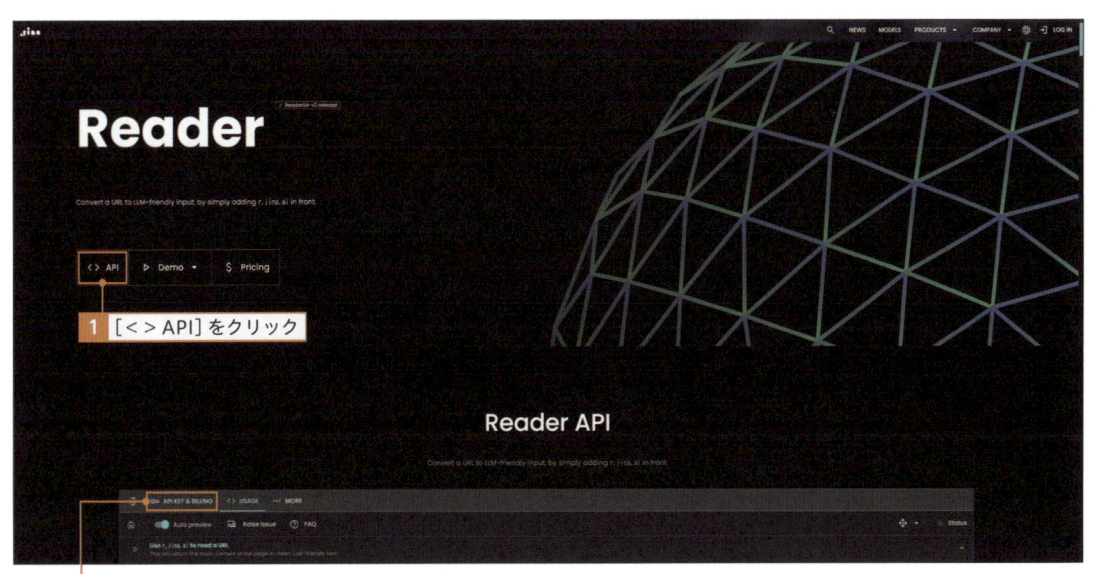

1　[< > API]をクリック

2　[API KEY & BILLING（鍵と請求）]タブをクリック

鍵マークアイコンの右側に小さく[This is your unique key. Store it securely!（これはあなたの固有のキーです。大切に保管してください！）]と記載があるブロックにあるものが API キーです。

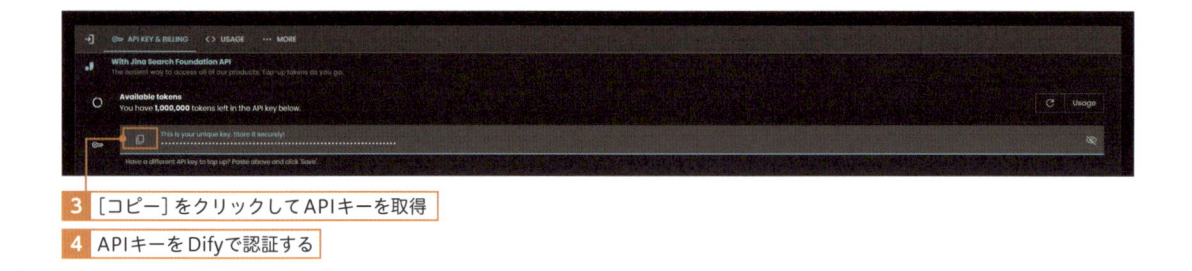

3 ［コピー］をクリックしてAPIキーを取得

4 APIキーをDifyで認証する

A1-3　Google Search API キーの取得

Google Search API の Web ページ（https://serpapi.com/）を新しいタブで開きます。ここ
で API キーを発行しましょう。

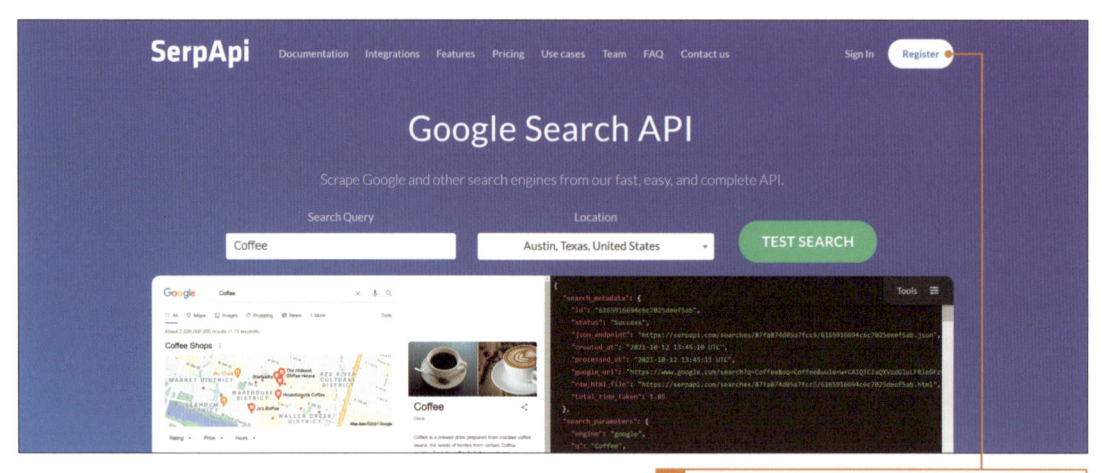

1 はじめて利用する場合は［Register］をクリック

254

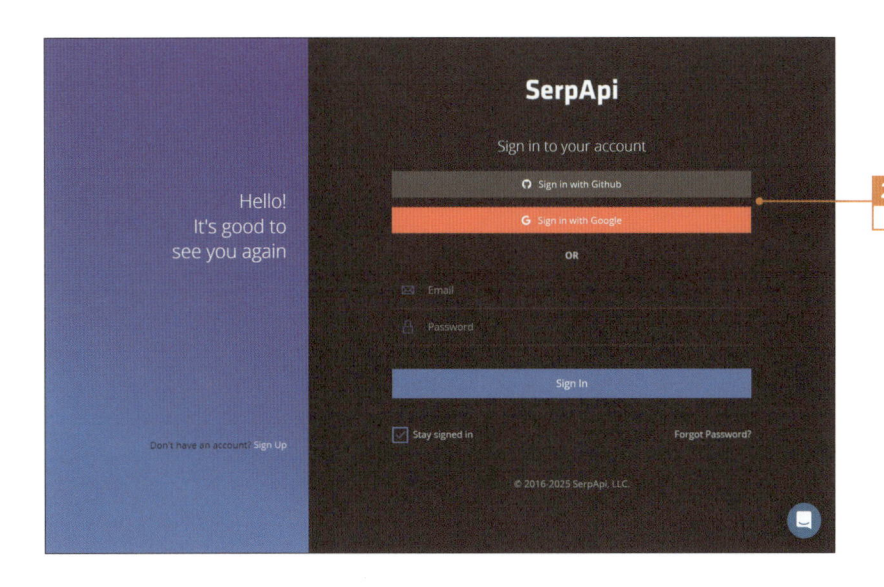

2 登録するアカウントを
選択してクリック

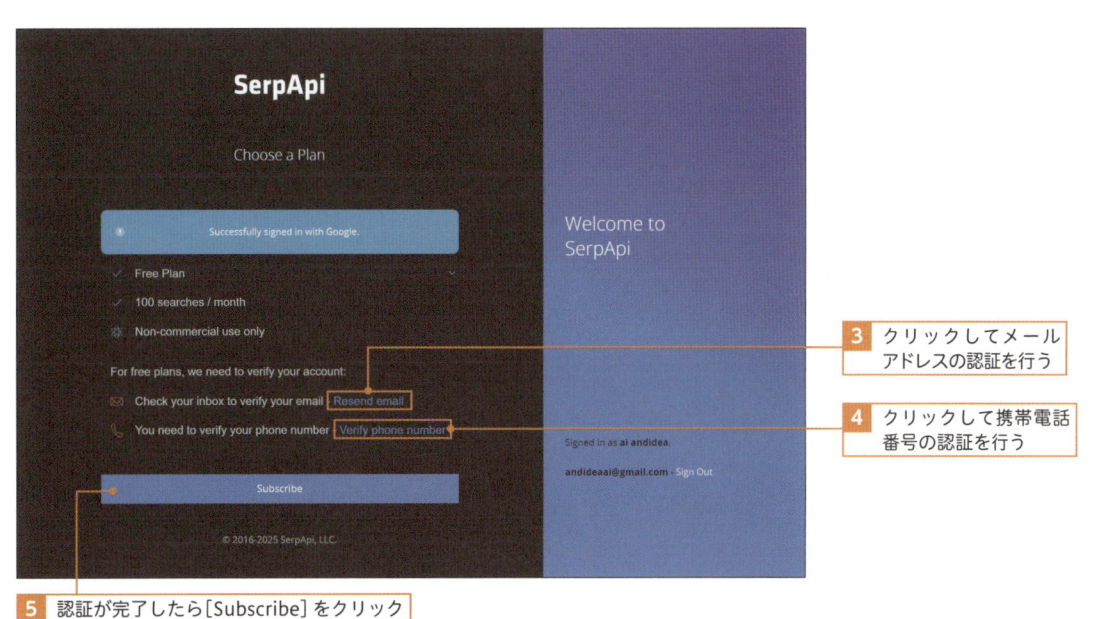

3 クリックしてメール
アドレスの認証を行う

4 クリックして携帯電話
番号の認証を行う

5 認証が完了したら[Subscribe]をクリック

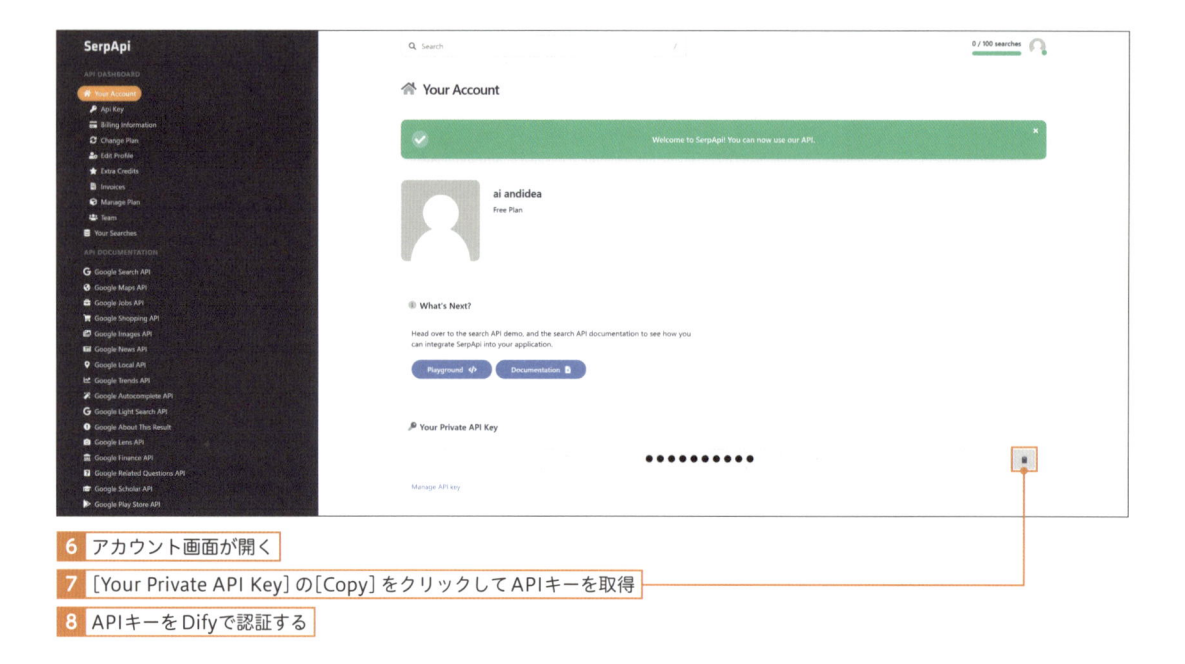

6 アカウント画面が開く

7 ［Your Private API Key］の［Copy］をクリックしてAPIキーを取得

8 APIキーをDifyで認証する

A1-4 Stabiliti AI APIキーの取得

Stability AI の Web ページ（https://platform.stability.ai/）を新しいタブで開きます。まずはデベロッパー登録を行いましょう。

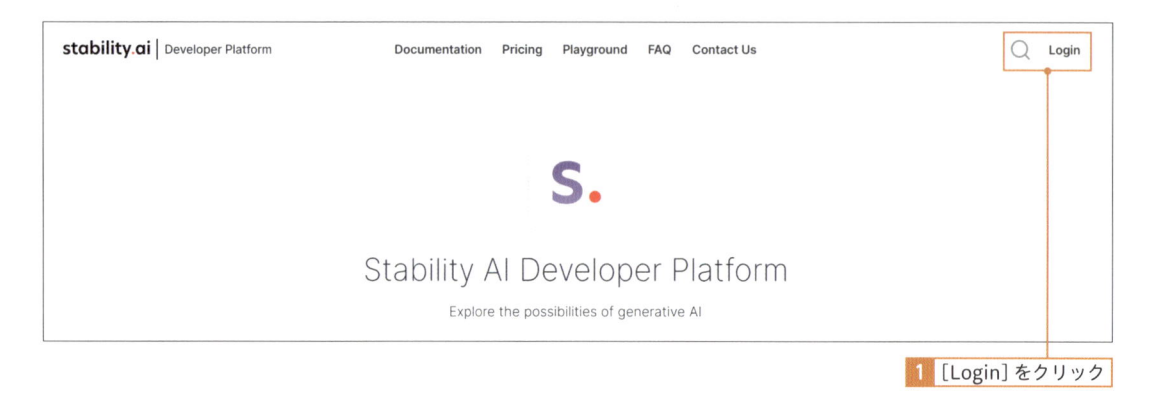

1 ［Login］をクリック

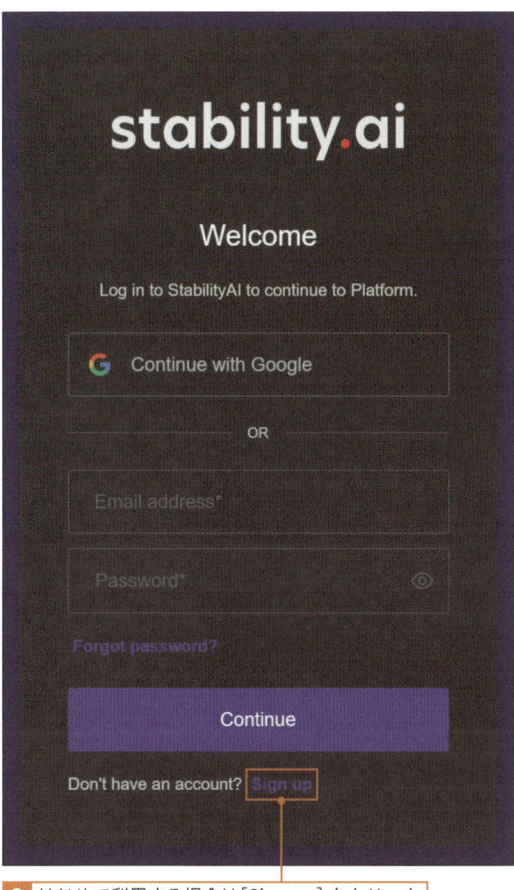

2 はじめて利用する場合は[Sign up]をクリック

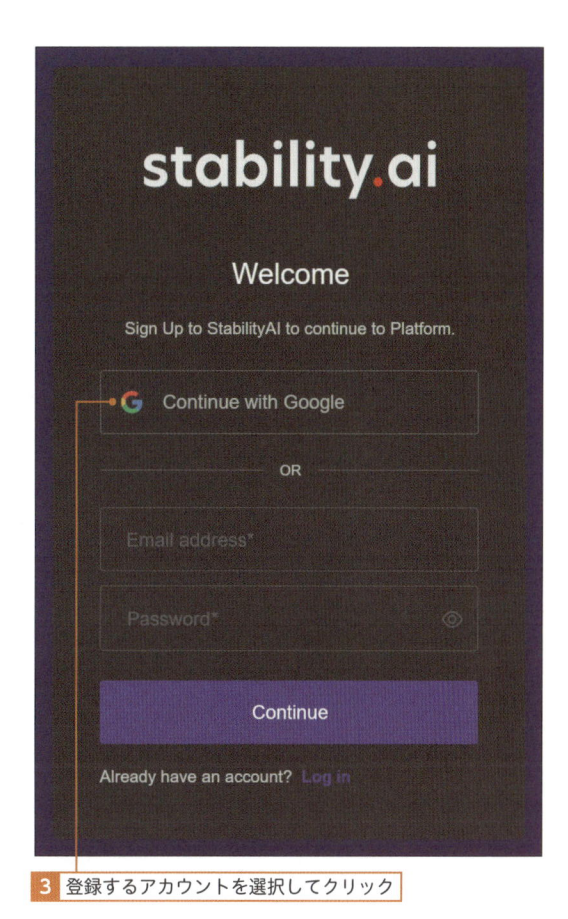

3 登録するアカウントを選択してクリック

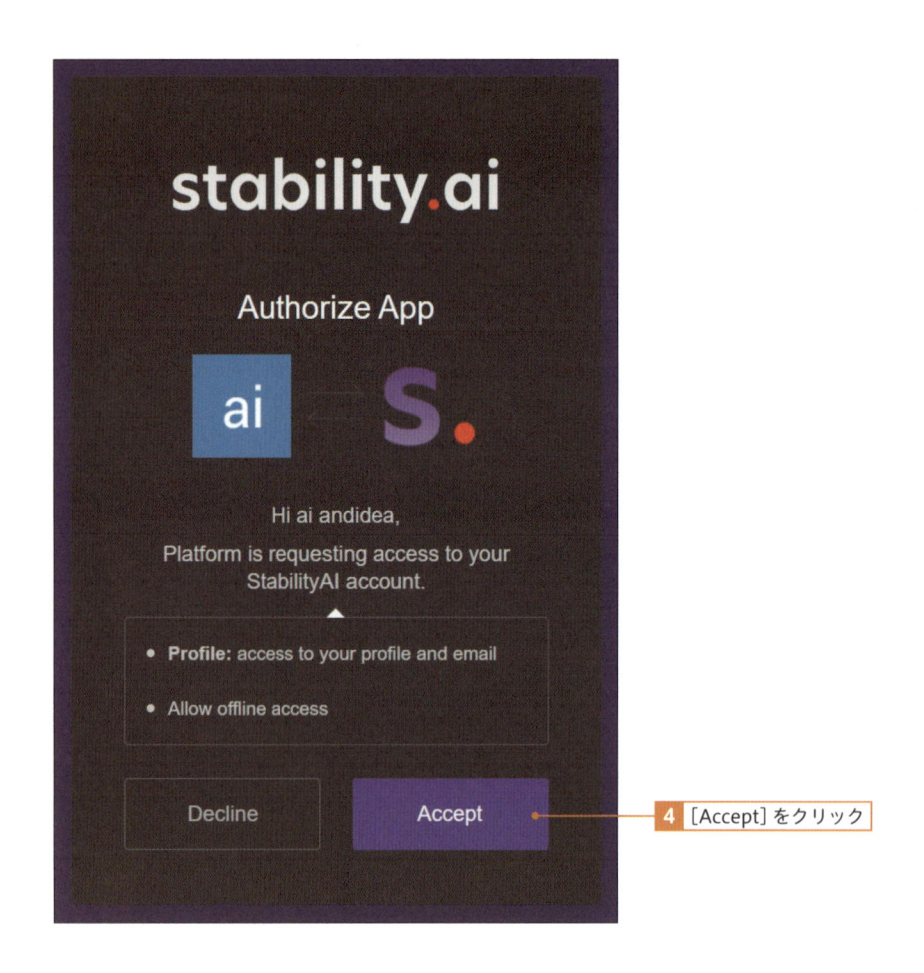

4 [Accept] をクリック

デベロッパー登録が完了すると、デベロッパー画面が開きます。ここから API キーを発行しましょう。

5 [アカウント] をクリック

6 [Create API Key] をクリックして API キーを発行

7 [Copy] をクリックして API キーを取得

8 API キーを Dify で認証する

Appendix 2

基本的なノードの詳細解説

ここからはチャットフローおよびワークフローで取り扱うノードについて種類別に説明していきます。本書で取り扱った基本的なノードについて、その役割や設定の詳細を理解できればより応用的なアプリケーションの作成が可能になります。また、細かなパラメータ調整の意味を理解することで、アプリケーションの調整を行い、そのクオリティを向上させることができます。やや応用的な内容ではありますが、オリジナルのアプリケーション作成時等に参考にしてみてください。

A2-1 開始ノード

▶ 開始ノードの特徴

Dify でフローを作るとき、最初に置くのが［開始］ノードです。このノードは、その名の通りフローの出発点となる役割を持っています。［開始］ノードには、［入力フィールド］とデフォルトで設定されている［システム変数］が存在します。

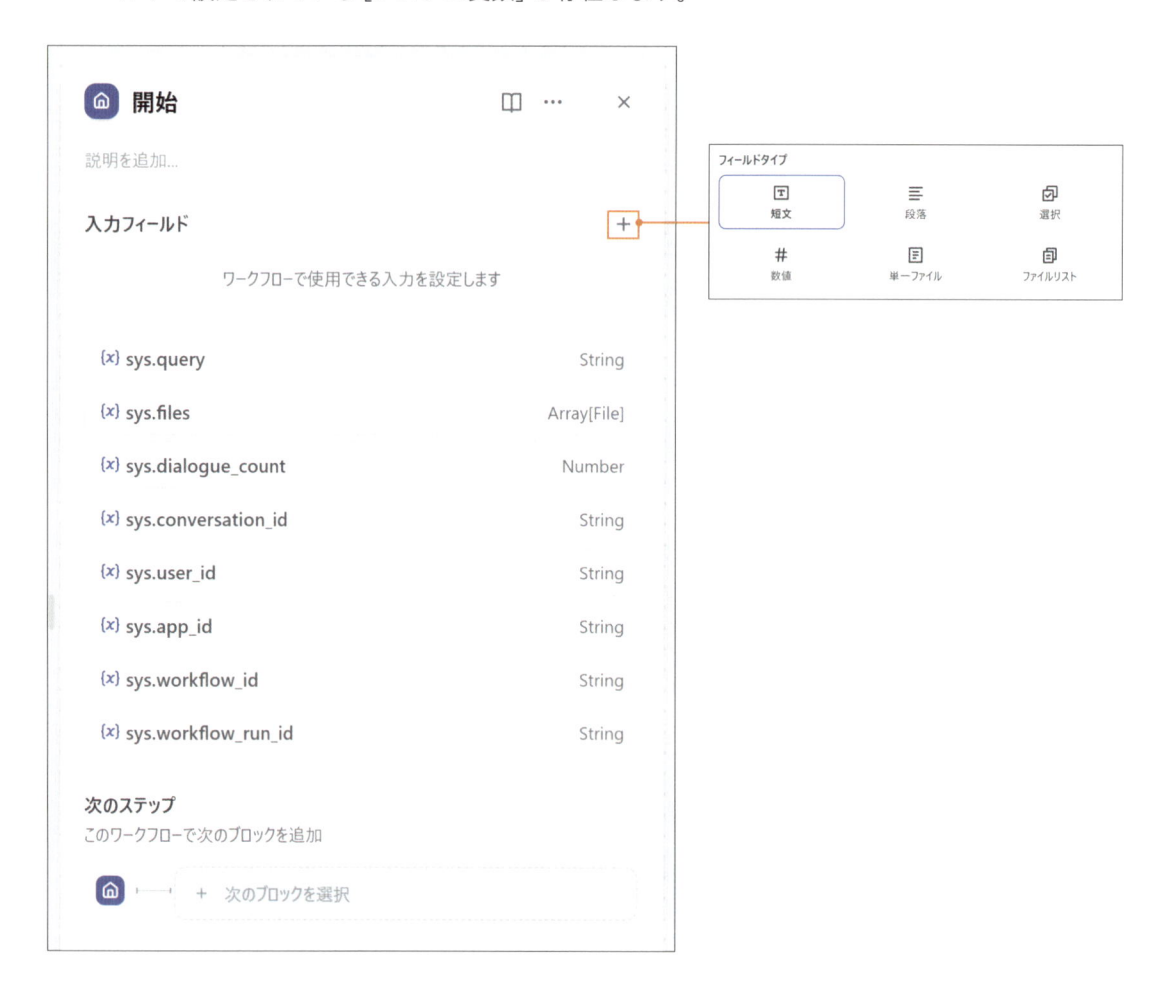

⏵ 入力フィールド

　入力フィールドの［＋］（追加）をクリックすると、［入力フィールドを追加］画面が表示されます。ここでは、ユーザーが入力できる内容を設定します。フィールドタイプは 6 種類の入力方法から、ユーザーに入力させたい内容に応じて選択します。

フィールドタイプ	機能
テキスト	ユーザーにテキストを入力させます。最大文字数は 256 文字です。
段落	ユーザーに長いテキストを入力させたいときに選択します。最大文字数を設定できます。
選択	ユーザーはあらかじめ用意された選択肢の中から 1 つ選び、それが入力の値となります。
数値	ユーザーは数字のみ入力できます。

　また、入力にファイルを利用する場合は以下の入力方法を選択し、さらにアップロードを許可するファイルの種類を設定する必要があります。利用できるファイルタイプは文書、画像、音声、動画、その他のファイルです。ローカルもしくは Web 上のファイルであれば URL を貼り付けてのアップロードが可能です。

フィールドタイプ	機能
単一ファイル	アプリ使用者が単独のファイルをアップロードできる機能です。
ファイルリスト	アプリ使用者が複数のファイルを一括でアップロードできる機能です。アップロードできる最大ファイル数を設定することができます。

⏵ システム変数

　［開始］ノードには、ユーザーが設定しなくても、もともと以下のシステム変数が自動的に用意されています。自分で入力フィールドを設定して変数を定義しない場合は、これらのシステム変数を利用しましょう。

システム変数	変数の内容
sys.query	ユーザーが入力したテキストが格納される基本的な変数。チャットフローで最もよく使用する。
sys.conversation_id	会話（セッション）を識別するための ID が格納される変数。同じユーザーとの会話を管理するのに使用する。
sys.user_id	ユーザーを識別するための ID が格納される変数。ユーザー別の処理が必要な場合に使用する。
sys.workflow_id	チャットフローを識別するための ID が格納される変数。複数のフローを管理する場合に使用する。
sys.workflow_run_id	フローの実行インスタンスを識別する ID が格納される変数。個々の実行を追跡する場合に使用する。

当該のノードでの処理が終わったら、次にどのノードに進むかを確認・指定できます。フローの終着点である［終了］ノード以外の全てのノードに同じものが存在します。

A2-2　［LLM］ノード

▶ ［LLM］ノードの特徴

［LLM］ノードは、LLM の能力を活用するための要となるブロックです。このノードを使うことで、複雑な自然言語処理を簡単にフローへ組み込めるようになります。

▶ ［LLM］ノードの設定要素

［LLM］ノードの主な設定項目について詳しく解説していきます。

■ モデル（Model）

［モデル］は、当該の［LLM］ノードでどの LLM を利用するのかを設定します。LLM の選定はアプリケーションの目的によって大きく変わります。推論精度、コスト、応答速度、最大トークン数（入力できる文章量）などを基準に、最適なものを選びましょう。一般的にテスト段階では、十分な性能があり、コストが低い［gpt-4o-mini］を利用することをおすすめします。

デフォルトだと［gpt3.5］もしくは［gpt-4o］シリーズのみが選択できるようになっており、

それ以外のモデルを利用するには事前にアカウントの[設定]にある[モデルプロバイダ]にて、モデルを紐づけておく必要があります。

コンテキスト（Context）

[コンテキスト]とは、LLMに提供する追加情報（背景知識）です。主に[知識取得]ノードなどから受け取った検索結果をコンテキストに設定することで、[LLM]ノードからの回答の精度を高めることができます。

[SYSTEM/USER/ASSISTANT]

[SYSTEM/USER/ASSISTANT]は、APIを介してLLMで推論を行うための入力形式です。それぞれに役割があり、[SYSTEM]は、その[LLM]ノードの役割やトーンを設定するために使用されます。[USER]はユーザーからの入力を受け付け、[ASSISTANT]はその応答を生成します。[ASSISTANT]の応答は次の処理に参照されます。この構造は、OpenAI APIの[role]という仕組みを参考にしており、多くのLLMサービスで類似する仕組みが採用されています。以下のように使い分けます。

項目	使い方
SYSTEM	そのLLMの役割と会話のトーンを定義する。処理の度に変更する内容は入力しない。
USER	LLMで今回処理したい内容を入力する。処理の度に変化する可能性のある内容を入力する。
ASSISTANT	過去の文脈が必要な場合に利用する。

メモリ（チャットフローのみ）

メモリは、その[LLM]ノードが会話の文脈や履歴を保持するかどうかを管理する機能です。チャットフローのみに存在する設定で、オンにするとこれまでのユーザーとのやり取りを[LLM]ノードが保持し、より文脈に沿った回答が可能になります。

設定値の[ウィンドウサイズ]は、何往復分の会話を覚えるかを指定することができます。この数値を大きくすればより多くの履歴を参照させることができますが、その分LLMが処理するトークン数が増えるため、コスト（API使用料）や応答速度に影響が出ることがあります。

◻ ビジョン（Vision）

　LLM によっては、画像を認識・分析する［ビジョン］機能をサポートしているものがあります。［ビジョン］を有効にするとユーザーからアップロードされた画像を解析し、回答に生かすことができるようになります。

> 　画像を扱うには、ビジョン対応のモデル（マルチモーダルモデル）を選択する必要があります。
> モデル名に目のようなマークがあるものが利用可能です。

◻ 出力変数（Output Variables）

　当該の［LLM］ノードが生成した出力が格納される変数を確認することができます。

◻ 失敗時の再試行（Retry on Failure）

　［LLM］ノードの実行時にエラーが発生した場合でも、自動的に再試行させる設定ができます。設定する内容は［再試行回数］（最大 10 回）と［再試行の間隔］（最大 5 秒）です。この機能を利用すると、一時的なネットワーク障害や API の不安定さに対処しやすく、フローが途中で止まることを防ぎます。

◻ エラー処理（Error Handling）

　［エラー処理］では、トークン制限超過や欠損パラメータが存在するなど、何らかの理由で［LLM］ノードの実行が失敗した場合に、どのようにその後のフロー処理を行うかを設定します。

エラー処理方法	フローの処理
処置なし	フローは停止します。
デフォルト値	あらかじめ設定したテキストを出力として、変数に格納しフローを続行します。
エラーブランチ	あらかじめ設定した別の経路へ切り替え、そのフローを続行します。

▶ モデルパラメータの詳細設定

　LLM ノードの［モデル］をクリックすると、LLM の回答を制御する、さまざまなパラメータを調整できる UI が表示されます。それぞれの項目で ON にすることで機能を有効化できます。通常の LLM の出力では不十分な場合のみに利用する、非常に応用的な要素になります。

🔲 Temperature

出力内容の創造性を調整するパラメータです。低い値（0 に近い）ほど正確で安定した回答、高い値（1 に近い）になると創造的でバラエティに富んだ回答を出力するようになります。常に一定の回答が求められるマニュアルや規約の説明には低め（0.1-0.3）、アイデア出しや企画提案には試行の度に回答が変わるように高め（0.7-0.9）を設定すると良いでしょう。

🔲 Top P

回答の表現のバリエーションをコントロールします。低い値は定型的な表現、高い値は多様な表現を使用します。基本的には［Temperature］だけを調整し、こちらはデフォルト値（1.0）のままで使用します。

🔲 Presence Penalty

一度使用した表現の再利用を制御します。値を上げると新しい表現を積極的に使用し、値を下げると定型的な表現を維持します。まずは［Frequency Penalty］のみを調整し、こちらはデフォルト値のままにしておくことをおすすめします。

Frequency Penalty

同じ言葉の繰り返しを防ぎます。値を上げると同じ単語の使用を避け、値を下げると繰り返しを許容することになります。

Max Tokens

出力する回答の長さを制限します。本書の執筆時点でのシステムの最大値は 16,384 トークンです。日本語の場合、一文字あたり 2 トークンが目安となります。コスト管理の観点から、必要以上に大きな値は設定しないようにしましょう。

Response Format（応答形式）

回答のフォーマットを指定できます。[text] は通常の会話形式、[JSON_object] を選択すると JSON 形式のデータとなります。[JSON_schema] では、出力の構造が設定できるようになります。

JSON Schema

期待する JSON 形式のスキーマを定義し、出力がその構造に従うように制約をかけます。

Stop Sequences（終了条件）

特定の文字列で回答を終了させます。

A2-3　[知識取得] ノード

▶ [知識取得] ノードの特徴

[知識取得] ノードは、検索対象のテキストについて、登録されたナレッジの中でベクトル検索し、それを出力する働きを持つノードです。PDF やテキストファイルなど、会社が持っている様々な資料を読み込ませることで、その情報を参照して具体的な情報を提供できるようになります。ベクトル検索は文章の意味合いも含めて検索できるため、単純なキーワード検索だよりも適切な情報が見つかりやすい特徴があります。

また、複数のナレッジを同時に検索し、横断的に情報を取得することができます。それらの中から関連度が高い順で情報を整理し、複数の資料から必要な情報を集めて回答することもできます。

▶ ［知識取得］ノードの設定要素

■ クエリ変数

　検索するテキストが格納されている変数を指定します。通常はユーザーの入力である変数［開始 / sys.query］を使います。

■ ナレッジ

　読み込ませたい資料を選択する部分です。複数の資料を同時に選べるので、関連する資料はまとめて指定しておきます。注意点としては、必要な資料だけを知識習得ノードに追加するようにする。

■ 出力変数

　当該の［知識取得］ノードの出力が格納される変数を確認することができます。

▶ ナレッジの［検索設定］

基本設定ができたら、次は検索の精度を上げるための設定について見ていきましょう。［ナレッジ］の［検索設定］から以下の詳細なパラメータを設定できます。

検索設定
デフォルトでは、マルチパス検索が使用されます。複数のナレッジベースから情報を取得した後、再ランキングを行います。

RERANK設定

ウェイト設定 ⑦　　　　Rerankモデル ⑦

セマンティクス 1.0　　　　0 キーワード

トップK ⑦

4

🔵 スコア閾値 ⑦

0.8

■ セマンティクス

検索時に、セマンティクス（意味的類似度）と キーワード一致のどちらを重視するかのバランスを設定します。値が大きいほど意味的類似を優先し関連する情報を広く検索します。一方で、値が小さいとキーワード一致を優先するため、目的に合わせて設定する必要があります。

■ トップK

検索結果を何件取得するかを設定です。デフォルトで4となっており、特段動かさなくとも問題ありません。

■ スコア閾値

検索結果の最低限の関連度を、値で指定（0 ～ 1.0）します。値を高く設定すると厳選された情報のみを返し、低いと幅広い候補を取得できるが、精度は下がるという仕組みになっています。

このようにナレッジの［検索設定］を目的に合わせて設定するとより効果的に情報を検索することができます。設定としては以下のような例が考えられます。

目的	事例	セマンティクス	トップK	スコア閾値
正確な情報提供	規則や手順の案内	1.0（標準）	3（少なめに）	0.9（厳密に）
関連情報を幅広く	製品情報の案内	1.2（意味的な広がりを重視）	5（多めに）	0.7（やや緩めに）

A2-4　[回答] ノード

[回答] ノードの特徴

　　回答ノードは、チャットフローで処理の最中に、チャットボットがユーザーに返す応答を設定するための重要な要素です。会話の最後に配置され、ユーザーに情報を伝える役割を果たします。ここでの設定内容は、ユーザーにユーザーが次のアクションを取りやすいよう、明確で応答ができるように工夫すると良いでしょう。

[回答] ノードの設定要素

　　回答ノードで設定できる要素は非常にシンプルで、ユーザーへ出力する [回答] のみとなります。ここでは固定メッセージを設定したり、これまでの処理の出力が格納されている変数を組み込み、ユーザーへ見せたい回答を作ります。この際に、ユーザーが見やすいように改行などの書式の調整を行いましょう。

A2-5　[IF/ELSE] ノード

[IF/ELSE] ノードの特徴

　　[IF/ELSE] ノードは設定した条件によって、以降のフローを分岐させる役割を持ったノードです。ここでは LLM は利用せず、あらかじめいくつかの条件 [IF/ELIF] を設定しておき、ルー

ルベースで処理を行います。また、どの条件に当てはまらない場合は［ELSE］として処理が行われます。分岐［ELIF］や条件が多すぎると複雑化するので、必要最小限になるように設定しましょう。

［IF/ELSE］ノードの設定要素

［IF/ELSE］ノードで設定するのは、各［IF/ELIF］の条件となります。条件で設定するのは参照する変数、条件、参照する値の3つの要素です。

参照する変数

当該の［IF/ELSE］ノード以前に存在している変数の中から、参照する変数を指定します。一般にユーザーの入力や［LLM］ノードの出力などを対象とします。

条件

［IF/ELIF］の条件は変数と値の関係性が正（True）もしくは偽（Fales）で判断されます。プログラミングや Excel での自由な IF 条件とは異なり、使える条件は以下の中から選択します。

271

選択できる条件	条件の内容
含む／含まない	変数に指定した文字が含まれる／含まれない
～から始まる／～で終わる	変数に指定した文字で始まる／終わる
である／ではない	変数が指定した文字と完全一致／不一致
空である／空ではない	変数に値がある／ない

🔲 条件の組み合わせ

複雑な条件を設定するには、上記の条件を組み合わせることで設定することができます。複数の条件を追加する場合には、すべての条件を満たした場合に正（True）とする［AND］、もしくはいずれかの条件を満たした場合に正（True）とする［OR］のどちらかを選択します。

▶ ［ELSE］分岐のフロー

［ELSE］分岐のフローは、全ての［IF/ELIF］条件に対して偽（Fales）であった場合に選択されるフローです。このフローにエラーが生じた旨を出力する構造を作れば、エラー対策としても利用することができます。

A2-6　［HTTPリクエスト］ノード

▶ ［HTTPリクエスト］ノードの特徴

アプリケーションを作る上で、外部サービスとの連携は非常に重要です。Difyには、Google検索やStableDiffusionなど、すぐに使える便利なツールノードが用意されています。しかし、より高度なアプリケーションを作ろうとすると、これらの標準ツールだけでは足りないことがあります。例えば、社内システムからデータを取り出したい、Googleスプレッドシートにデータを書き出したいなど、外部にあるサーバーに対してインターネット通信を利用して何らかの処理を行いたい場合に力を発揮するのが［HTTPリクエスト］ノードです。

▶ HTTPリクエストとは

そもそもHTTPリクエストは、クライアント（ユーザーのPCやスマートフォンなど）がサーバーに対してデータを送受信するための仕組みです。インターネット上のやり取りの多くは、このHTTPリクエストによって行われます。

HTTPリクエストでは、クライアント側から以下の主要な情報を送信します。サーバー側はこれらの情報を受け取り、内容に応じてデータを返したり、処理を実行したりします。本書の取り扱う範囲ではHTTPリクエストの理解は必須ではありませんが、以下の内容を理解しておくと［HTTPリクエスト］ノードで何を設定しているのかの理解が進むでしょう。

ノードで設定する項目	内容
リクエストメソッド（Method）	［GET］や［POST］など、サーバーに対してどんな処理をお願いするかを指定。
URL	リクエスト先のサーバーのアドレス
ヘッダー（Header）	リクエストに関する追加情報（文字コードや認証情報など）
ボディ（Body）	サーバーに送信したいデータ（GETでは省略されることも多い）

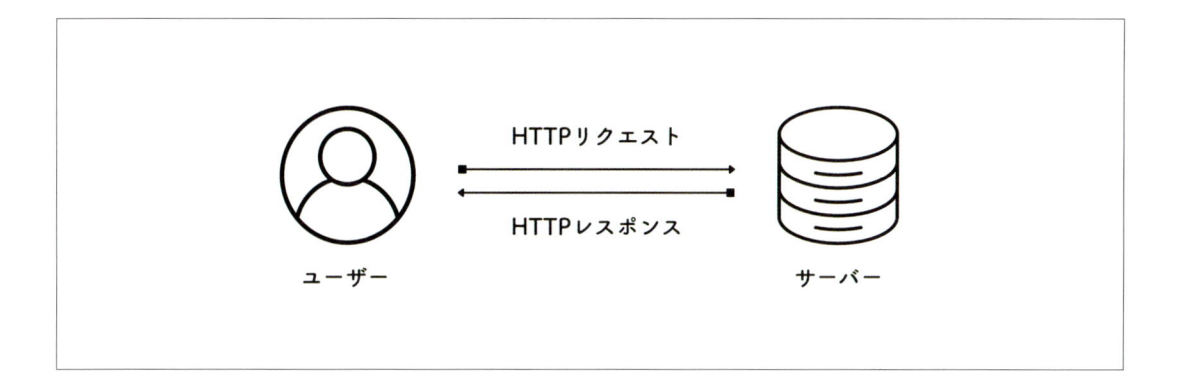

リクエストメソッドの種類

Difyで利用できるリクエストメソッドは複数ありますが、本書で取り扱う範囲は［GET］と［POST］のみとします。これらは毎日のようにWebサービスで使われています。それぞれ異なる目的で使用され、GETは情報を取得するための方法、POSTは情報を送るための方法と覚えておくと分かりやすいでしょう。

実際のDifyにおけるHTTPリクエストの例としては、［GET］メソッドを使って、外部APIからデータを取得し、変数へ格納してフロー中に取り込んだり、［POST］メソッドを使って、Difyで生成または取得したデータを外部APIに送信するということが考えられます。実際に本書では［POST］メソッドを利用してGoogleスプレッドシートへデータを書き込むという操作を実行します。

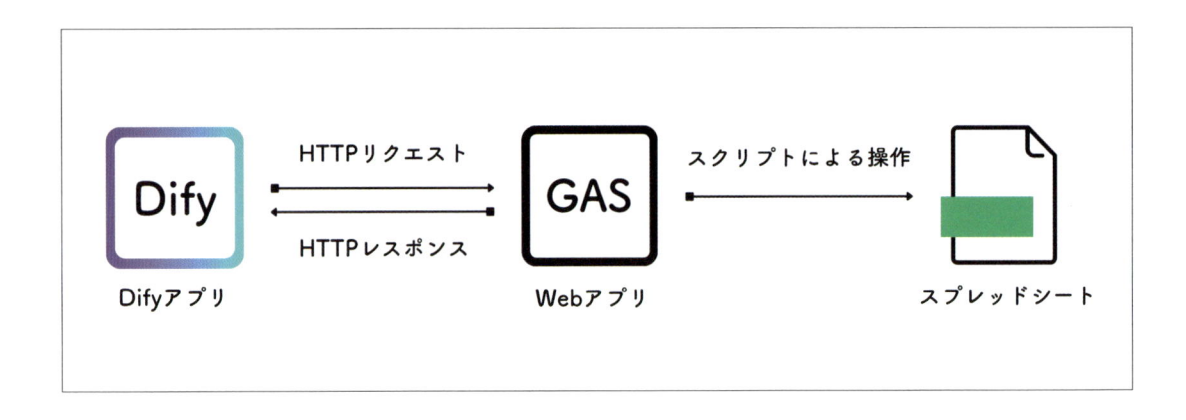

▶ ［HTTPリクエスト］ノードの設定要素

　［HTTPリクエスト］ノードの設定は、実際に送る HTTP リクエストの内容を設定するのに加えて、その送受信に関する Dify 上での処理を設定します。

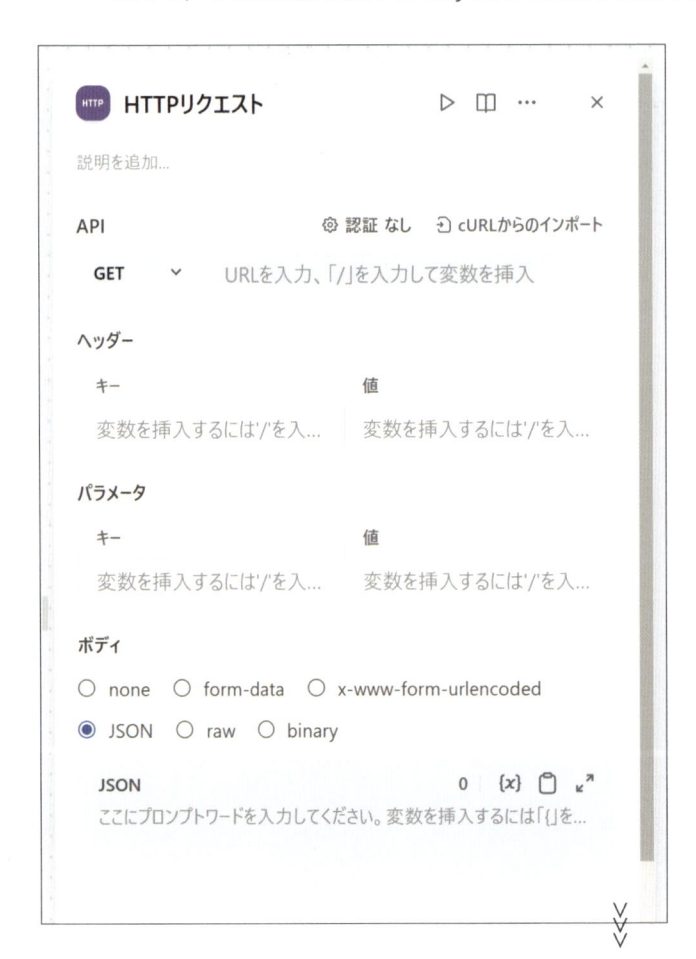

■［API］

　［リクエストメソッド］と送信先の［URL］、［認証］を設定します。APIの［認証］が必要な場合はここでAPIキーを登録します。

■［ヘッダー］/［パラメータ］

　HTTPリクエストのヘッダーとパラメータに情報を組み込む場合に、それぞれキーと値を設定します。

■ボディ

　HTTPリクエストのボディに情報を組み込む場合に利用します。［ボディ］の形式を選択して、その内容をテキストもしくは変数で表記します。

■タイムアウト

　HTTPリクエストの［接続］、［読み取り］、［書き込み］それぞれの工程の最大時間を任意で設定します。この時間内に各処理が終わらなければ、Dify上で通信失敗（タイムアウトエラー）と判断されるようになります。

出力変数

当該の［HTTP リクエスト］ノードが通信結果として、相手側のサーバーから受け取った情報が格納される変数を確認することができます。

失敗時の再試行

［HTTP リクエスト］ノードの実行時にエラーが発生した場合でも、自動的に再試行させる設定ができます。設定する内容は［再試行回数］（最大 10 回）と［再試行の間隔］（最大 5 秒）です。この機能を利用すると、一時的なネットワーク障害や API の不安定さに対処しやすく、フローが途中で止まることを防ぎます。

エラー処理

［エラー処理］では、トークン制限超過や欠損パラメータが存在するなど、何らかの理由で［LLM］ノードの実行が失敗した場合に、どのようにその後のフロー処理を行うかを設定します。

エラー処理方法	フローの処理
処置なし	フローは停止します。
デフォルト値	あらかじめ設定したテキストを出力として、変数に格納しフローを続行します。
エラーブランチ	あらかじめ設定した別の経路へ切り替え、そのフローを続行します。

ユーザー入力フィールドの機能を
有効化する

チャット形式のアプリではユーザー入力フィールドの機能を拡張することができます。いくつかの簡単な設定をするだけで、音声対応やファイルアップロード、引用元表示といった高度な機能を手軽に導入でき、ユーザーの使い勝手を大きく向上させることができます。それぞれの機能を試してみて、自分のチャットボットで最適なユーザー体験を提供できるように、機能を組み合わせてみましょう。

ユーザーの利便性を向上させよう

▶ ユーザー入力フィールドの機能を有効化しよう

　これまでユーザーからの入力は、変数を作成しそのラベルを利用して誘導を行ってきました。この方法はテキストジェネレーターやワークフローなど、1回の処理で回答を得られるアプリケーションにとっては有効な方法でしたが、チャット型のアプリケーションではやや使いにくい方法でした。

　ここからはユーザー入力フィールドの機能を有効化し、エージェントやチャットフローなどの対話形式のアプリケーションで、ユーザーの利便性を改善していきましょう。機能を有効化するには任意のアプリケーションを［スタジオ］で開き、［プレビュー］の画面から［機能］メニューを開きます。

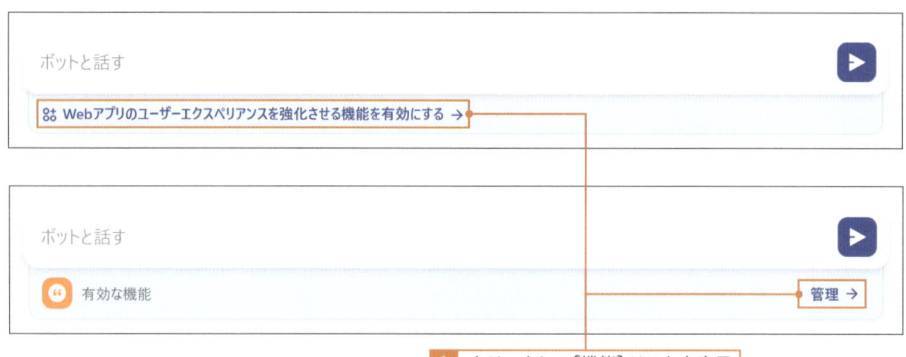

　1　クリックして［機能］リストを表示

2　任意の機能を有効化する

▶ 会話の開始

　チャットアプリ起動直後、ユーザーに最初に表示されるメッセージを設定する機能です。例えば「こんにちは、AIサポートです。何かご用件はありますか？」といった挨拶文を設定できます。よりチャットボットとして完成された見た目と機能を実現できます。

　会話の開始の機能のオンにすると、オープナーを書くというボタンが表示されるので、クリックしましょう。ブロックに入力していきます。また選択肢を選ばせることもこちらの設定で可能です。

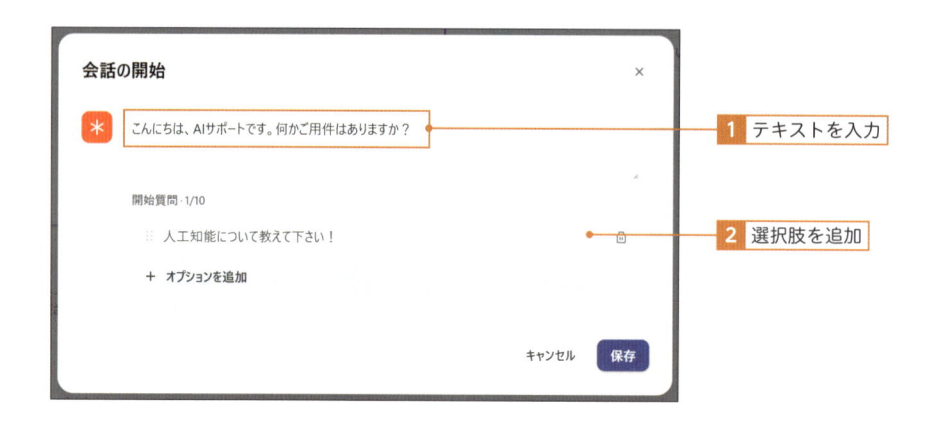

1 テキストを入力

2 選択肢を追加

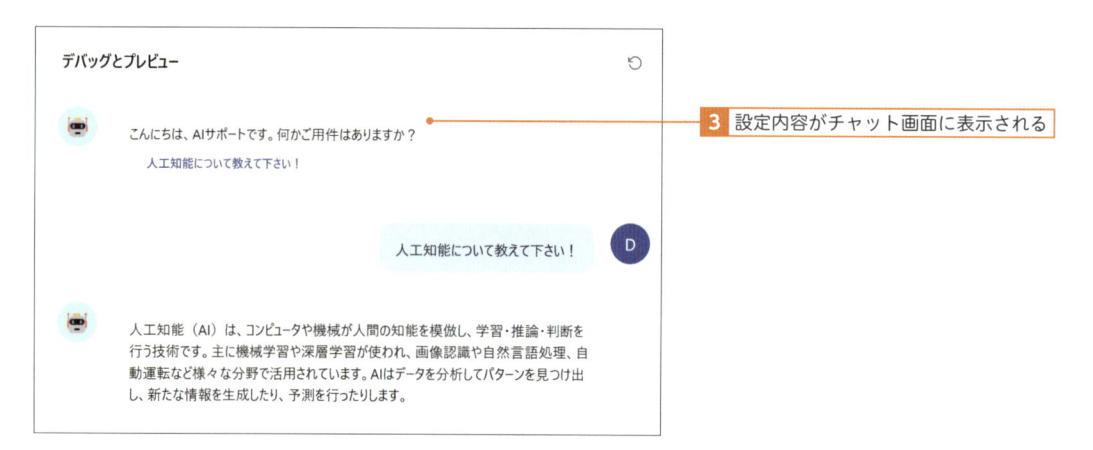

3 設定内容がチャット画面に表示される

▶ フォローアップ

　ユーザーの問いに対して、次に聞くべき質問や深掘りするためのヒントを自動で提案してくれる機能です。FAQ チャットボットや対話シナリオを構築する際に役立ちます。有効化した状態で会話を行うと、次の質問内容の候補がランダムで表示されます。ユーザーはこれをクリックすることですぐに会話を続けることができます。

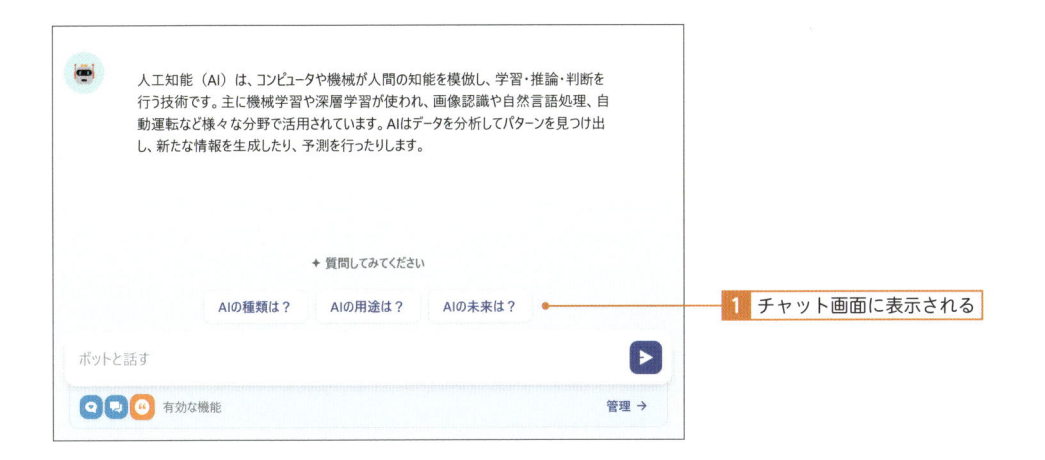

1 チャット画面に表示される

▶ テキストから音声へ

チャットボットが返すテキストを音声で読み上げる機能です。有効化すると画面上でスピーカーのアイコンや［音声再生］ボタンが表示されるようになり、クリックすると回答の音声を聴くことができます。

詳細は［音声設定］を調整します。出力された文章の右上に再生ボタンが表示されているので、クリックすると、設定した言語で読み上げてくれます。また、自動再生の有効化も設定できます。

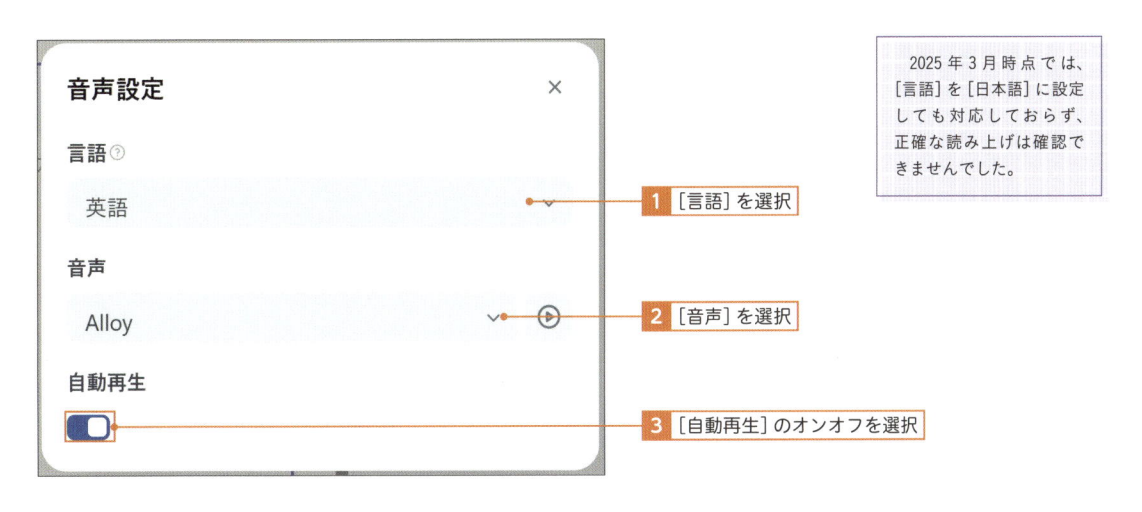

1 ［言語］を選択

2 ［音声］を選択

3 ［自動再生］のオンオフを選択

> 2025年3月時点では、［言語］を［日本語］に設定しても対応しておらず、正確な読み上げは確認できませんでした。

▶ 音声からテキストへ

　ユーザーの音声入力を文字起こしして送信できる機能です。手が塞がっている場面や、スマートフォンなどを使っての会話形式などが想定されるケースで利用することができるようになります。

　有効化すると、公開したアプリケーション画面のチャット欄の右側に、マイクのアイコンが追加されます。クリックすると音声入力が実行できます。この機能はプレビュー画面だと作動しないため、アプリを公開してから試す必要があります。

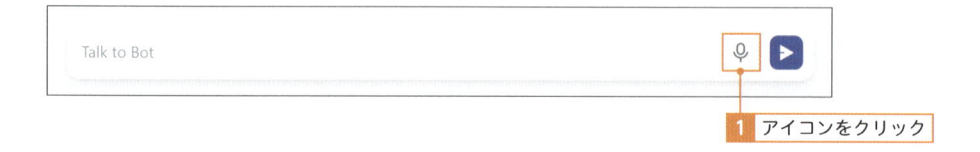

▶ ファイルアップロード

　チャット画面からでも直接ファイルをアップロードし、チャットフロー中に取り込んで処理できるようになる機能です。対応するファイル形式と入力できる数は、通常の入力設定と同様に事前に設定することができます。

ファイル アップロード設置   ✕

アップロードされたファイルのタイプ ●────── ① アップロード方法を選択

| ローカル アップロード | URL | 両方 |

アップロードの最大数 ●────── ② アップロードファイルの最大数を設定

ドキュメント < 15.00MB, 画像 < 5.00MB, 音声 < 50.00MB, 映像 < 100.00MB

3 ━━━━━━

サポートされたファイルタイプ ●────── ③ アップロードファイルの種類を選択

ドキュメント ☑
TXT, MD, MDX, MARKDOWN, PDF, HTML, XLSX, XLS, DOC, DOCX, CSV, EML, MSG, PPTX, PPT, XML, EPUB

画像 ☑
JPG, JPEG, PNG, GIF, WEBP, SVG

音声 ☑
MP3, M4A, WAV, WEBM, AMR, MPGA

映像 ☐
MP4, MOV, MPEG, MPGA

他のファイルタイプ ☐
他のファイルタイプを指定する。

キャンセル   **保存**

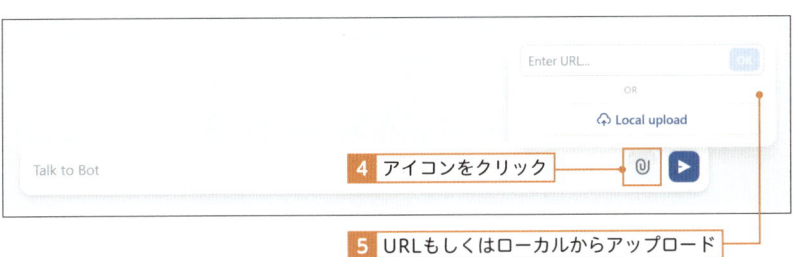

Enter URL...
OR
⬆ Local upload

Talk to Bot   ④ アイコンをクリック   📎 ▶

⑤ URLもしくはローカルからアップロード

6 アップロードしたファイルが表示される

7 設定した複数のファイル形式をアップロード可能

▶ 引用と帰属

　生成した回答の出典や、参照元の URL をユーザーに表示する機能です。ナレッジベースに登録した文書やウェブページから情報を引用する場合に、ユーザーが「どの情報をもとに回答が出てきたのか」を追跡できるようになります。

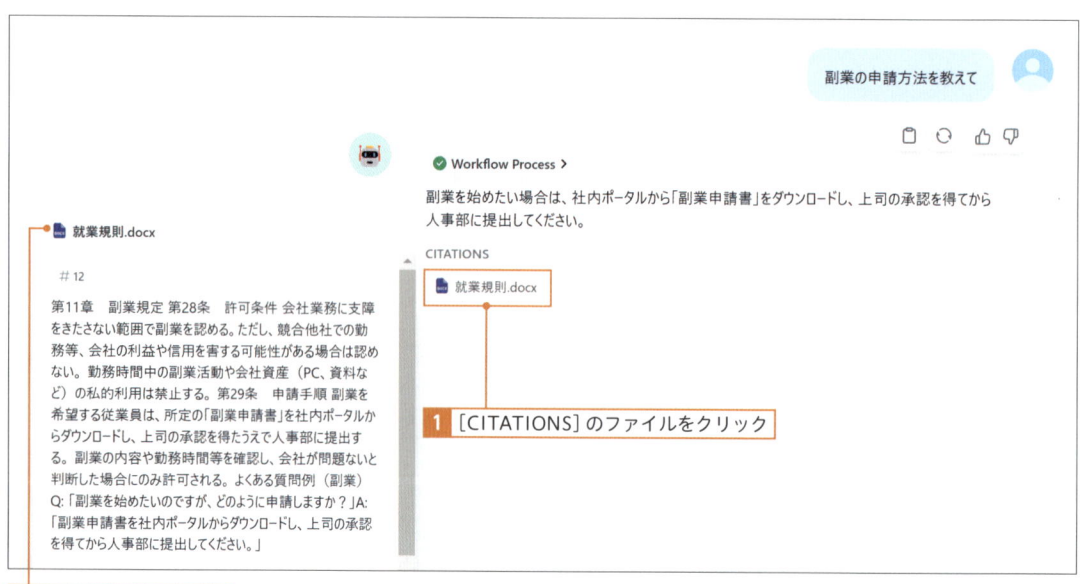

1 [CITATIONS] のファイルをクリック

2 参照部分を確認できる

▶ コンテンツのモデレーション

ユーザーが投稿するメッセージや生成されるコンテンツを監視し、不適切な表現や有害な情報を自動で検出・排除する機能です。これにより、管理者が常時監視しなくても、コミュニケーションの質を維持しつつ、ユーザーが安心してサービスを利用できるようになります。不特定多数の人が利用する可能性のあるアプリケーションで重宝する機能です。

コンテンツのモデレーションをオンにすると、[プロバイダ]を選択することができます。それぞれの特徴は以下の通りです。

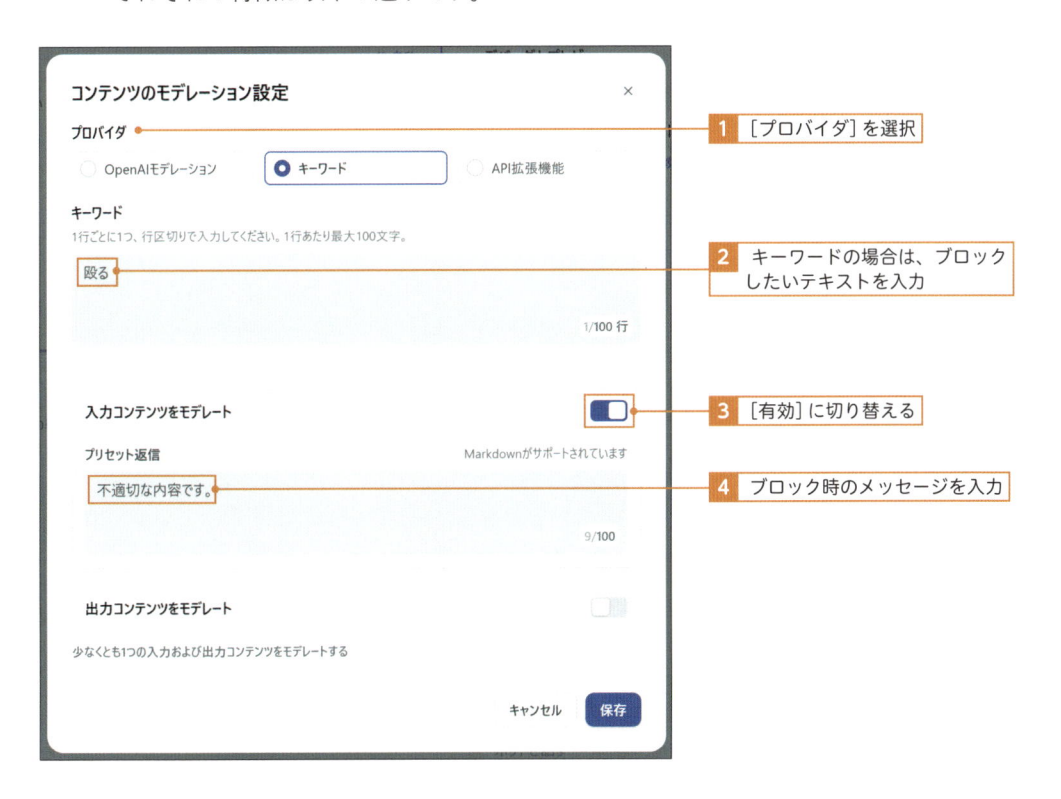

プロバイダの種類	内容
OpenAI モデレーション	文脈を理解することができ、キーワードベースでは見逃しがちなニュアンスのある不適切表現にも対応することができます。一方でOpenAIが定めた基準となるため、細かな設定を追加することはできず、過剰に検出される場合もあります。[モデルプロバイダー]でOpenAI APIの登録が必要です。
キーワード	一定のワードリストを事前に設定し、それらを含むメッセージや投稿を自動的にフィルタリングします。設定がシンプルでわかりやすいですが、会話の文脈を深く理解している訳ではないため、誤検知や抜け漏れが発生することがあります。
API拡張機能	独自のガイドラインや業務要件に合わせて独自のモデレーションAPIを用意して、それを利用することが可能です。専門的な分野の不適切表現もカバーが可能になります。

おわりに

本書を最後までお読みいただき、ありがとうございます。

Dify を使ったアプリケーション開発の世界はいかがでしたでしょうか。「AI アプリの開発は難しそう」と思われていた方も、本書を片手に実際に手を動かしてみることで、意外にもその敷居が高くないことを実感していただけたと思います。

本書での学びをさらに発展させていくために、次のステップとしてアウトプットを進めていきましょう。学んだ知識をアウトプットすることで、より学習内容が強く身についていきます。

手軽なアウトプットの方法としては、本書で学んだ技術を使って、身近な課題を解決するアプリを作ってみましょう。

例えば…
- 日々のルーティンワークで使える自動化ツール
- 趣味や生活に役立つスケジュール・タスク管理アプリ

など、自分や身の回りの人が使って効果があるものからはじめていきましょう。

アプリを作ったら実際に使ってみて、ユーザー側の体験を開発にフィードバックしていきます。これによりさらに洗練されたアプリが作れるようになり、どのような点を意識してアプリ開発をすればよいのかが身についていきます。

また、自身の経験・制作物をブログや SNS などで発信するのも一つの方法です。自分で知識を深めていきつつ、様々なフィードバックを得る機会を作りましょう。

本書は、あくまで AI アプリケーション開発への入り口に過ぎません。ここで得た知識を基礎に、ぜひ独自のアイディアをアプリケーションの形にしていってください。その過程で生まれる試行錯誤こそが、最も価値のある学びとなるはずです。

皆様の挑戦が、新たなイノベーションを生み出すことを心より願っています。

イサヤマ　セイタ

著者　イサヤマ　セイタ

新卒でみずほ銀行に入行し、法人営業を担当。事業再生コンサルティングファームへ転職後は、全国の中小企業に対してハンズオンでの経営改善支援を展開する。さらに大手事業会社の経営企画部門にて、M&A や新規事業の立ち上げなどに従事。さらにリスキリング事業を手がけるスタートアップの代表取締役を務め、法人向けの研修・教育プログラム開発・執筆活動にも注力している。多様なフィールドで培った経験をもとに、企業の成長支援・経営改革を総合的にサポート。著書に『ChatGPT ビジネス活用アイディア事典』(SB クリエイティブ) がある。

制作協力　福田　匠磨

マーレ株式会社 CEO。九州工業大学先端機能システム工学専攻、物理学・数学科学・プログラミングを学ぶ。宇宙の研究に従事し成層圏での大気組成分析を行い、宇宙の撮影に成功。大学院では磁石を使ったパソコンの液冷システムの開発に従事し論文を執筆。公立高校で数学教員として受験指導に携わる。AI ベンチャー企業にてデータサイエンス事業部の立ち上げに従事。スタートアップである株式会社 Laboro.AI にて機械学習エンジニア及び AI DX コンサルタントとして活動。マーレ株式会社を設立後、大手製造業の DX に参画。

さらに学びを深めたい皆様へ

　本書で得られた AI 活用の視点を、実際の業務や組織改革、従業員のスキルアップに活かしたいとお考えの方へ法人向け研修プログラムを提供しております。多岐にわたる業界での AI 開発・導入支援を手がけてきた実績豊富な講師が、短期的な成果から長期的な運用体制や DX 推進までを視野に入れたリアルタイム講義を行い、具体的なケーススタディやワークショップを通じて、現場で役立つノウハウを余すことなくお伝えします。

　基礎的な研修から発展的な研修まで対応でき、お客様の課題に応じたサービスを提供しております。詳細な内容や導入の流れについては、まずは無料相談にてお気軽にお問い合わせください。皆様の課題や目標を丁寧にお伺いし、最適な研修プランをご提案いたします。さらなる成長と組織強化を目指す第一歩として、ぜひご検討ください。

▶お問い合わせはコチラから
（Google フォーム）

■ **本書のサポートページ**

https://isbn2.sbcr.jp/32991/

本書をお読みいただいたご感想を上記URLからお寄せください。
本書に関するサポート情報やお問い合わせ受付フォームも掲載しておりますので、あわせてご利用ください。

■ **著者紹介**

イサヤマ セイタ

新卒でみずほ銀行に入行し、法人営業を担当。事業再生コンサルティングファームへ転職後は、全国の中小企業に対してハンズオンでの経営改善支援を展開する。さらに大手事業会社の経営企画部門にて、M&Aや新規事業の立ち上げなどに従事。現在はリスキリング事業を手がけるスタートアップの代表取締役を務め、法人向けの研修・教育プログラム開発・執筆活動にも注力している。多様なフィールドで培った経験をもとに、企業の成長支援・経営改革を総合的にサポート。著書に「ChatGPT ビジネス活用アイディア事典」(SBクリエイティブ)がある。

■ **制作協力**

福田 匠磨

マーレ株式会社CEO。九州工業大学先端機能システム工学専攻、物理学・数学科学・プログラミングを学ぶ。宇宙の研究に従事し成層圏での大気組成分析を行い、学生プロジェクトとして初めて宇宙の撮影に成功。大学院では磁石を使ったパソコンの液冷システムの開発に従事し論文を執筆。公立高校で数学教員として受験指導に携わる。AIベンチャー企業にてデータサイエンス事業部の立ち上げに従事。スタートアップである株式会社Laboro.AIにて機械学習エンジニア及びAI DXコンサルタントとして活動。マーレ株式会社を設立後、大手製造業のDXに参画。

【この1冊からはじめる】 生成AIアプリ開発入門
Dify徹底活用ガイド

2025年4月 9日	初版第1刷発行
2025年4月21日	初版第2刷発行

著　者	………	イサヤマ セイタ
発行者	………	出井 貴完
発行所	………	SB クリエイティブ株式会社
		〒105-0001 東京都港区虎ノ門2-2-1
		https://www.sbcr.jp/
印　刷	………	株式会社シナノ

制作協力	………	福田 匠磨
カバーデザイン	………	米倉 英弘(米倉デザイン室)
イラスト	………	ゆうか
本文デザイン	………	クニメディア株式会社
制　作	………	クニメディア株式会社

落丁本、乱丁本は小社営業部にてお取り替えいたします。
定価はカバーに記載されております。

Printed in Japan　ISBN978-4-8156-3299-1